Series of Interior Design and Building Decoration

室内设计与建筑装饰丛书

丛书系列 04

INTERIOR DESIGN DRAWING

室内设计制图

第三版

李国生 编著

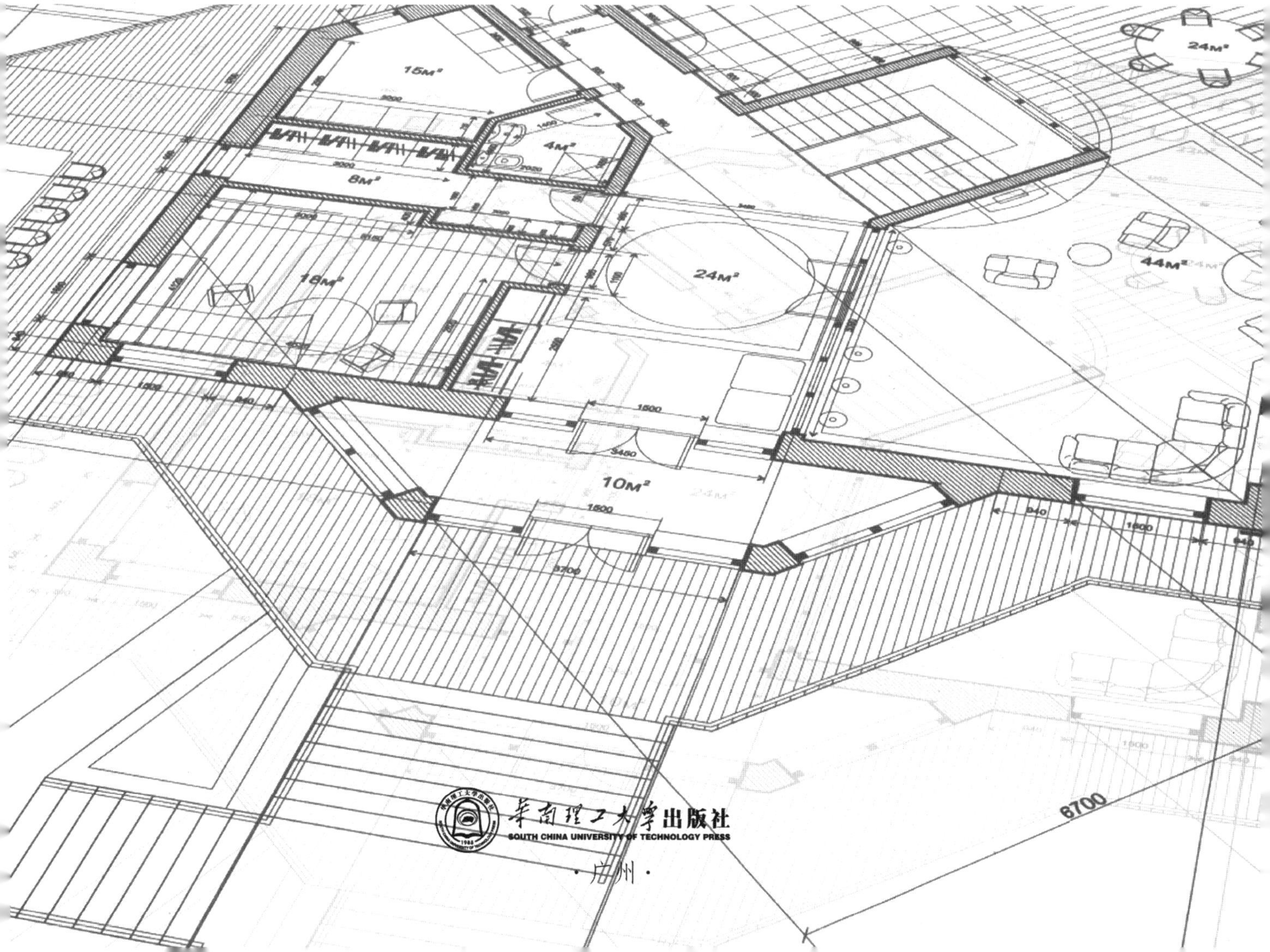

华南理工大学出版社
SOUTH CHINA UNIVERSITY OF TECHNOLOGY PRESS
·广州·

内 容 简 介

本书针对室内设计专业教学的特点和要求，根据当前我国工程图学教育研究的方向和发展趋势，以及编者多年来从事实际工作和教学实践的经验编写而成。主要内容有：制图的基本规格和技能、投影的基本知识、基本体和组合体的投影、建筑形体的表达方法、建筑施工图、室内装修施工图、轴测图、透视图等。

继承与创新并重，理论与实践统一；简洁、实用，系统性较强是本书的主要特色。

本书可作为各类普通高等院校室内设计专业，以及高职、高专、中职、中专和各种室内设计师、建筑装修施工员培训班的专用教材。

与本书配套的《室内设计制图习题集》（第3版）也同时由华南理工大学出版社出版，可供选用。

与本书配套的电子教学课件，可在华南理工大学出版社网站下载区下载。

图书在版编目（CIP）数据

室内设计制图/李国生编著．—3版．—广州：华南理工大学出版社，2017.1（2021.1重印）
　（室内设计与建筑装饰丛书）
　ISBN 978-7-5623-4994-5

Ⅰ.①室…　Ⅱ.①李…　Ⅲ.①室内装饰设计–建筑制图　Ⅳ.①TU238

中国版本图书馆 CIP 数据核字（2016）第 147881 号

室内设计制图（第三版）

李国生　编著

出 版 人：卢家明
出版发行：华南理工大学出版社
　　　　　（广州五山华南理工大学17号楼　邮编：510640）
　　　　　http://www.scutpress.com.cn　E-mail：scutc13@scut.edu.cn
　　　　　营销部电话：020-87113487　87111048（传真）
责任编辑：王魁葵
印　刷　者：佛山市浩文彩色印刷有限公司
开　　　本：889mm×1194mm　1/16　印张：11.75　插页：1　字数：286千
版　　　次：2017年1月第3版　2021年1月第16次印刷
印　　　数：39 001～41 000册
定　　　价：38.00元

版权所有　盗版必究　　印装差错　负责调换

作者简介

　　李国生，1953年于华南工学院（华南理工大学前身）土木工程系毕业，先后在湖南大学、广州大学任教，曾开设画法几何、建筑制图、机械制图、阴影透视、结构素描、设计初步、建筑概论、房屋建筑学等多门课程；历任制图教研室主任、工业设计系副主任、建筑系主任（其间兼任华建室内装修工程设计有限公司经理），教授职称。曾任中国工程图学学会理事暨制图技术专业委员会副主任委员，湖南省工程图学学会常务理事、秘书长、理事长。近30多年来，先后主编、合编出版有关工程图学方面的书籍10余种，其中有两种被列入"普通高等教育'十一五'国家级规划教材"。

室内设计与建筑装饰丛书

编辑委员会

主　任：赵庆祥

副主任：周显祖　李国生

编　委：（以姓氏笔画为序）

李国生　何妙琼　陈木奎

陈莉平　张嘉琳　周显祖

林崇刚　赵庆荣　赵庆祥

洪惠群　郭东兴　黄水生

梁　伟　龚艳华

第三版前言

本书前两版的编写主导思想是立足于室内设计专业,是一个既有文科性质、又有工科特征的艺术与技术相结合的专业。因此,前两版在内容的取舍和编排手法上,一方面着眼于传统艺术类院校偏重于实际操作的教学特点,深入地阐述各种有关室内设计的工程图样的具体画法;另一方面又适当地吸取理工类院校的传统教学理念,简明扼要地阐明各种图样画法的基本理论,使学生既知其然又知其所以然。这样编写,不但有利于发展学生们的空间想象能力和投影分析能力,而且令各种画法不至于成为无本之木。

实践证明,上述的编写主导思想是适宜的,得到了众多用书老师和学生的认同。例如,编者曾致电深圳市新领域职业培训中心赵庆荣老师,征求他对本书此次再版的修改意见,当问到有关本书所选编的内容及其所采用的手法是否适宜时,赵老师做了肯定的回答,一连说了三个字:好!好!好!

所以,本书此次修订,仍然传承前两版的编写主导思想,相对于第二版来说,其结构和内容没有做过多的改动,只做了如下的修改:①把各章中的图文做了一些必要的润饰和梳理,对某些典型图例进行了一些必要的加工,提高图面质量;②修正了某些图文中的不妥之处或笔误;③删去了第9章透视图中的第9.7节,使之更有利于教学和学生自学。

此外,结合教学进度,适当地介绍一些有关建筑设计、室内设计的专业知识,也是本书前两版编写的特色之一。本书此次改编,对这个特色仍予以保留。

本书的适用范围及参编人员同第二版前言中的有关说明,此处不赘述。

由于编者的学识水平有限,书中不足之处甚至错误在所难免,敬请各位老师同仁和学生朋友指正。

与本书配套的《室内设计制图习题集》(第三版)同时由华南理工大学出版社出版,可供选用。

为了教学方便,本书此次再版,制作了与之配套的电子课件,用书单位可在华南理工大学出版社网站下载区下载。

编 者
2016年5月于广州大学

第二版前言

■ 本书自第一版出版以来，以其简洁、实用和具有一定的开创性、时代性等特色，得到了不少用书单位和读者的热烈欢迎，并荣获2005—2006年度中南地区大学出版社优秀畅销图书奖。

此次修订再版，主要根据对该书实际使用过程中的体验，拓展它的优点，克服它的缺点，例如：

（1）在投影作图的基本理论方面，适当增加了直线与平面的投影特性分析和基本体的投影等内容，使之在体系上更趋完善，便于教学和提高教学水平。

（2）在传承第一版固有的适当介绍一些有关建筑设计、室内设计的基本知识的基础上，进一步开拓创新，在本书第6章的末尾，附录了一节"钢筋混凝土结构的基本知识"，供读者在必要时自学参考。此外，还新增了一些具有一定代表性的装修施工图实例，以增进读者的识图能力。不过，上述这些实例，其作用仅是用来阐明在各种不同情况下的表达方法，拓宽知识范围，并不具有引导建筑设计及其装修、装饰潮流的含义。事实上，在上述图例中所涉及的某些装修、装饰做法，已逐渐被更新型的材料及其做法所代替。对此，在这里顺作说明。

（3）据了解，有不少用书单位，对制图课程的教学，不要求过多地涉及透视图基本知识以外的内容。故本书此次修订，只对透视图的基本原理和画法作适当的介绍，删去了原书中"斜线的灭点""三点透视""透视图的润饰""室内设计表现图赏析"等章节。如果读者需要学习有关透视图方面更多的知识，请选学有关著述，例如拙著《建筑透视与阴影》《室内设计制图与透视》等书。

（4）修正了第一版某些图例中的笔误或表达得不够完整的地方，并更换了某些图例。

本书第二版由广州大学李国生编著。广东珠荣工程设计有限公司李美能、湖南大学袁果，广州大学黄水生、陈治娟、张小华、黄青蓝为本书提供了不少图文资料或参与了一些绘图工作；深圳市新领域职业培训中心赵庆祥、高犕、梁军、刘锋对本书的修订也提出了许多宝贵的意见和建议。此外，本书的某些内容，还参照了书末所列的有关文献。在此一并表示衷心的感谢。

本书可作为各类普通高等院校，高职、高专，中职、中专和成人职大开设的室内设计专业，以及各种室内设计师、建筑装修施工员培训班的专用教材；也可供从事室内设计、室内装修工程的在职人员参考。

由于编者业务水平有限，书中不足之处甚至错误在所难免，敬请广大同仁和读者批评指正。

与本书配套的《室内设计制图习题集》（第二版）同时由华南理工大学出版社出版，可供选用。

编　者

2010 年 3 月于广州大学

前 言

■ 在现代工业中，无论是房屋建筑、市政建设，还是机械制造等各种工程，从开始规划到实施完毕，都离不开图样。

例如，在房屋建筑工程中，做初步设计时，要用到能简明地反映房屋建筑功能、特色的方案设计图和设计效果图；做施工图设计时，要用到能详细地表达房屋建筑的平面布局、立面外形、内部空间结构构造等的建筑平、立、剖面图，以及必要的结构施工图、设备施工图等。

随着建筑技术、材料的发展和国民生活水平的提高，人们对建筑室内环境质量的要求也越来越高。过去，因为对建筑室内装修要求比较简单，所以通常只要在有关的建筑平、立、剖面图中用文字作些附带说明，或加绘一些局部详图就可以了。而现在，一方面由于业主和设计师对室内环境的艺术品位（包括平面布局和装饰、装修质量）往往有独特的要求；另一方面由于新材料、新技术、新工艺的不断发展和应用，所以对室内装饰、装修的做法用上述的"附带说明"方式已不能完全达到目的，于是"室内设计制图"也就成为室内设计、装修人员必须掌握的一门新的专业技术基础知识了。

在这样的形势下，编者针对室内设计专业的教学特点和要求，并根据多年来的教学和科研实践经验编写了本书。全书共分九章：

第1章至第4章是学习制图必须掌握的基本知识、基本理论和基本技能。本书根据实际情况将这部分内容作了全新的组织和安排。主要的做法是：摒弃了传统教材中所惯用的点、线、面抽象投影分析的内容，而加强了立体的具象投影分析与作图训练，学以致用，删繁就简、深入浅出，强调形象化教学。

第5、6章属于制图教学的重点内容。通过一个实例简要地介绍了一些建筑设计、建筑制图和室内设计制图的基本知识。最后还列举了一套实际工程的室内装修施工图实例。

第7章是学习绘画三维立体图形的基础。在室内设计工作中，轴测图有时也获得实际应用。

第8、9章也是制图教学的重点内容。其中第8章着重介绍透视图的基本知识和原理，第9章进一步深入探讨室内透视图的实用画法，率先归纳出"超视角透视"的概念，填补了绘画能显示出室内五个界面的两点透视的理论空白；并介绍手绘效果图必须掌握的基本知识。

目前在理工类高等院校沿用的透视学教程中大都强调理论的完整性和系统性，从而编入各种各样的绘制透视图的理论与方法。此时若缺乏有效的引导则有可能让学习者无所适从。相反，在艺术类院校的相关教科书中则偏重实用，强调表现效果，在书中即使引述了一些"理论"，也往往较为片面，甚至不甚严谨，致使某些画法成为无本之木。本书编者糅合了上述两类教科书的特点，扬长避短，根据"少而精""学以致用"的教学原则和本课程在专业学习中的地位和作用，仅着重深入地阐明当前室内设计工作中最实用的绘制透视图的原理与画法，并列举了丰富的图例。

本书可作为理工类、艺术类普通高等院校室内设计专业，以及高职、高专、中职、中专、成人职大和各种室内设计师培训班的专用教材；也可供从事室内设计和装修的在职人员参考。

与本书配套的《室内设计制图习题集》也同时由华南理工大学出版社出版。

本书是由深圳市新领域职业培训中心组织编写的"室内设计与建筑装饰丛书"中的一本。大连职业技术学院机电分院张荣参与了本书的编写。在本书编写过程中得到了广东珠荣工程设计有限公司总建筑师李美能的大力协助，广州大学张小华、华南农业大学黄青蓝承担了全书的计算机图文处理工作。此外，作者在编写过程中还参阅了有关的专业文献，在此一并表示衷心的感谢。

由于编者水平有限，本书缺点和错误在所难免，敬请广大同仁和读者提出宝贵的意见。

编　者

2004 年 6 月

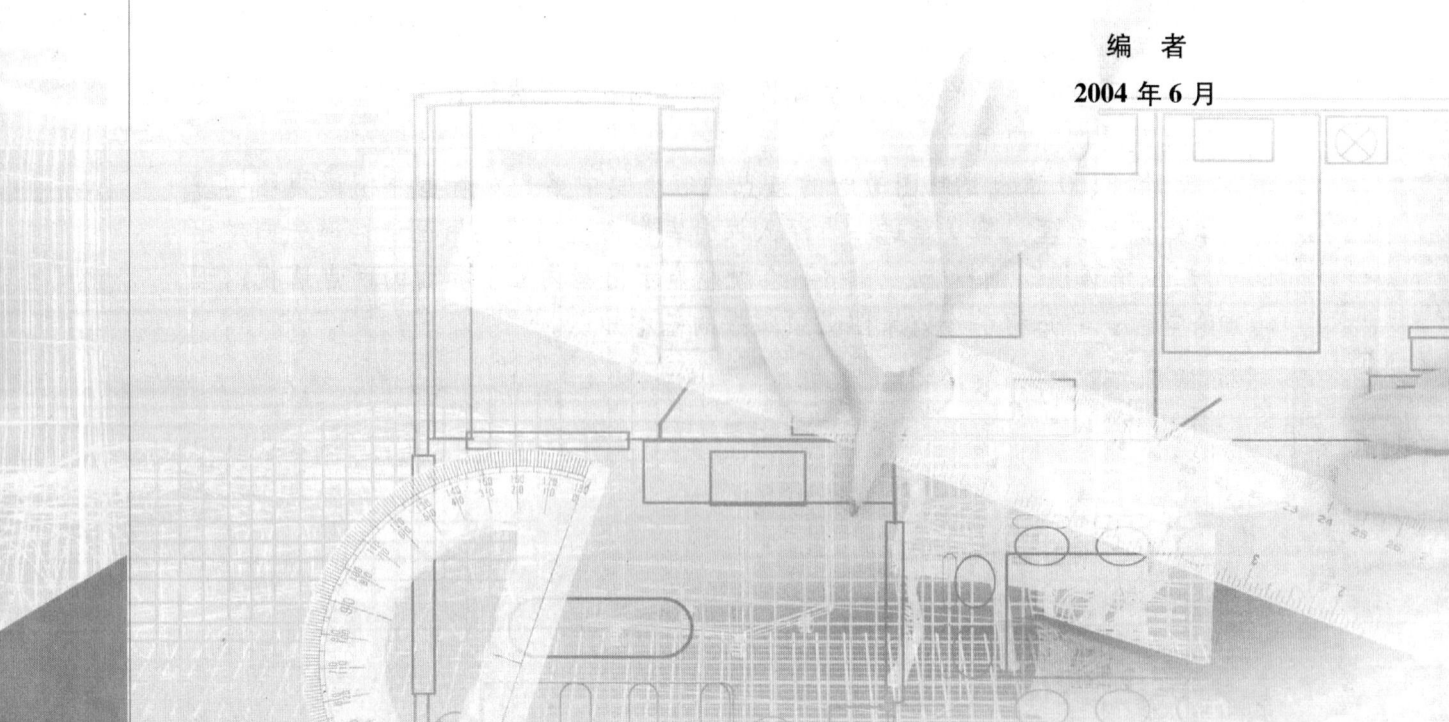

目录

引论 ·· 1

第1章 制图的基本规格和技能 ·· 2
   1.1 建筑制图国家标准的基本规定 ·· 2
   1.2 绘图工具、用品及其使用 ··· 8
   1.3 几何作图 ··· 11
   1.4 徒手画图 ··· 13

第2章 投影的基本知识 ··· 16
   2.1 投影法的基本概念 ··· 16
   2.2 工程中常用的四种投影图 ·· 18
   2.3 形体正投影图的绘制与识读入门 ···································· 21
   2.4 直线、平面的投影特性分析 ·· 22

第3章 基本体的投影 ·· 28
   3.1 平面体的投影 ·· 28
   3.2 曲面体的投影 ·· 31

第4章 组合体的投影 ·· 42
   4.1 组合体的形成 ·· 42
   4.2 组合体的投影 ·· 43
   4.3 组合体的尺寸标注 ··· 46

第5章 建筑形体的表达方法 ·· 51
   5.1 视图 ·· 51
   5.2 剖面图 ··· 53
   5.3 断面图 ··· 60

第6章 建筑施工图 ··· 63
   6.1 概述 ·· 63
   6.2 建筑总平面图及施工总说明 ·· 72

目录

- 6.3 建筑平面图 ·· 75
- 6.4 建筑立面图 ·· 78
- 6.5 建筑剖面图 ·· 79
- 6.6 建筑平、立、剖面图的画图步骤 ·························· 81
- 6.7 建筑详图 ··· 82
- 附 钢筋混凝土结构的基本知识 ································· 87

第7章 室内装修施工图 ··· 101
- 7.1 室内平面布置图 ··· 101
- 7.2 楼地面铺装图 ·· 105
- 7.3 顶棚装修图 ··· 106
- 7.4 室内立面装修图 ··· 108
- 7.5 构件节点详图 ·· 110
- 7.6 装修施工图实例 ··· 112

第8章 轴测图 ·· 123
- 8.1 概述 ··· 123
- 8.2 正轴测图 ··· 124
- 8.3 斜轴测图 ··· 133

第9章 透视图 ·· 137
- 9.1 概述 ··· 137
- 9.2 透视图的基本画法 ·· 142
- 9.3 确定透视高度的几种方法 ································· 151
- 9.4 室内一点透视 ·· 155
- 9.5 室内两点透视 ·· 160
- 9.6 超视角透视 ··· 169

参考文献 ·· 174

引 论

"室内设计制图"是从事室内环境设计的设计师们表达创作思想的平台。设计师们通过可视的，按一定投影原理、制图标准、表达方法绘制而成的图样，形象、具体、生动地把设计对象的空间造型、环境气氛、制作工艺以及生活上、物质上、经济上的一些指标表现得一览无余。这些图样，也可以说是技术与艺术的结晶。

这些图样的生成，目前就其绘制的手段来说，既可用传统的手工绘制，也可用电脑通过一定的程序和硬件制作。孰优孰劣，不要一概而论，更不要厚此薄彼。编者认为：

（1）就认知的程序而言，应先手工后电脑。众所周知，电脑毕竟是一种工具，由人去操作它、使用它。虽然公司和厂家给电脑绘图开发出了众多实用的辅助设计软件和丰富的资料库以及各种硬件，但是，如果使用者对图样绘制的基本原理、标准和方法一无所知或知之甚少，又怎样运用这些软件和相关资料去绘图；如果使用者不懂得所绘的图样孰好孰坏，不掌握正确的评价策略，又怎样操作电脑去更好地完成所执行的设计任务。

（2）就表现的效率和效果而言，手工绘制在某些范围内往往还显得比较快速、灵活；而且，它还可以从一个侧面体现出设计师自身的训练水平和综合素质，在一定程度上赢得客户（业主）对该项目设计师设计水平的信赖。

（3）如果对本学科的主要内容缺乏深入理解和掌握，而又长期过分依赖电脑，盲目套用资料库中的现成资料来进行"设计"，还会导致设计人员的创新思维能力逐渐退化。

基于上述的认识，编者考虑到本学科的地位在整个教学计划中仍属于基础课程，所以主张仍应从传统的手工绘制入手。一幅精美的、工整的设计图样，也有可能是一幅具有较强观赏性的美术作品，因为在图样中所体现的艺术规律，例如均衡稳定、调和统一、构图匀称、比例协调、干净利落等法则，与一般绘画艺术的要求基本相同。

让我们扎实地从本书的第1章起步吧！请记住："实践是检验真理的唯一标准。"

到学习完本课程之后，又掌握了电脑绘图技术之时，设计操作起来自然会更加得心应手。

第1章 制图的基本规格和技能

1.1 建筑制图国家标准的基本规定

1.1.1 图纸幅面（根据 GB/T 50001—2010）[①]

图纸幅面是指绘制图样所用图纸的大小。绘制图样时应优先采用表 1-1 所规定的基本幅面。

表 1-1 图纸幅面尺寸　　　　　单位：mm

尺寸代号	幅面代号				
	A0	A1	A2	A3	A4
$B \times L$	841×1189	594×841	420×594	297×420	210×297
c	10			5	
a	25				

表中 B、L 分别为图纸的短边和长边，a、c 分别为图框线到图幅边缘之间的距离。A0 幅面的面积为 $1~m^2$，A1 幅面是 A0 幅面的对开，其余类推。制图标准对图纸的标题栏和会签栏的尺寸、格式及内容没有统一的规定。室内设计业界大多在图纸的右边（或下边）列表，从上而下（或从左而右）分别填列设计公司名称、联系电话及地址，业主姓名（或单位名称）及地址，图纸名称，设计，制图，审核，日期，比例，图号，以及工程项目负责人和业主（或单位负责人）审定签名等内容；而且一般不设会签栏。图 1-1 所示是留有装订边的图纸幅面、格式及标题栏举例。学校制图作业的标题栏可以简单一些，常用的形式见与本书配套的习题集。

1.1.2 比例（根据 GB/T 50001—2010）

比例是指图样中的图形与所表示的实物相应要素的线性尺寸之比。比例应以阿拉伯数字表示，宜注写在图名的右侧，字高应比图名的字高（即字号）小一号或两号。例如：

<u>平面图</u>1:100

在一般情况下，应优先选用表 1-2 中所示的常用比例。

注：[①]国家标准简称"国标"，代号"GB"或"GB/T"。此处所引用的标准的全称是 2010 年颁布的第 50001 号带推荐性的《房屋建筑制图统一标准》。

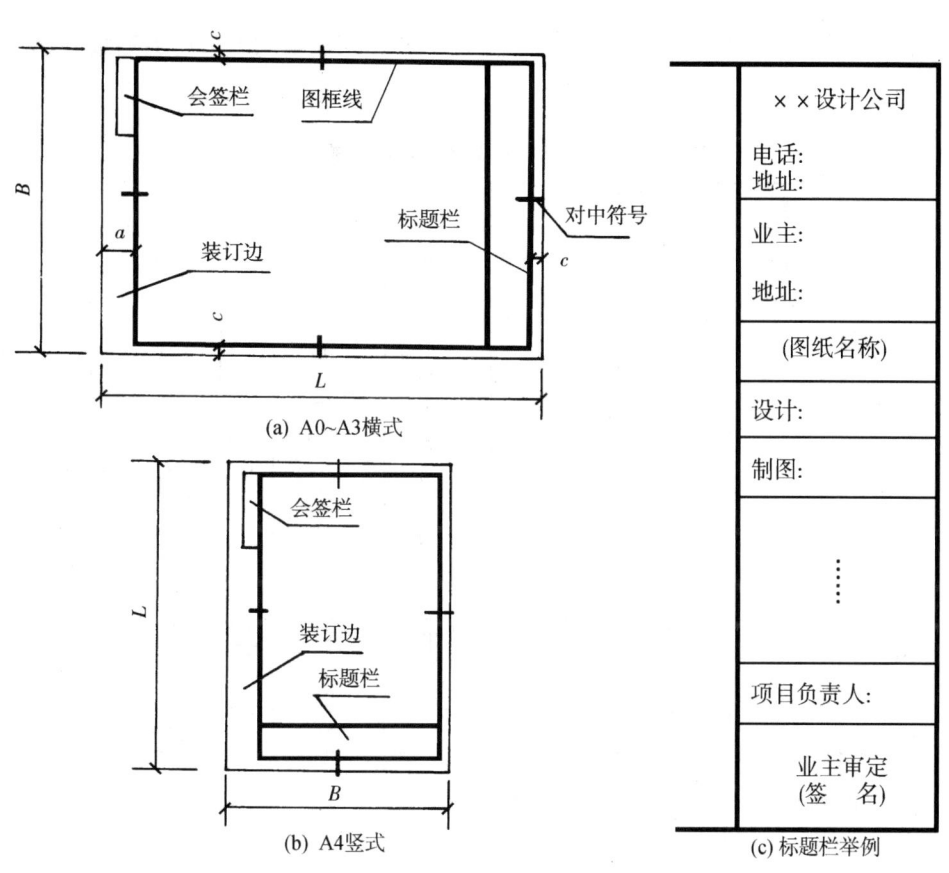

图 1-1 图纸幅面、格式及标题栏

表 1-2 绘图所用的比例

常用比例	1:1, 1:2, 1:5, 1:10, 1:20, 1:30, 1:50, 1:100, 1:150, 1:200, 1:500, 1:1000, 1:2000
可用比例	1:3, 1:4, 1:6, 1:15, 1:25, 1:40, 1:60, 1:80, 1:250, 1:300, 1:400, 1:600, 1:5000, 1:10000, 1:20000, 1:50000, 1:100000, 1:200000

1.1.3 字体（根据 GB/T 50001—2010）

在图样中徒手书写的字体必须做到：字体工整、笔画清楚、间隔均匀、排列整齐。

制图标准规定字体的高度即为其字号。例如高度 h 为 5 mm 的字就是 5 号字。常用的字号有 2.5，3.5，5，7，10，20 等。字体的宽度约为字高 h 的 2/3，即等于比其小一号的字体的高度。

1. 汉字

图样中的汉字应采用长仿宋体，并规定采用国家正式公布推行的《汉字简化方案》中的简化字。如：

室内设计制图统一标准结构名称

徒手书写的汉字不得小于3.5号,并应写成直体,其基本笔画与运笔笔法如表1-3所示。

表1-3 长仿宋字的基本笔画与运笔笔法

名称	点	挑	横	竖	撇	捺	厥	钩
笔画型式	上点 左点 右点 垂点 挑点	平挑 左挑 斜挑 向上挑	平横 左尖横 右尖横 右钩横	直竖 上尖竖 下尖竖	斜撇 竖撇 曲头撇 曲撇	斜捺 平捺 曲头捺 反捺	右厥 左厥 斜厥 双厥	竖钩 曲钩 包钩 厥钩
例字	立 心	批 冶	芷 正	在 制	行 各	木 迷	安 同	山 及	刮 防	孔 气

2. 阿拉伯数字、拉丁字母及罗马数字

徒手书写的阿拉伯数字、拉丁字母及罗马数字一般采用A型斜体,其倾斜角度约为75°,字体的笔画宽度约为字高 h 的1/14,如图1-2所示。当书写位置不够时,允许采用字宽较窄的B型斜体(B型斜体本书从略)。

(a) A型阿拉伯数字和罗马数字字体示例(笔画宽度约为字高的1/14)

大写斜体　　　　　　　　　　　　小写斜体

ABCDEFGHIJKLMN　　abcdefghijklmn
OPQRSTUVWXYZ　　opqrstuvwxyz

(b) A型拉丁字母字体示例(笔画宽度约为字高的1/14)

图1-2 数字、字母书写示例

1.1.4 图线（根据 GB/T 50001—2010）

工程图样中每一条图线都有其特定的作用和含义，绘图时必须按照制图标准的规定，正确使用不同的线型和不同宽度的图线。

建筑制图中图线的形式有实线、虚线、单点长画线、双点长画线、折断线、波浪线等，其中每种图线又有粗细之分。线型及其粗细即线宽的不同，该图线的用途也不同，见表 1-4。

表 1-4 图线

名 称		线 型	线 宽	一 般 用 途
实线	粗		b	主要可见轮廓线
	中粗		$0.7b$	可见轮廓线
	中		$0.7b$	可见轮廓线、变更云线
	细		$0.25b$	图例填充线、尺寸线、家具线
虚线	粗		b	见各有关专业制图标准
	中粗		$0.7b$	不可见轮廓线
	中		$0.5b$	不可见轮廓线、图例线
	细		$0.25b$	图例填充线、家具线
单点长画线	粗		b	见各有关专业制图标准
	中		$0.5b$	见各有关专业制图标准
	细		$0.25b$	中心线、对称线、轴线等
双点长画线	粗		b	见各有关专业制图标准
	中		$0.5b$	见各有关专业制图标准
	细		$0.25b$	假想轮廓线、成型前原始轮廓线
折断线	细		$0.25b$	断开界线
波浪线	细		$0.25b$	断开界线

每个图样应根据其复杂程度和比例大小，选定恰当的线宽。当选定了粗实线的线宽 b 后，其他线型的线宽也就随之而定，即成为一定的线宽组（表 1-5）。

表 1-5　线宽组　　　　　　　　　　　　　　　　　　　　单位：mm

b	1.4	1.0	0.7	0.5
$0.7b$	1.0	0.7	0.5	0.35
$0.5b$	0.7	0.5	0.35	0.25
$0.25b$	0.35	0.25	0.18	0.13

1.1.5　尺寸标注（根据 GB/T 50001—2010）

在图样中除了按比例正确地画出物体的图形外，还必须标注出完整的实际尺寸。施工时应以图样上所注的尺寸为依据，与所绘图形的准确度无关，更不得从图形上量取尺寸作为施工的依据。

图样上的尺寸单位，除另有说明外，均以毫米（mm）为单位。

图样上一个完整的尺寸一般包括尺寸线、尺寸界线、尺寸起止符号、尺寸数字四个部分，如图 1-3 所示。

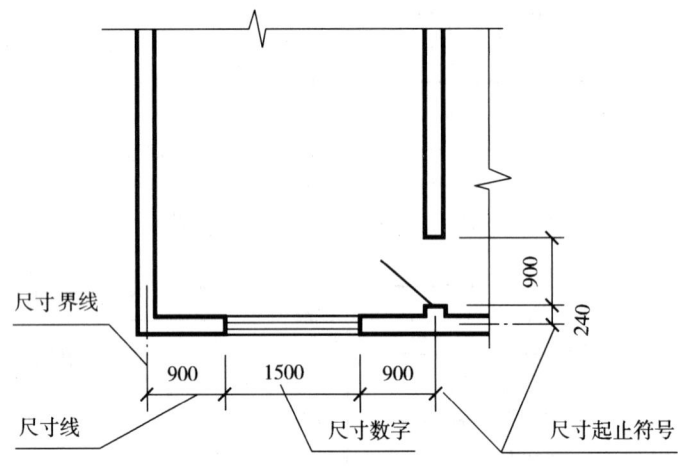

图 1-3　尺寸标注的基本形式和组成

1. 尺寸线

尺寸线用细实线绘制，不得用其他图线代替。尺寸线一般必须与所注尺寸的方向平行；在圆弧上标注半径尺寸时，尺寸线应通过圆心。尺寸线一般不要超出尺寸界线之外。

2. 尺寸界线

尺寸界线也用细实线绘制且一般与尺寸线垂直，末端超出尺寸线外约 2 mm，在某些情况下，也允许以轮廓线及中心线为尺寸界线。

3. 尺寸起止符号

尺寸起止符号一般采用与尺寸界线成顺时针倾斜45°的中粗短线表示，长度宜为2～3 mm。在某些情况下，例如标注圆弧的半径时，宜改用箭头"———→"作为起止符号。

4. 尺寸数字

徒手书写的尺寸数字不得小于2.5号。注写尺寸数字时应遵照如图1-4a所示的读数方向的规定，不得倒写；为了避免产生矛盾，应尽量不在图示的30°范围内标注尺寸。如实在无法避免，可按图1-4b、c的形式处理。

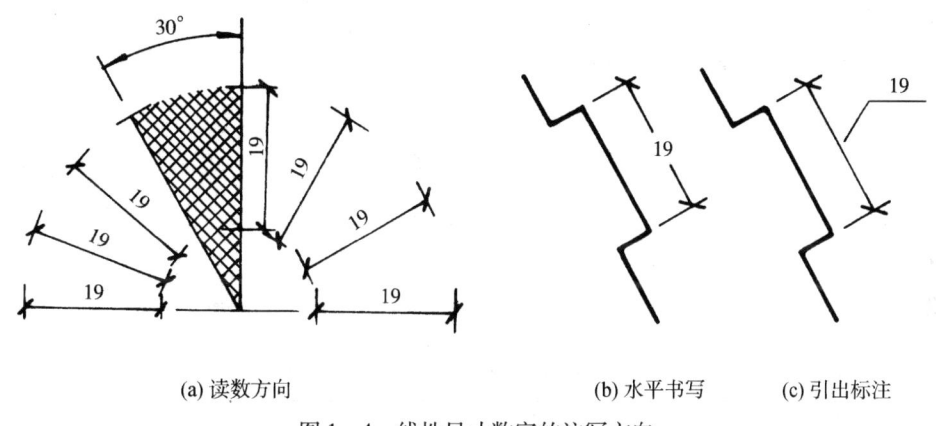

(a) 读数方向　　　　　　　　(b) 水平书写　　(c) 引出标注

图1-4　线性尺寸数字的注写方向

圆、圆弧、大圆弧、小尺寸、球面及角度等的尺寸标注分别如图1-5中各个分图所示。标准规定在圆的直径尺寸数字前应加注符号"ϕ"；在圆弧的半径尺寸数字前应加注符号"R"；球面的尺寸半径或直径符号前还应再加注符号"S"；角度的尺寸数字则是一律按水平方向书写的；在弧长的尺寸数字上方应加注符号"⌒"；等。

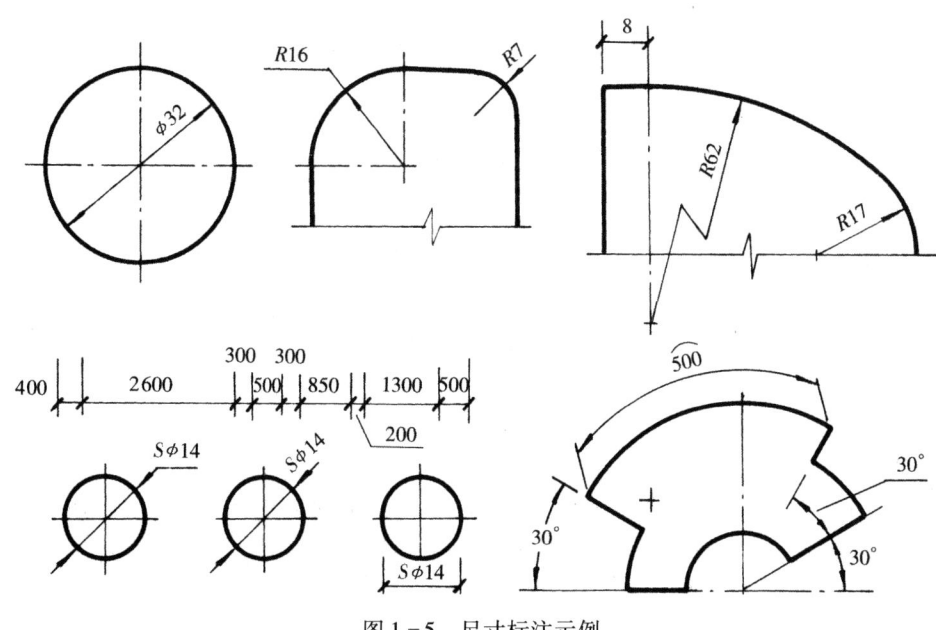

图1-5　尺寸标注示例

1.2 绘图工具、用品及其使用

手工绘图常用下列工具及用品。为了保证绘图质量，提高绘图效率，首先要了解这些工具、用品的性能、特点，熟悉其使用方法和维护知识等。

1. 图板

图板用来张贴图纸，板面要求光滑平整，工作边要求平直，并以此作为绘图时丁字尺上下移动的导边(图1-6a)。图板不可受潮，不可用图钉固定图纸。

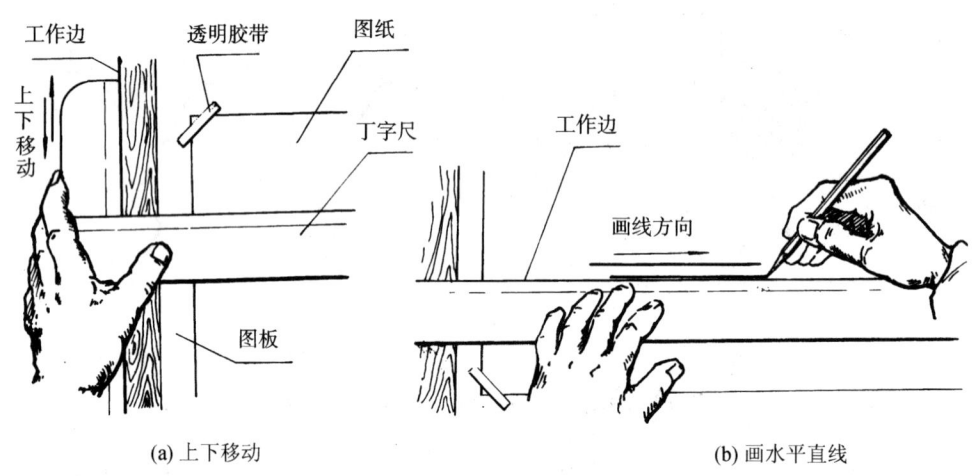

图1-6 图板、丁字尺及其使用

2. 丁字尺

丁字尺由尺头和尺身两部分构成(图1-6)，主要用于画水平直线。使用时，左手握住尺头，使尺头内侧紧靠图板左侧的工作边，上下移动到位后，左手向右平移过来并按住尺身，即可沿丁字尺的工作边自左向右画出所需的水平直线。如果所画的水平直线不长，左手不移过来亦可。

3. 三角板

三角板由两块直角三角形的板组成一副，其中一块两个锐角都为45°，另一块两个锐角分别为30°、60°。

将三角板配合丁字尺使用，可以画出与水平方向成90°角的竖直直线，以及30°、45°、60°，或15°、75°、105°等斜线以及它们的平行线(图1-7)。

将两块三角板互相配合，可以画出任意直线的平行线或垂直线，见图1-8。不允许单独使用一块三角板凭目测画任意直线的平行线或垂直线。

4. 圆规与分规

圆规是用来画圆或圆弧的工具。圆规一般配有三种插腿：铅笔插腿、直线笔插腿、钢针插腿(代替分规用)。在圆规上接上延伸杆，可用来画半径更大的圆或圆弧。

使用圆规时应注意调整两条腿上的关节，使钢针和插腿均垂直于图纸面(图1-9)。

分规是用来提取线段长度和等分线段的工具。张开两条腿提取线段长度后就可在有

(a) 画竖直直线　　　　　　　　(b) 画斜线

图 1-7　将三角板与丁字尺配合使用

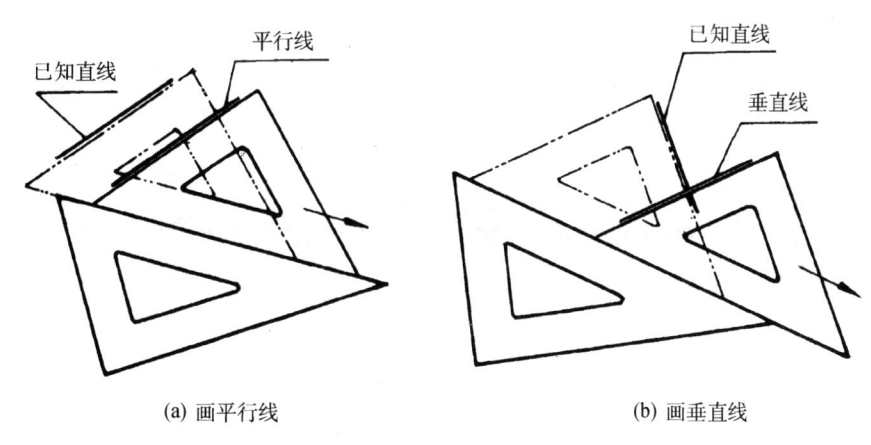

(a) 画平行线　　　　　　　　(b) 画垂直线

图 1-8　将两块三角板配合使用

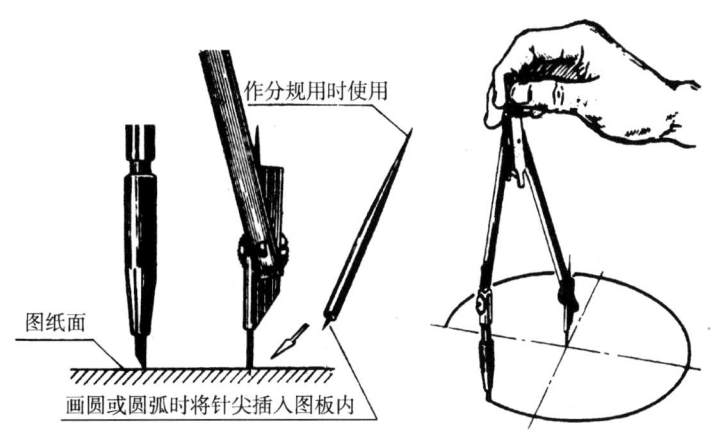

图 1-9　圆规及其用法

刻度的直尺上准确地读数，或者反过来在图纸上截取所需的长度。

5. 铅笔

绘图常用的铅笔以 2B、B、HB、H、2H 这几种软硬度不同的型号为宜。前者的铅芯较软，后者的铅芯较硬。铅笔一般削成长圆锥形（图 1-10）。画粗实线宜用较软型号的铅笔，画细线及打图稿宜用较硬型号的铅笔。

图 1-10　铅笔的削法

6. 针管绘图笔

针管绘图笔是上墨、描图专用的一种绘图笔，简称针管笔（图 1-11）。针管笔的笔尖是带有通针的不锈钢管，常用笔尖的直径为 0.2～1.6 mm。绘图时，选用笔尖粗度不同的针管笔就可画出不同线宽的墨线。把针管笔装在圆规专用的夹具上还可画出墨线圆或圆弧。针管笔需使用碳素墨水，长期不用时应把笔内的墨水冲洗干净，以防堵塞。

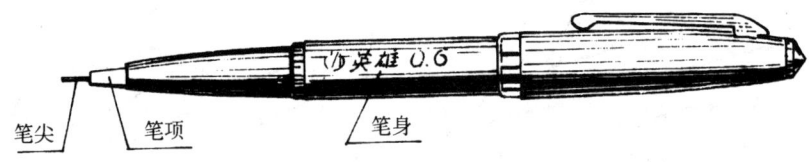

图 1-11　针管绘图笔

用针管笔画图时，由于运笔时习惯上常把笔身向前进方向倾斜约 75°，于是圆柱形笔尖的端面总是以部分边缘与图纸面相接触，导致所画出的图线线型不很整齐或者线宽达不到该笔尖所标定的宽度，笔尖的直径愈大这种现象愈明显。编者的实践经验是：若将笔尖端面相应地磨出与轴线倾斜成 75°的斜面，再在笔项上做一个方向性的记号，即能很好地解决上述问题；或者运笔时尽量使笔身垂直于图纸面。

7. 曲线板

曲线板是用来描绘非圆曲线的工具。描绘前，先将已定出的非圆曲线上的点，用铅笔徒手轻轻地将各点依次勾勒出该曲线的形状，然后再根据该曲线的曲率变化趋势，选择曲线板上形状相同的曲线段，把所求的曲线分段描出。描绘时，每段至少应通过已定出的曲线上的 3～4 个点；描绘后一段曲线时，在曲线板上所选择的前后两段"曲线"应有一部分与前一段相互搭接，但所描墨线不要搭接重叠，刚好对接即可，以保证曲线光滑（图 1-12）。

8. 比例尺

为了便于绘制按比例缩小（或放大）的图样，事先在尺身上刻上某种比例刻度的直尺统称比例尺。其中刻在三棱柱三个棱面上的比例尺通称三棱尺（图 1-13）。这种三棱尺上通常刻有 1∶100，1∶200，1∶500 和 1∶250，1∶300，1∶400 六种刻度。例如在 1∶100 的比例

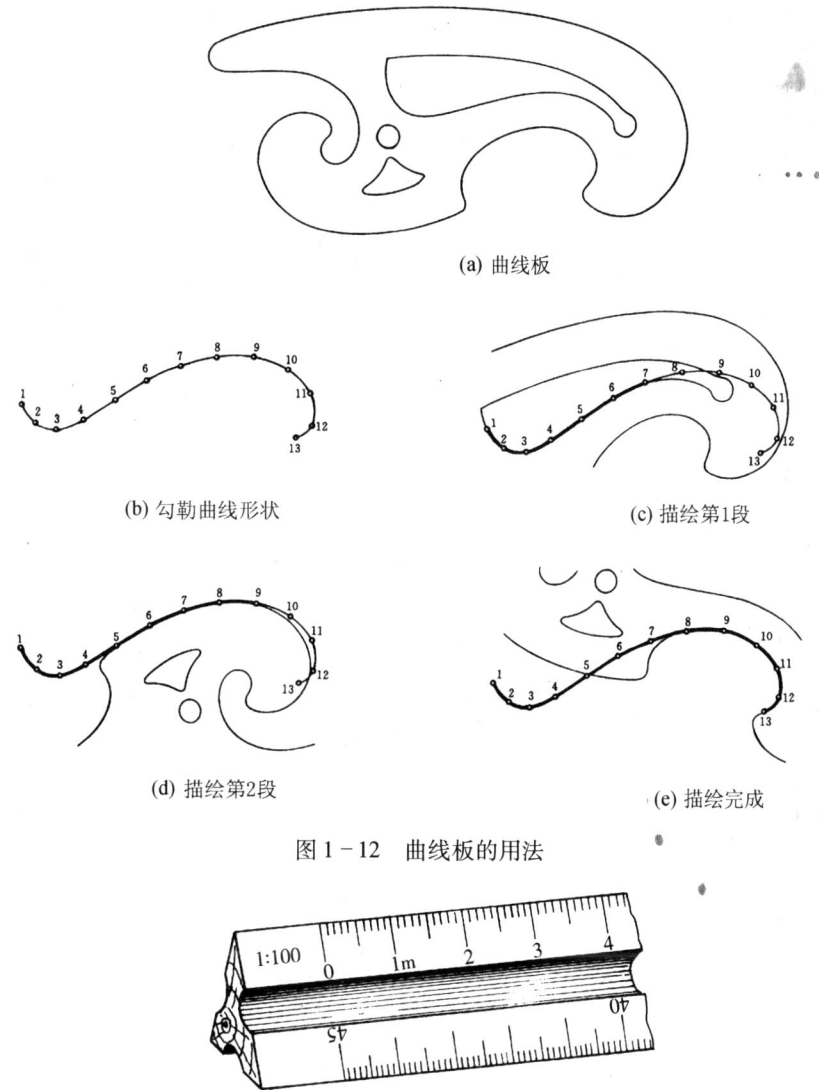

(a) 曲线板

(b) 勾勒曲线形状

(c) 描绘第1段

(d) 描绘第2段

(e) 描绘完成

图 1-12 曲线板的用法

图 1-13 比例尺

尺上，把原来长度只有 10 mm 的地方标记为 1 m，即是说，该尺以 10 mm 之长代表了工程实物 1000 mm 之长，它们之间的比值为 10∶1000＝1∶100，相差了 100 倍。也就是说，按 1∶100 的比例绘图时，图样上某直线的长度只有工程实物上相对应的直线长度的 1%。

1.3 几何作图

1.3.1 作圆内接正六边形

如图 1-14 所示，有两种作图方法。

(1) 利用丁字尺配合三角板的60°角将圆周等分，作法见图1-14a。

(2) 利用分规按圆的半径将圆周等分，作法见图1-14b。

(3) 依次连接各等分点，即得圆内接正六边形，如图1-14c所示。

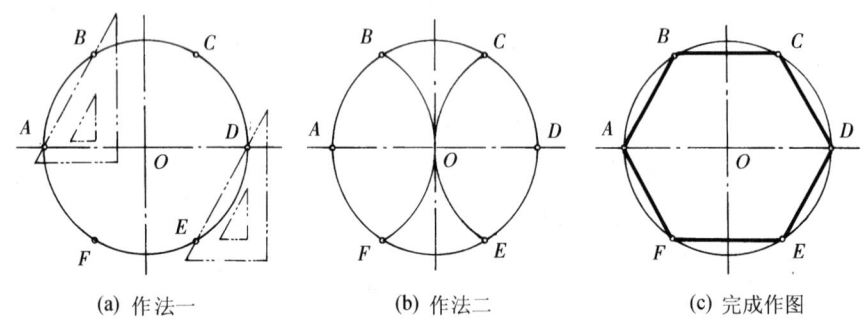

(a) 作法一　　　(b) 作法二　　　(c) 完成作图

图1-14　作圆内接正六边形

利用等分圆周的方法，可以作出圆内接任意正多边形。

1.3.2　已知长短轴作椭圆

1. 同心圆法作椭圆

如图1-15所示：①先根据已知椭圆的长短轴，画出两个同心圆（图1-15a）。②再通过圆心作一系列射线与两个圆同时相交（本图为将圆周作十二等分）；分别过两个同心圆上的等分点作竖直线和水平直线，它们两两相交得一系列的点，这些点即为所求椭圆上的点（图1-15b）。③最后用曲线板将这些点圆滑相连，即得所求的椭圆（图1-15c）。

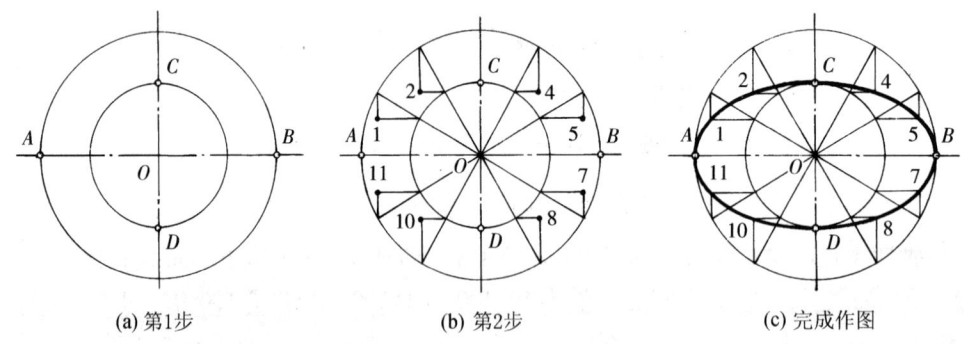

(a) 第1步　　　(b) 第2步　　　(c) 完成作图

图1-15　用同心圆法作椭圆

2. 四心圆弧法作近似椭圆

如图1-16所示：①先画出相互垂直的长短轴AB、CD；连接AC，并作$OE=OA$，再以C为圆心、CE为半径画弧，交AC于E_1（图1-16a）。②作AE_1的中垂线与长短轴相交分别得O_1、O_2及与之对称的O_3、O_4四个点（图1-16b）。③最后分别以O_1、O_2、O_3、O_4为圆心，通过长短轴的端点画弧，这四段圆弧相互连接即得近似椭圆（图1-16c）。

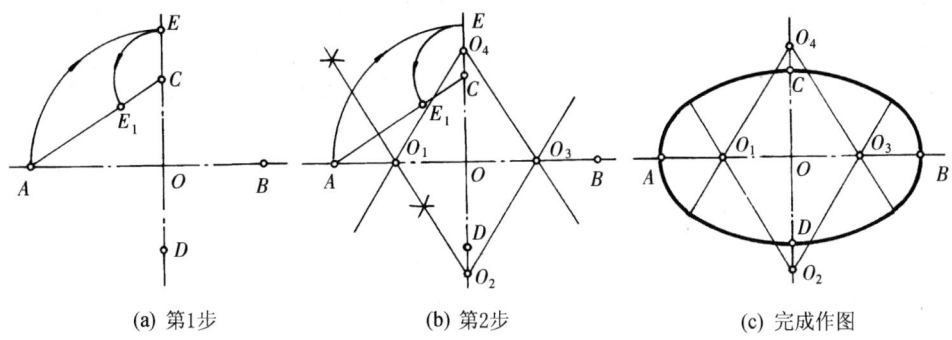

(a) 第1步　　　　(b) 第2步　　　　(c) 完成作图

图 1-16　用四心圆弧法作近似椭圆

1.3.3　已知菱形作内切椭圆

画较大的椭圆时建议用图 1-17b 所示的方法作出。这个方法是基于图 1-17a 所示的几何关系而得来的。即除四个切点 1，4，7，10 外，正方形（或菱形）两个方向上的四等分线 mq、nu……分别与对应的割线 bu、bq……的交点 2、3……也是圆周（或椭圆）上的点。最后用曲线板依次将所求得的点圆滑相连即得所求。

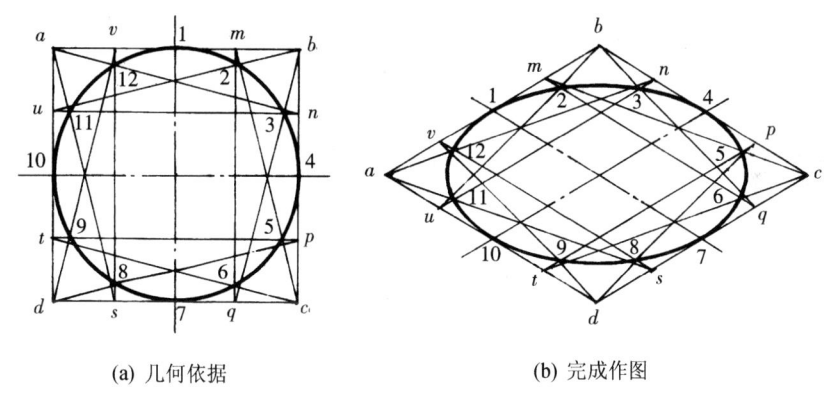

(a) 几何依据　　　　(b) 完成作图

图 1-17　已知菱形作内切椭圆

这个方法既适用于画轴测图中的椭圆，也适用于画透视图中的椭圆。但用于后者时，圆周外切正方形的透视已不是菱形，它的两个方向上的四等分线必须按透视作图的法则，即过该透视图形（四边形）的两条对角线的交点再向两侧的灭点作透视线的方法作出，其余画法与上述相同。

1.4　徒手画图

徒手画图是一种不受场地限制、作图迅速而且能在一定程度上显示出工程技术人员训练水平的绘图方法。它常被应用于表达新的构思、草拟设计方案、现场参观记录以及创作交流等各个方面。因此，工程技术人员应熟练掌握徒手画图的技能。

徒手画图同样有一定的图面质量要求，即幅面布置、图样画法、图线、比例、尺寸标注等尽可能合理、正确、齐全，不得潦草。

徒手画图最好使用钢笔，初学者也可以使用铅笔。钢笔宜用美工笔，铅笔则以铅芯较软一些的为佳。

1. 直线的画法

如图1-18所示，徒手画图时执笔力求自然。运笔时，眼睛宜朝着前进的方向，不要死死地盯住笔尖。同时，手腕不要转动，而是整个手臂做运动。但在画短线时，只将手指及手腕做适当运动即可。每条图线都应一笔画成，对于超长的直线则宜分段画出。

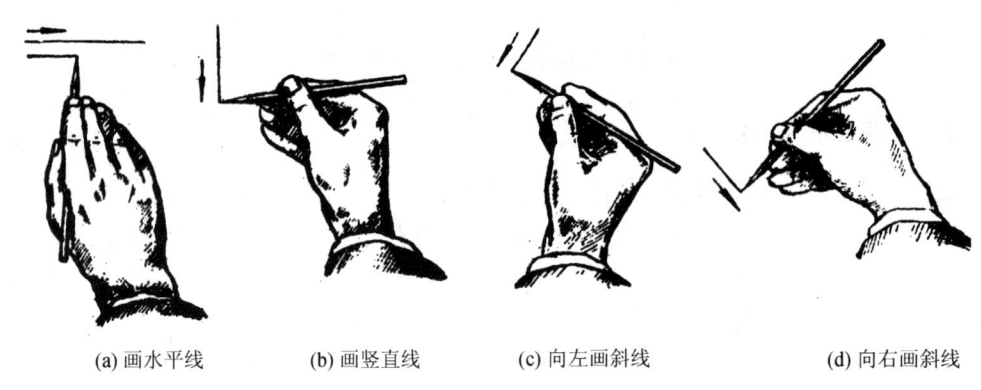

(a) 画水平线　　(b) 画竖直线　　(c) 向左画斜线　　(d) 向右画斜线

图1-18　徒手画直线的手势

2. 等分线段

徒手等分直线段通常利用目测进行。若分为偶数等份（例如分为八等份），最好是依次作二等分，如图1-19a所示。若分为奇数等份（例如分为五等份），则可用目测先去掉一个等份，然后把剩余部分作四等分，如图1-19b所示。图线下方的数字表示等分时的顺序。

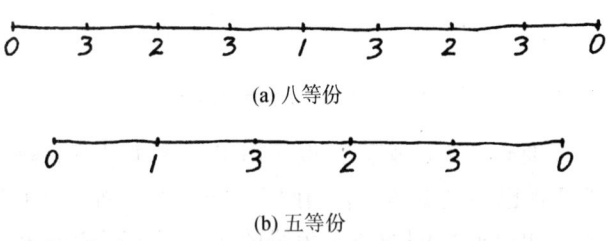

(a) 八等份

(b) 五等份

图1-19　徒手等分直线段

3. 徒手画斜线

徒手画与水平直线成30°，45°，60°等特殊角度的斜线，可利用该角度的正切即对边与邻边的比例关系近似画出，如图1-20a、b所示。也可先画出90°角，以适当半径画出一段圆弧，将该圆弧作若干等分，通过这些等分点所作的射线，就是所求的相应角度的斜线，见图1-20c。

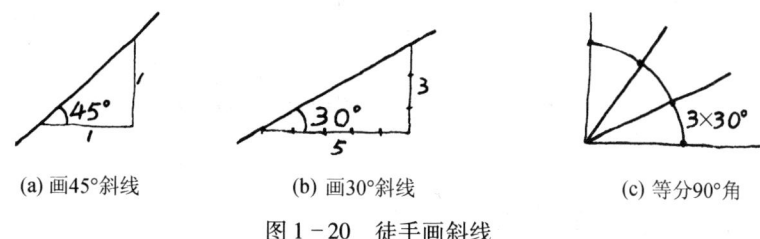

(a) 画45°斜线　　　(b) 画30°斜线　　　(c) 等分90°角

图 1-20　徒手画斜线

4. 徒手画圆及椭圆

画直径较小的圆时，可在中心线上按圆的半径凭目测定出四个点之后徒手连接而成，如图 1-21a 所示。画直径较大的圆时，可通过圆心画几条不同方向的射线，同样凭目测按圆的半径在其上定出所需的点，再徒手把它们连接起来，如图 1-21b 所示。

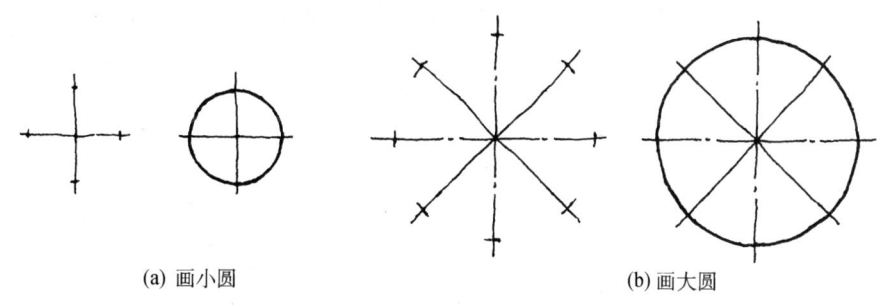

(a) 画小圆　　　　　　　　　(b) 画大圆

图 1-21　徒手画圆

画椭圆时尽可能准确地定出它的长、短轴，然后通过长、短轴的端点画出一个矩形，并画出该矩形的对角线，再在对角线上凭目测按椭圆曲线变化的趋势定出四个点，最后徒手把上述各点依次连接起来即得所求，如图 1-22 所示。

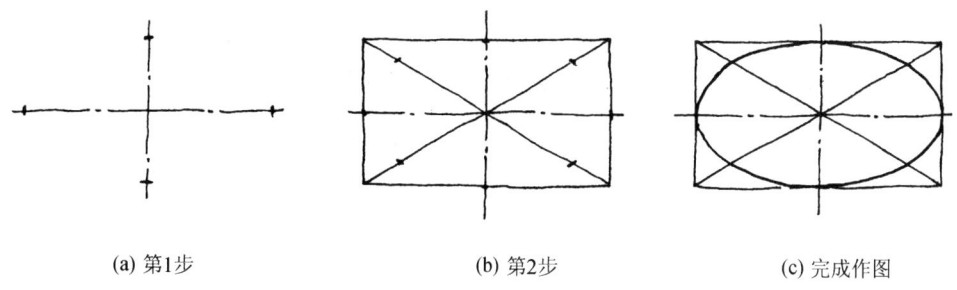

(a) 第1步　　　　　　(b) 第2步　　　　　　(c) 完成作图

图 1-22　徒手画椭圆

徒手画圆及椭圆时，要手眼并用，要特别注意图形的对称性和图线的整洁性。

第 2 章 投影的基本知识

2.1 投影法的基本概念

现代一切工程图样的绘制和识读都是以投影法为依据的。

2.1.1 什么是投影法

投影法是指在一定的投射条件下，在承影平面上获得与空间几何元素相互对应的图形的过程。

如图 2-1 所示，过投射中心 S 分别作投射线 SA、SB 与承影平面 P 相交，于是得点 A、B 的图形"点 a"和"点 b"，用直线连接 a、b，则直线段 ab 就是空间直线段 AB 在承影平面 P 上与之相互对应的图形。

我们称这种获得图形的方法为投影法，称所获得的图形为投影，称获得投影的承影平面为投影面。

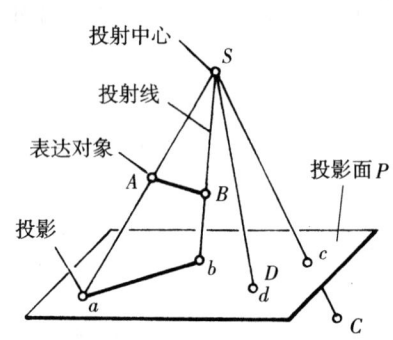

图 2-1 投影法的基本概念

从图 2-1 可以看出，为了得到空间几何元素的投影，必须具备下列三个条件：
（1）投射中心和从投射中心发出的投射线；
（2）投影面——不通过投射中心的承影平面；
（3）表达对象——空间几何元素（其空间位置可在投影面的任一侧或投影面上）。

当投射条件确定后，表达对象在投影面上的投影必然是一个与之相互对应的唯一的图形。

2.1.2 投影法分类

1. 中心投影法

当投射中心 S 距投影面 P 为有限远时，所有投射线均自投射中心 S 发出，如图 2-2 所示，这种投影法称为中心投影法。用中心投影法所获得的投影称为中心投影（或透视投影）。由于中心投影法所有的投射线对投影面的投射方向与倾角是不一致的，因此所获得的投影其形状大小与表达对象本身有较大的变异，度量不便。

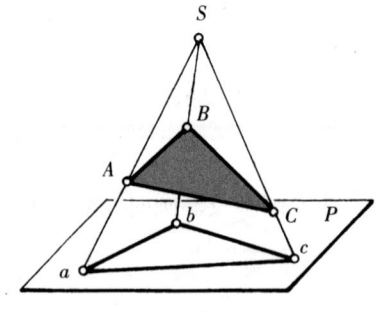

图 2-2 中心投影法

2. 平行投影法

当投射中心 S 移向投影面 P 外无限远处时，所有投射线变成互相平行，如图 2-3、图 2-4 所示，在这种情况下的投影法称为平行投影法。其中，根据投射线的投射方向对投影面 P 垂直与否来区分，又可分为正投影法和斜投影法两种。

（1）正投影法

当投射线的投射方向垂直于投影面 P 时的投影法称为正投影法，用这种方法获得的投影称为正投影，如图 2-3 所示。这是唯一的一种特殊情况。由于正投影法中所有的投射线对投影面 P 的倾角 θ 都是 90°，因此所获得的投影，其形状大小与表达对象本身在度量问题上存在较简单明确的几何关系：①当空间直线或平面倾斜于投影面 P 时，其投影为按一定的几何关系缩小了的类似形（图 2-3a）；②当空间直线或平面平行于投影面 P 时，其投影反映该直线或平面的实长或实形，便于按实际尺寸度量作图（图 2-3b）；③当空间直线或平面垂直于投影面 P 时，其投影被积聚成一点或一直线，使作图得以简化（图 2-3c）。因此，正投影具有较好的度量性，绘图工作相对简易。上述对投影面倾斜、平行、垂直时直线或平面的三种投影特性分别称之为类似性、现真性和积聚性。

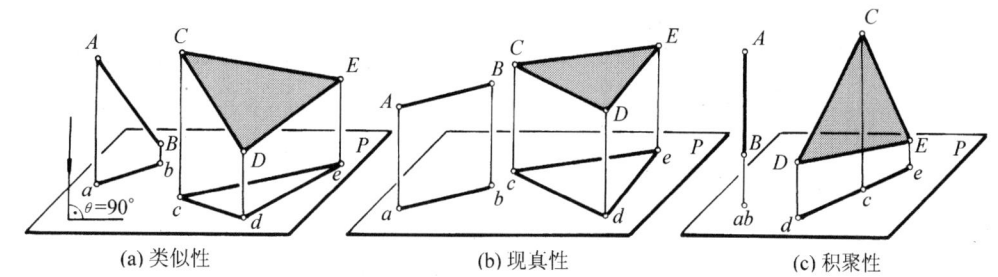

(a) 类似性　　　(b) 现真性　　　(c) 积聚性

图 2-3　正投影法及其投影特性

（2）斜投影法

当投射线的投射方向倾斜于投影面 P 时的投影法称为斜投影法。用这种方法获得的投影称为斜投影。由于对投影面 P 倾斜的投射线可有无限多，因此绘图时必须先限定投射线对投影面 P 的投射方向和倾斜角度 θ，才能得到唯一的斜投影，如图 2-4 所示，该图设投射方向自东向西，$\theta = 70°$。运用斜投影法作图，在某种特定条件下，其投影也可能具有现真性和积聚性。

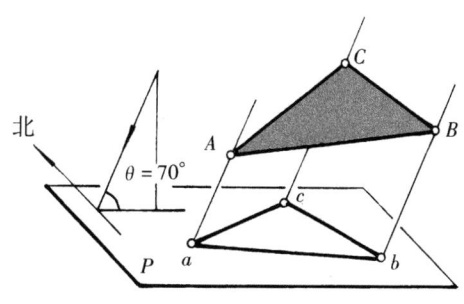

图 2-4　斜投影法

2.2 工程中常用的四种投影图

2.2.1 正投影图

正投影图是采用正投影法将空间几何元素或形体[①]分别投射到相互垂直的两个或两个以上的投影面上，然后按规定将所有投影面展开成一个平面，将所获得的正投影排列在一起，利用多面正投影相互补充来确切地、唯一地反映出表达对象的空间位置和形状的一种投影图。

图2-5a所示是将空间形体向V、H、W三个两两相互垂直的投影面作投影[②]时的情形；而图2-5b则是移去空间形体后，将投影面连同形体的投影一起展开成一个平面时的情况；再去掉投影面边框后便得到空间形体的三面正投影图（简称三面投影或三面图），如图2-5c所示。

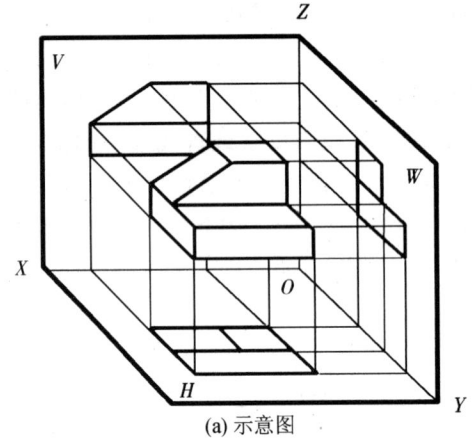

(a) 示意图

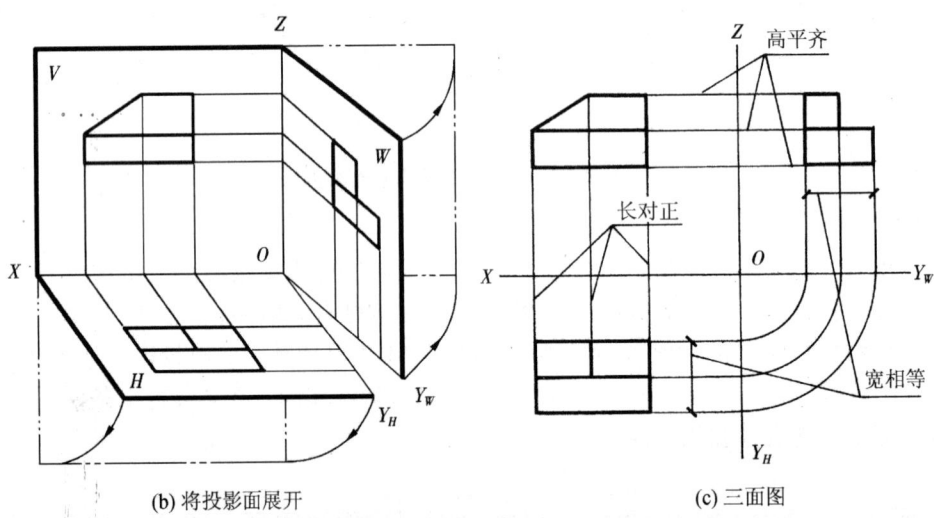

(b) 将投影面展开　　　　(c) 三面图

图2-5　形体的三面正投影图

为了表述方便，我们将上述V、H、W三个两两垂直的投影面所构成的空间称为三投影面体系，V面为正立投影面，简称正面；H面为水平投影面，简称水平面；W面为

注：①占有长、宽、高三度空间并具有一定几何形状的立体，在本书中统称形体。
　　②不另加说明时，以后所有"投影"均指"正投影"。

侧立投影面，简称侧面。相应地，三面投影分别称之为 V 面投影（或正面投影）、H 面投影（或水平投影）、W 面投影（或侧面投影）。三投影面两两之间的交线称之为投影轴，相当于空间直角坐标轴（OX 轴、OY 轴和 OZ 轴）。如果在同一张图纸中将它们按图 2-5c 所示"高平齐、长对正、宽相等"的相互位置排列时，可以不标注各面投影的名称。

正投影图中的每一面投影都是只能分别反映空间形体某一面真实或类似形状的平面图形。

2.2.2 轴测投影图

轴测投影图（简称轴测图）是一种单面投影。它是采用平行投影法将空间几何元素或形体连同所选定的直角坐标轴一起，投射到单一的轴测投影面上，所获得的能反映该几何元素或形体在长、宽、高三度空间中的位置或形象的一种投影图。

如图 2-6a 所示，把空间形体连同所选定的直角坐标轴一起，将其位置摆放成倾斜于轴测投影面 P，这样在轴测投影面 P 上所获得的正投影，就是一种具有立体感的正轴测图（图 2-6b）。

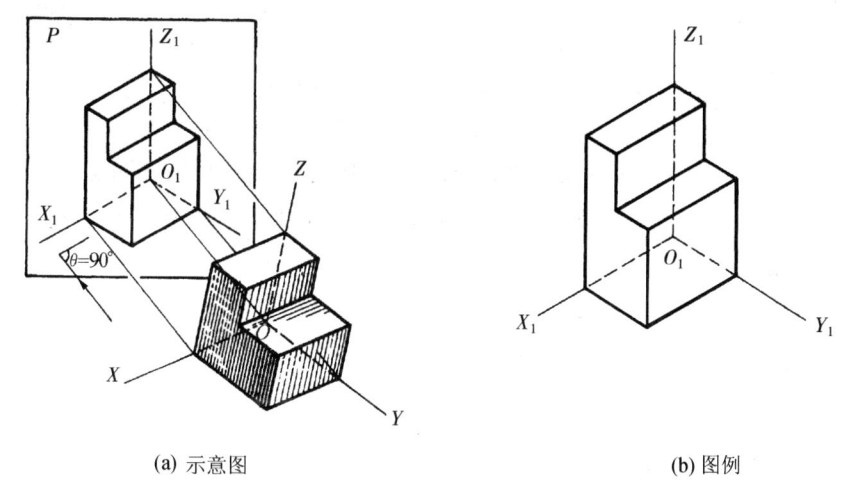

(a) 示意图　　　　　　　　　　　　　　(b) 图例

图 2-6　正轴测图

图 2-7 所示则为斜轴测图的形成示意图和图例。从该图可见，它所采用的投射线倾斜于轴测投影面 P。当把空间形体上的直角坐标轴 OX、OZ 的位置摆放成平行于轴测投影面 P 时，另一直角坐标轴 OY 就必然垂直于轴测投影面 P，在这种情况下，OY 轴在 P 面上的斜投影 O_1Y_1，其单位投影长度和倾斜角度将随该投射线对 P 面的投射方向和倾斜角度的不同而不同。但 OX 轴、OZ 轴在 P 面上的斜投影 O_1X_1、O_1Z_1 的单位投影长度保持不变，而且仍分别是水平的或竖直的。

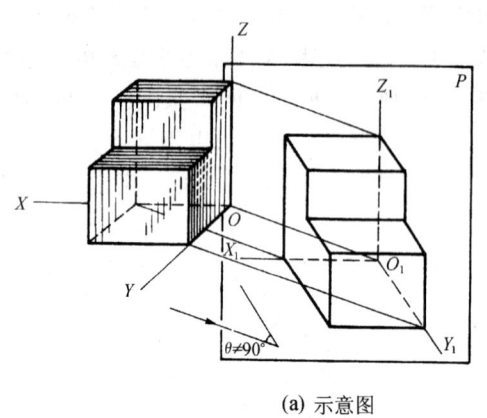
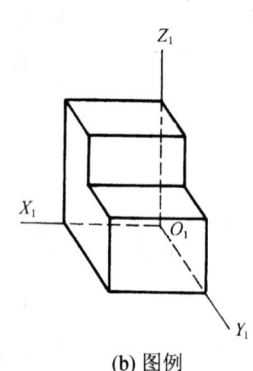

(a) 示意图　　　　　　　　　(b) 图例

图 2-7　斜轴测图

2.2.3　透视投影图

透视投影图（简称透视图）也是一种单面投影。它是采用中心投影法，将空间几何元素或形体连同所选定的直角坐标轴一起，摆放在适当的位置上之后，再投射到单一的透视投影面 P 上，所获得的能同时反映该几何元素或形体在长、宽、高三度空间中的位置或形象，且具有近大远小等视觉效果的一种投影图。

图 2-8 所示为一空间形体透视图的形成示意图和图例。从该图可见，空间形体在水平方向上原来互相平行的轮廓线，在透视图中分别变成相交于一点的线束。其视觉效果比较符合人眼的观觉实际。

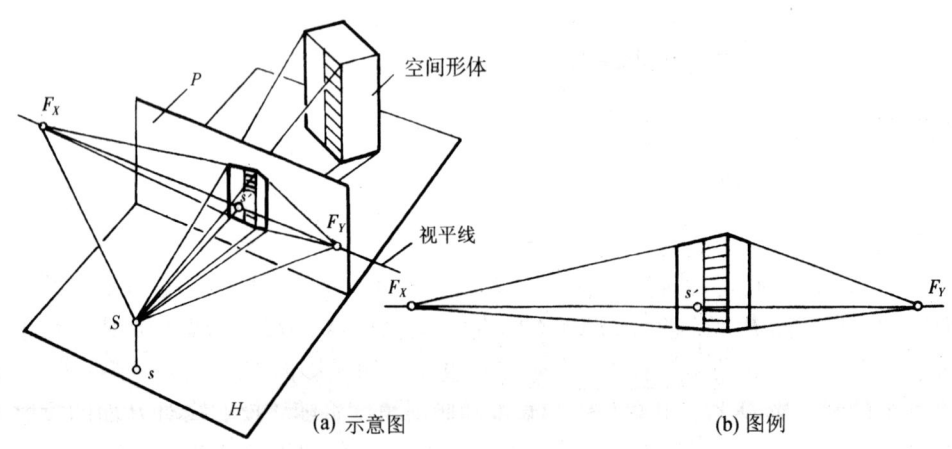

(a) 示意图　　　　　　　　　(b) 图例

图 2-8　透视图

2.2.4　标高投影图

标高投影图也是一种单面投影，它具有正投影的某些特征。它是采用在某一面投影的基础上，用数字或符号来标明空间某些点、线、面相对于所选定的基准平面的相对距离（高度）的方法而形成的。

例如要表达一处山地，作图时用间隔相等的多个不同高度的水平面截割山地表面，其交线为等高线；将这些等高线投射到水平投影面上，并标出各等高线的高度数值，所得的图形即为标高投影图(图2-9)，它表达了该处山地的地形。

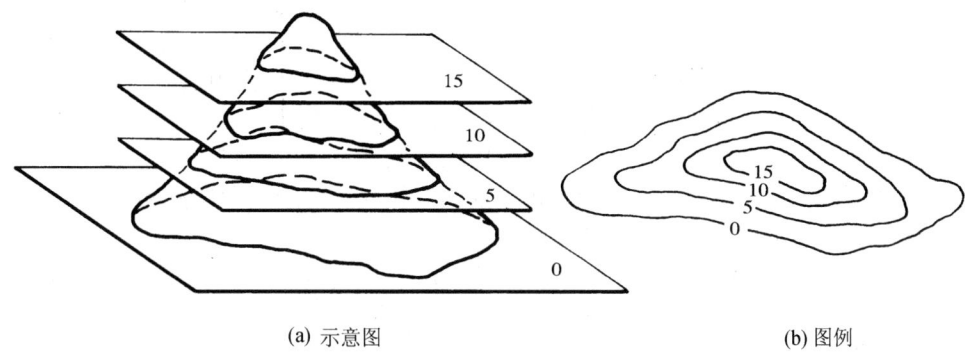

(a) 示意图　　　　　　　　　　(b) 图例

图2-9　标高投影图

在建筑工程中常用"标高"来表示建筑物各处不同的高度和用标高投影图来表示总平面图中的地形。

2.3　形体正投影图的绘制与识读入门

正投影图是工程中最常用和最基本的一种投影图。绘制空间形体的正投影图时，为了充分发挥这种表达方法的优越性，应使形体在长、宽、高三度空间中的坐标面(通常与形体上的主要端面或对称平面重合)分别平行或垂直于相应的投影面，这样就可使所获得的每一面投影，都是能最大限度地反映出该空间形体相应表面实形的平面图形，使制图时便于度量，表达准确，如图2-10所示。

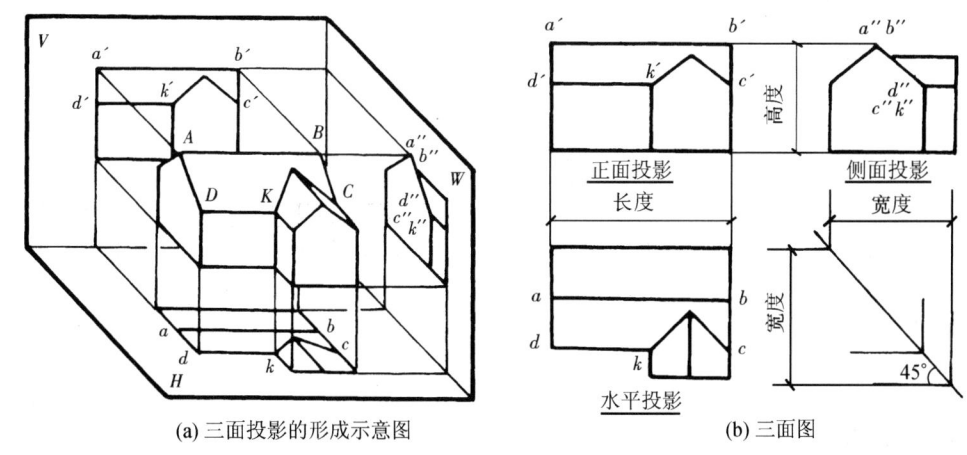

(a) 三面投影的形成示意图　　　　(b) 三面图

图2-10　形体正投影图的绘制与识读

但是，由于形体的每一面投影都是一个平面图形，即每一面投影只能反映出形体长、宽、高三度空间中的两度。例如图2-10b中的正面投影只反映出形体(房屋)的长度和高度，水平投影只能反映出房屋的长度和宽度，侧面投影只能反映出房屋的宽度和高度。所以，在识读时要从投影图中获得表达对象在三度空间中的完整形象，就必须利用两面或两面以上的投影相互补充，并通过严谨的构思和想象才能达到，这是初学者一时难以适应的地方。

在这里，为了让初学者便于建立投影概念和易于掌握表达对象与每一面投影之间，以及每一面投影与另一面投影之间的一一对应关系，按习惯规定在图中用大写字母如 A、B、C……标记出表达对象上若干个特殊的点；并相应地用小写字母如 a、b、c……，用小写字母加一撇如 a'、b'、c'……，用小写字母加两撇如 a''、b''、c''……，分别表示这些点的水平投影、正面投影和侧面投影。这样对投影图的绘制和识读都可带来一定的方便，如图 2–10 所示。

现在试识读图 2–10b。从正面投影中指出位于最高处的一条水平线段 $a'b'$，按"高平齐"的投影关系在侧面投影中寻找，发现只有一个点 $a''b''$ 与之相对应。由此可得出结论：由投影 $a'b'$ 和 $a''b''$ 表示的是该房屋的一条水平屋脊 AB（参阅图 2–10a），而且这条水平屋脊还是垂直于侧面 W 的。如果再按"长对正"和"宽相等"的投影关系，还可在水平投影中找出与 $a'b'$、$a''b''$ 相对应的投影 ab。

同理也可分析出斜脊 AD、屋檐 DK 在各面投影中的位置 ad、$a'd'$、$a''d''$ 和 dk、$d'k'$、$d''k''$，以及分析出它们在各面投影之间的一一对应关系（用作图方法寻找水平投影与侧面投影之间"宽相等"的对应关系时，可利用 45°辅助直线通过作图来解决，而不必再像前面图 2–5c 那样画入投影轴和以原点 O 为中心的圆弧）。

2.4 直线、平面的投影特性分析

图 2–10 所示的形体，既可以看成是由若干平面所围成的，也可以理解为是由若干直线所确定的。从这里得到启示：如果我们先普遍地掌握和理解了各种不同位置的直线和平面的投影规律及其特性，那么，要进一步普遍深入地解决形体投影图的绘制与识读的问题，就会容易得多了。

2.4.1 直线的投影

根据空间直线与投影面相对位置的不同，可把它分为三大类：

1. 投影面垂直线

对一个投影面垂直（即同时对其他两个投影面平行）的直线，称为投影面垂直线。其中垂直于正立投影面 V 的直线，称为正垂线；垂直于水平投影面 H 的直线，称为铅垂线；垂直于侧立投影面 W 的直线，称为侧垂线。表 2–1 分别列出了正垂线、铅垂线、侧垂线的投影及其投影特性。

2. 投影面平行线

仅对一个投影面平行，而又对其他两个投影面倾斜的直线，称为投影面平行线。其中平行于正立投影面 V 的直线，称为正平线；平行于水平投影面 H 的直线，称为水平线；平行于侧立投影面 W 的直线，称为侧平线。表 2–2 分别列出了正平线、水平线、侧平线的投影及其投影特性。

表2-1 投影面垂直线的投影及其投影特性

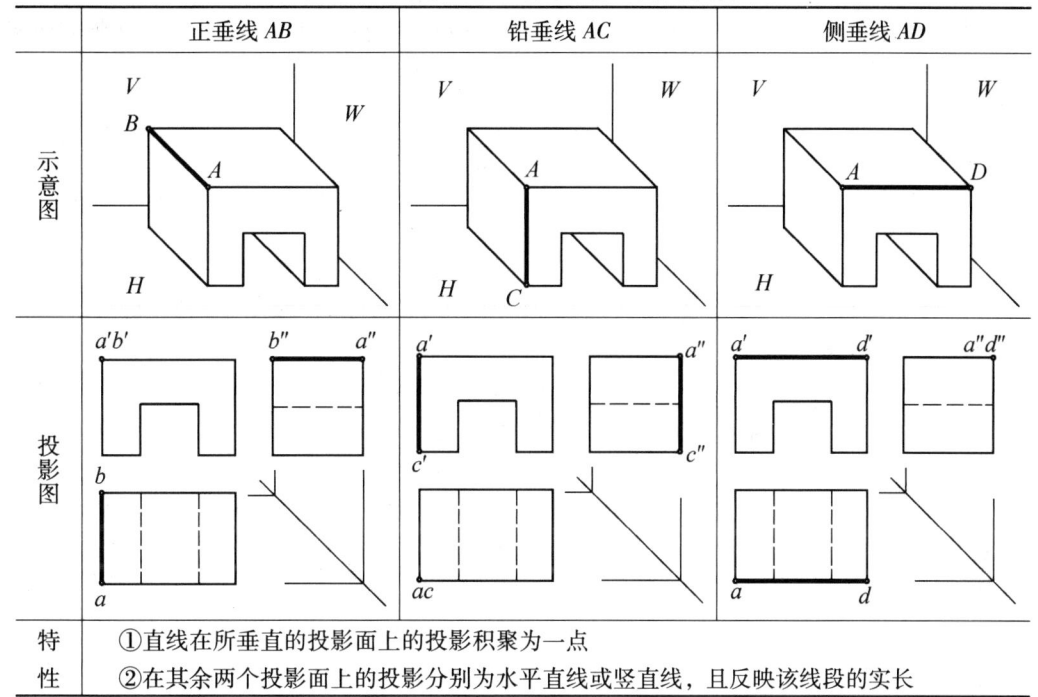

	正垂线 AB	铅垂线 AC	侧垂线 AD
特性	①直线在所垂直的投影面上的投影积聚为一点 ②在其余两个投影面上的投影分别为水平直线或竖直线，且反映该线段的实长		

表2-2 投影面平行线的投影及其投影特性

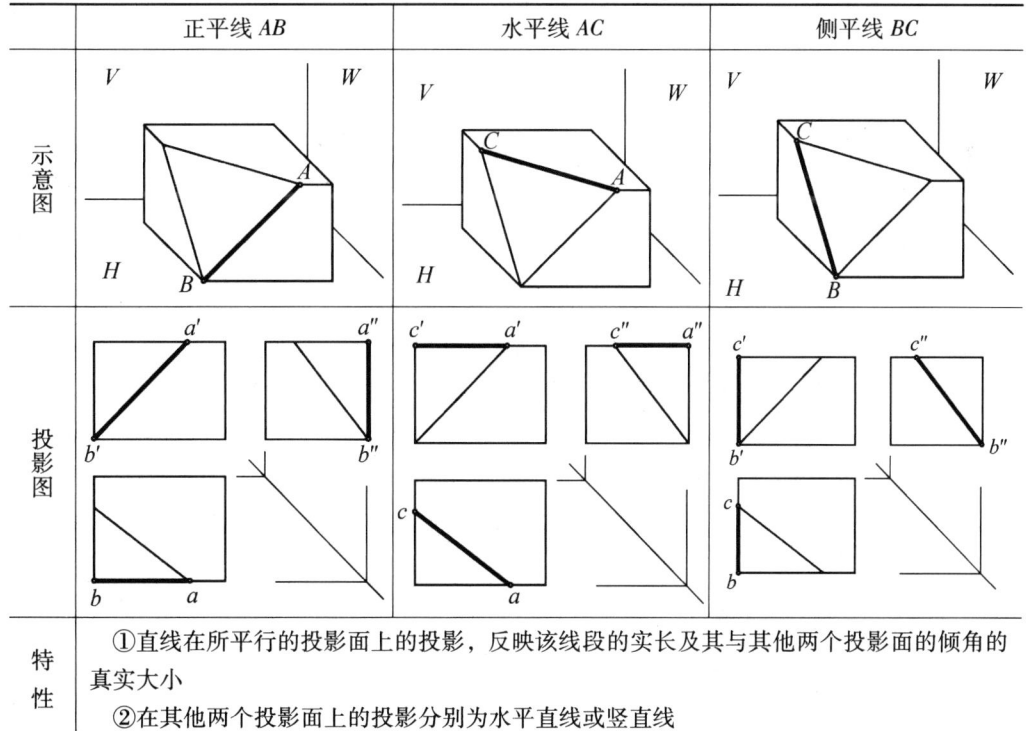

	正平线 AB	水平线 AC	侧平线 BC
特性	①直线在所平行的投影面上的投影，反映该线段的实长及其与其他两个投影面的倾角的真实大小 ②在其他两个投影面上的投影分别为水平直线或竖直线		

3. 一般位置直线

对三个投影面都倾斜的直线，称为一般位置直线，简称一般线。图 2-11 中的直线 AB 即为一般线。

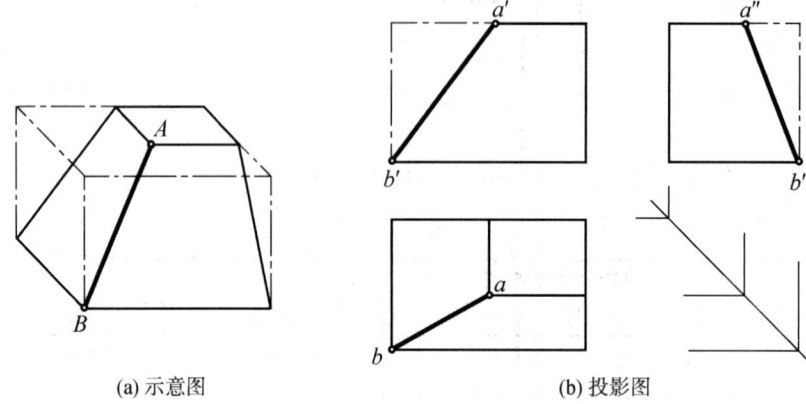

(a) 示意图　　　　　　　(b) 投影图

图 2-11　一般线的投影及其投影特性

一般线的投影特性为：

（1）一般线的三面投影都是倾斜的线段，且均小于实长。

（2）一般线的三面投影均不能直接反映该直线对任一投影面的倾角的真实大小。

因此说，一般线的度量性是比较差的。

2.4.2　平面的投影

根据空间平面与投影面相对位置的不同，也可以把它分为三大类：

1. 投影面平行面

对一个投影面平行（即同时对其他两个投影面垂直）的平面，称为投影面平行面。其中平行于正立投影面 V 的平面，称为正平面；平行于水平投影面 H 的平面，称为水平面；平行于侧立投影面 W 的平面，称为侧平面。表 2-3 分别列出了正平面、水平面、侧平面的投影及其投影特性。

表 2-3　投影面平行面的投影及其投影特性

	正平面 P	水平面 Q	侧平面 R
示意图	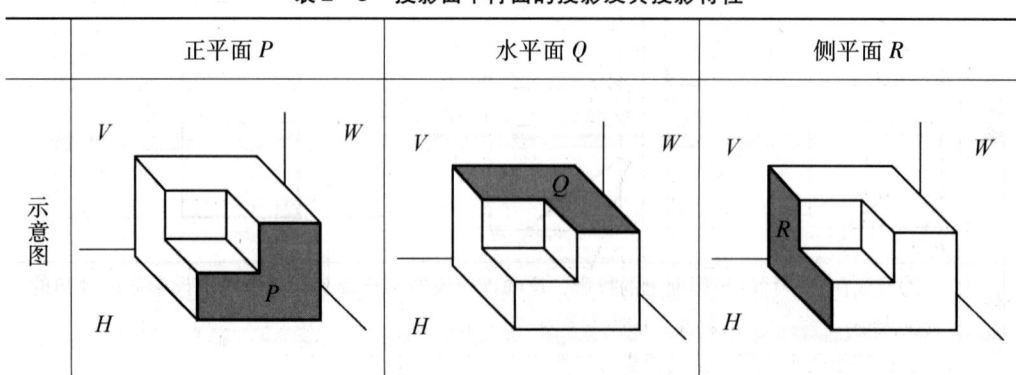		

续表 2-3

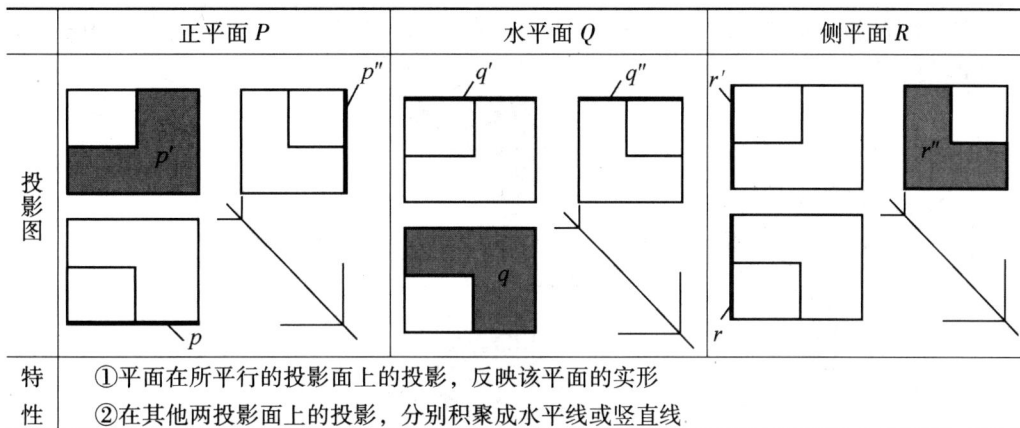

	正平面 P	水平面 Q	侧平面 R
投影图			
特性	①平面在所平行的投影面上的投影，反映该平面的实形 ②在其他两投影面上的投影，分别积聚成水平线或竖直线		

注：对平面的标记，按习惯规定也是分别用大写字母例如 P、Q、R 和相应的小写字母例如 p、q、r、p'、q'、r'、p''、q''、r'' 表示它们的空间状况和在三面投影图中的位置。

2. 投影面垂直面

仅对一个投影面垂直，而同时倾斜于其他两个投影面的平面，称为投影面垂直面。其中仅垂直于正立投影面 V 的平面，称为正垂面；仅垂直于水平投影面 H 的平面，称为铅垂面；仅垂直于侧立投影面 W 的平面，称为侧垂面。表 2-4 分别列出了正垂面、铅垂面、侧垂面的投影及其投影特性。

表 2-4 投影面垂直面的投影及其投影特性

	正垂面 P	铅垂面 Q	侧垂面 R
示意图			
投影图			
特性	①平面在所垂直的投影面上的投影积聚成一条倾斜线段，且反映该平面对其他两个投影面的倾角的真实大小 ②在其他两个投影面上的投影，分别是面积缩小了的类似形		

3. 一般位置平面

对三个投影面都倾斜的平面，称为一般位置平面，简称一般面。图2-12中的平面 *P*、*Q* 即为一般面。

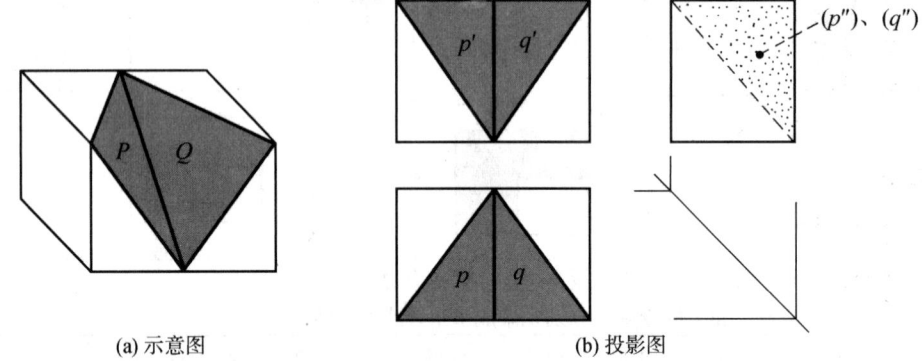

(a) 示意图　　　　　　　　　(b) 投影图

图2-12　一般面投影及其投影特性

一般面的投影特性为：

（1）一般面的三面投影，均为比原形面积缩小了的类似形（图中加括号表示的 *p″*、*q″*，意为该投影在图中为不可见。下同）。

（2）一般面的三面投影，均不能直接反映该平面对任一投影的倾角。度量性不好。

因此，当对含有一般面的形体进行投影作图时，对所含的一般面通常总是把它放到最后才利用投影对应关系求出。

通过上述的线、面投影分析，还可得到启示：若用特定的名称表述形体表面上的直线或平面并熟悉其含义，对形象地说明它们在所处空间的状况和对识读形体的投影图很有帮助。

下面再举两个例子。

例2-1　试识读图2-13a所示厂房的三面图。

分析　该厂房可看成是一座长方形的建筑，其屋顶被做成两坡顶并设有采光和通风用的天窗。

识读　从该图的水平投影可以看出，该厂房及其天窗的平面形状均为矩形；结合侧面投影可进一步得知该厂房及其天窗的屋面均为侧垂面（垂直于侧立投影面的双坡顶屋面）；再根据"长对正、高平齐、宽相等"的投影对应关系，还可以判断出该厂房及其天窗的檐口在正面投影中的位置，以及天窗的侧面与厂房坡屋顶之间的交线 *A*—*B*—*C*—*D*—*E*—*A* 在三面投影中的位置。其中，由投影 *ab*、*a′b′*、*a″*(*b″*) 和 *de*、*d′e′*、*d″*(*e″*) 所确定的空间直线 *AB*、*DE* 是侧垂线（参阅图2-13b）；此外，由投影 *af*、*a′f′*、*a″f″* 和 *bc*、*b′c′*、(*b″*)(*c″*) 等所确定的空间直线 *AF*、*BC*……则为侧平线。

例2-2　试识读图2-14所示的沙发的三面图。

分析　沙发一般由坐垫、靠背、扶手等部分组成。图中分别用大写字母 *P*、*Q*、*R* 标明沙发上三个表面的空间状况和名称（图2-14b），同时分别用相应的小写字母标明这三个表面在各面投影中的位置（图2-14a）。

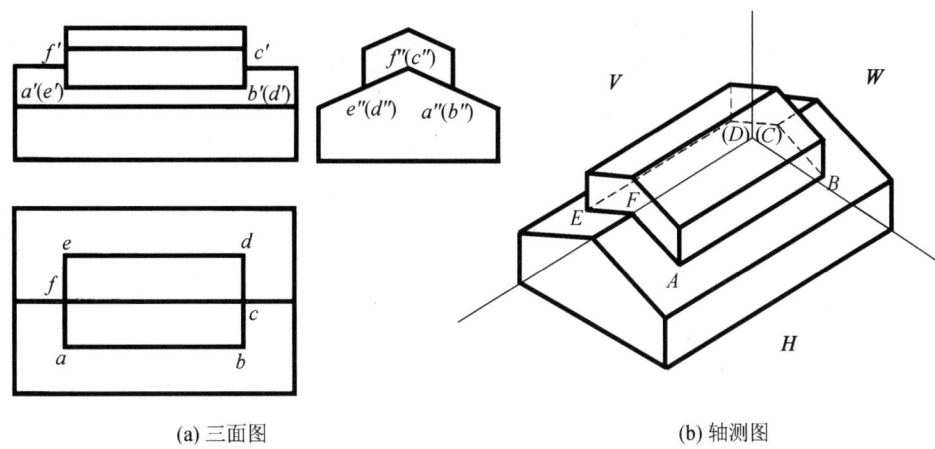

(a) 三面图　　　　　　　　　　　(b) 轴测图

图 2-13　带天窗的厂房

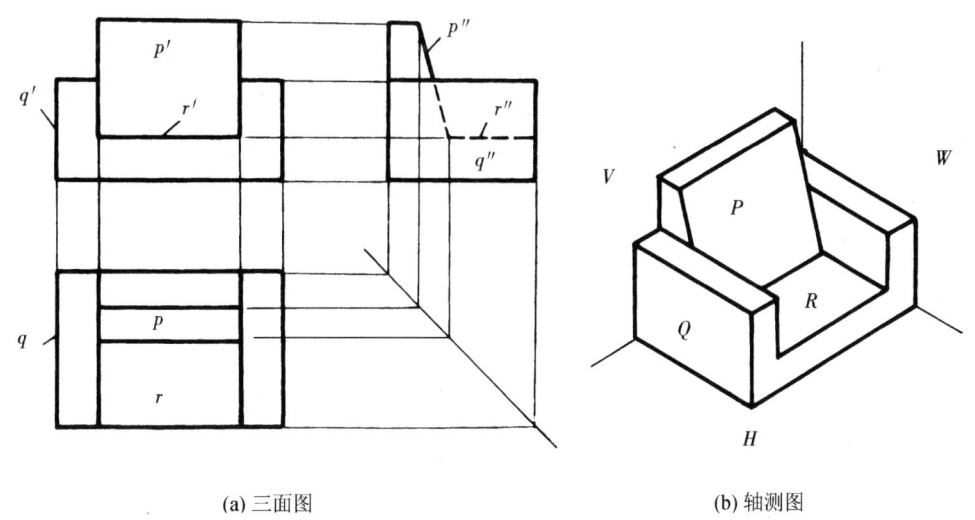

(a) 三面图　　　　　　　　　　　(b) 轴测图

图 2-14　沙发投影图的识读

识读　从图 2-14a 的正面投影中指出一个矩形线框 p'，按"高平齐"的投影对应关系在侧面投影中发现只有一条斜线 p'' 与之相对应。于是可知，由 p' 和 p'' 所确定的平面是一个侧垂面（垂直于侧立投影面 W 的平面），即是说这个表面（靠背）是同时倾斜于正立投影面 V 和水平投影面 H 的。如果再按"长对正"和"宽相等"的投影对应关系，还可在水平投影中找出与之对应的矩形线框 p。显然，线框 p 和 p' 都是一个比（靠背）原形缩小了的类似形。

同理，也可分析出 Q、R 两个表面的空间状况和在三面图中的投影对应关系。它们分别是平行于 W 面、H 面的矩形平面（侧平面和水平面）；其侧面投影中的矩形线框 q'' 和水平投影中的矩形线框 r，分别反映了沙发扶手侧面 Q 和坐垫表面 R 的实形。Q 和 R 两个表面在其他两个投影面上的投影，分别被积聚成竖直线段或水平线段。

第3章 基本体的投影

3.1 平面体的投影

具有长、宽、高三度空间有限部分的简单几何体通称基本体。其中,由平面围成的称为平面体。最常见的平面体如图3-1所示。

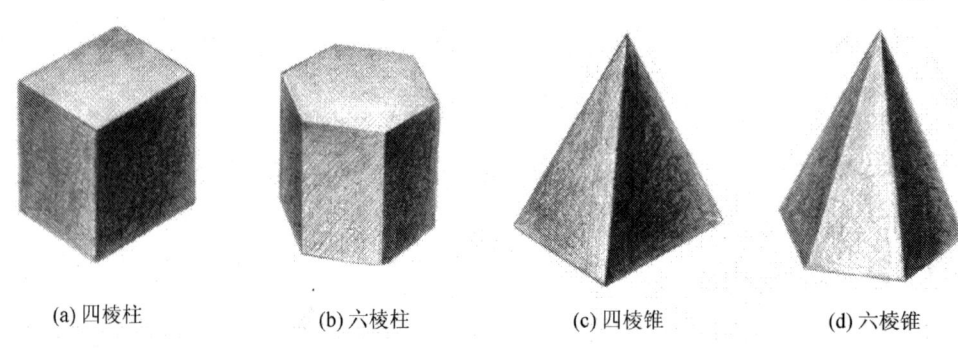

(a) 四棱柱　　　　(b) 六棱柱　　　　(c) 四棱锥　　　　(d) 六棱锥

图3-1　最常见的平面体

3.1.1　棱柱

1. 棱柱的几何特征

完整的棱柱由一对形状大小相同、相互平行的多边形底面和若干平行四边形侧面(也称棱面)所围成。它所有的棱线均相互平行。当棱柱底面为正多边形且棱线均垂直于底面时称为正棱柱,简称棱柱(图3-1a、b)。

2. 棱柱的投影特性

在图3-2a的图示情况下,六棱柱的上、下底面均为水平面,其上、下底面的水平投影相重合且反映实形,其正面投影和侧面投影则分别积聚成一条水平线段。

六棱柱的前、后两棱面均为正平面,它们的正面投影相重合且反映实形,水平投影和侧面投影分别积聚成平行于 OX 轴或 OZ 轴的直线段,即分别为水平线段或竖直线段。

六棱柱左边的两个棱面和右边的两个棱面均为铅垂面,其水平投影均积聚为倾斜于 OX 轴的直线段,其正面投影和侧面投影均为类似的矩形,不反映实形。

3. 棱柱的投影画法

先画出反映棱柱特征的正六边形底面的水平投影,然后再按投影关系及棱柱的高度画出其余两面投影,如图3-2b所示。

画棱柱及各种基本体的投影图时,一般不再画投影轴,各面投影之间的间隔可任意选定,但各面投影之间仍必须保持投影关系,其投影规律可表述为"长对正、高平齐、宽相等"(水平投影和侧面投影之间一般利用45°辅助线互相联系)。

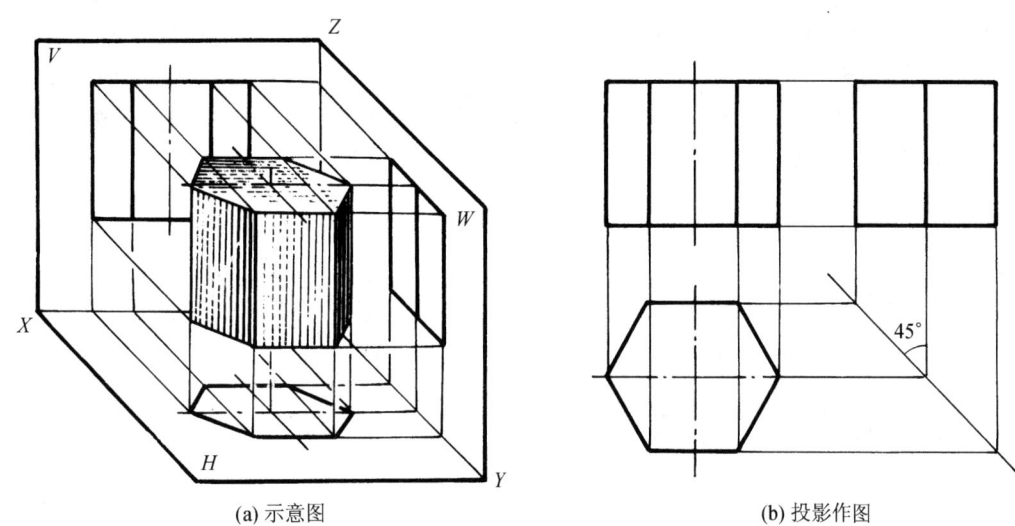

(a) 示意图　　　　　　　　　　　　(b) 投影作图

图 3-2　六棱柱的投影

例 3-1　试画出图 3-3a 所示小屋的三面投影。

分析　图示小屋可看成是由四棱柱被两个垂直于侧面的平面截割后而形成的。该小屋的平面形状为矩形，前后坡顶的坡度不同，且前后屋檐的高度也不同。

作图　如图 3-3b、c 所示。

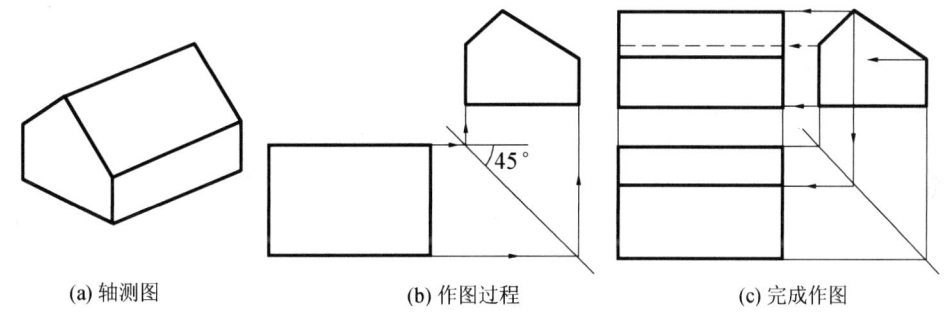

(a) 轴测图　　　　　　(b) 作图过程　　　　　(c) 完成作图

图 3-3　小屋的投影和画图步骤

画图的步骤是先画水平投影中的矩形，其次画侧面投影，定出前后屋檐及屋脊的位置后再画正面投影和完成水平投影。

3.1.2　棱锥

1. 棱锥的几何特征

完整的棱锥由一多边形底面和若干具有公共顶点的三角形棱面所围成。它的棱线均通过锥顶。当棱锥底面为正多边形，其锥顶又处在通过该正多边形外接圆中心的垂直线上时，这种棱锥称为正棱锥（简称棱锥）。

2. 棱锥的投影特性及画法

在图 3-4a 的图示情况下，由于三棱锥的底面平行于 H 面，所以该底面的水平投影

abc 反映实形，该底面的正面和侧面投影均积聚为水平线段；棱锥的后棱面 SAC 为侧垂面，它的侧面投影积聚为一段斜线，正面投影和水平投影是类似的三角形；棱锥左、右两个棱面都是一般位置平面，它们的三个投影仍是类似的三角形，其中侧面投影 $s''a''b''$ 与 $s''b''c''$ 重合。各个棱面的所有投影都不反映实形（图 3-4b）。

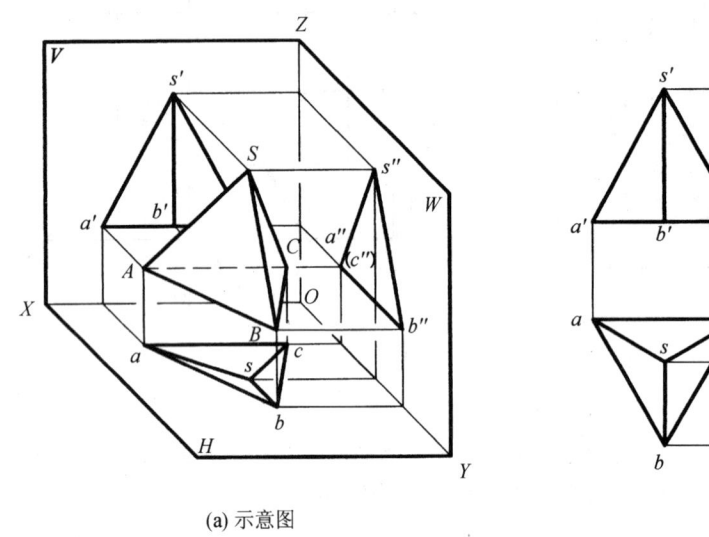

(a) 示意图

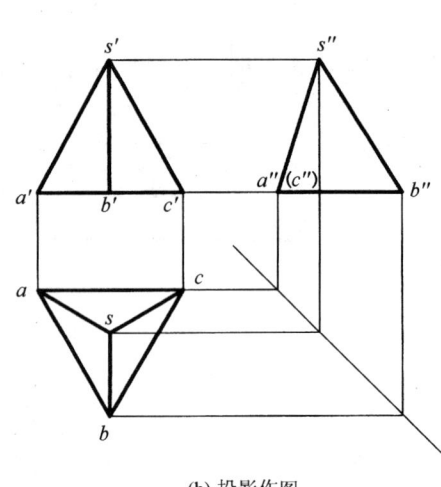

(b) 投影作图

图 3-4 三棱锥的投影

例 3-2 设有一台基（四棱台）如图 3-5a 所示，试画出它的三面投影。

分析 棱台是指棱锥被平行于其底面的平面截去锥顶后的剩余部分。因此，画棱台的投影宜先按完整的棱锥作图，然后再画出上底面的投影。

作图 如图 3-5b 所示。

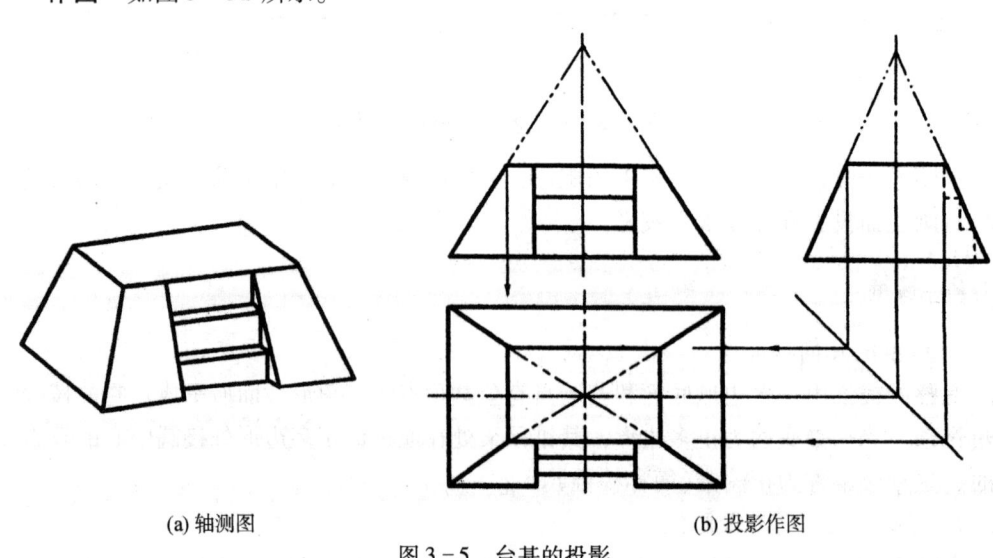

(a) 轴测图　　　　　　　　　　(b) 投影作图

图 3-5 台基的投影

（1）先画出一对中心线的水平投影和轴线的正面投影、侧面投影。

（2）然后画出下底矩形的水平投影、正面投影和侧面投影，再在轴线上定出锥顶的位置，画出完整棱锥的三面投影。

（3）最后根据台基的高度画出上底的正面投影和侧面投影，并按投影关系求出上底的水平投影，于是完成作图。

3.2 曲面体的投影

由曲面或曲面与它的底面围成的基本体，称为曲面体。最常见的曲面体如图3-6所示。

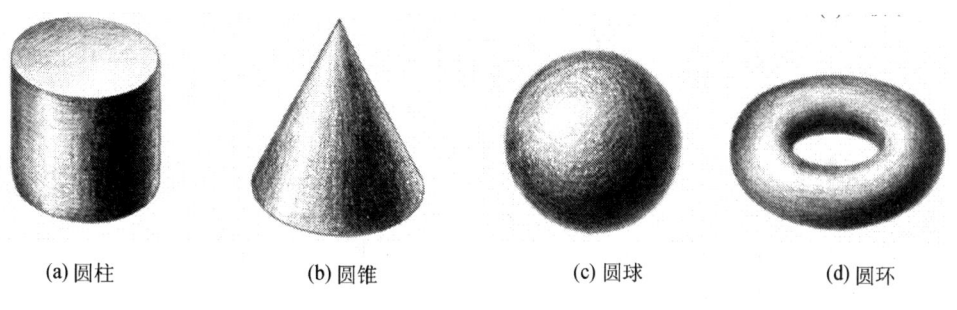

(a) 圆柱　　(b) 圆锥　　(c) 圆球　　(d) 圆环

图 3-6　最常见的曲面体

3.2.1 圆柱

1. 圆柱的几何特征

完整的圆柱由圆柱面和一对相互平行的上、下底面所围成。为了便于理解，圆柱面可看成是由一条直母线 MN，绕着与其平行的轴线 OO_1 作回转运动而成的（图3-7a）。圆柱面上任一条平行于轴线的直线称为圆柱面的素线，它是母线的任一瞬时位置。

2. 圆柱的投影特性和画法

图3-7b所示为轴线垂直于 H 面的圆柱的三面投影画法示意图。它的水平投影是一个圆形，这个圆形既是圆柱上、下底面重合在一起的投影，其圆周又是圆柱面的积聚投影。

图3-7c所示是圆柱的投影画法。画图时规定要用一对细点画线作为圆周的中心线，和用细点画线表示圆柱轴线的正面投影与侧面投影。圆柱的正面投影和侧面投影都是矩形。但在正面投影中，左、右两外形线分别是圆柱面上最左和最右两条素线的投影；在侧面投影中，左、右两外形线则分别是最后和最前两条素线的投影。由于圆柱面是光滑的，所以上述最左和最右素线的侧面投影不必画出，它们的投影位置与圆柱轴线的投影重合；同理，最后和最前素线的正面投影也不必画出，其位置与轴线的投影重合。

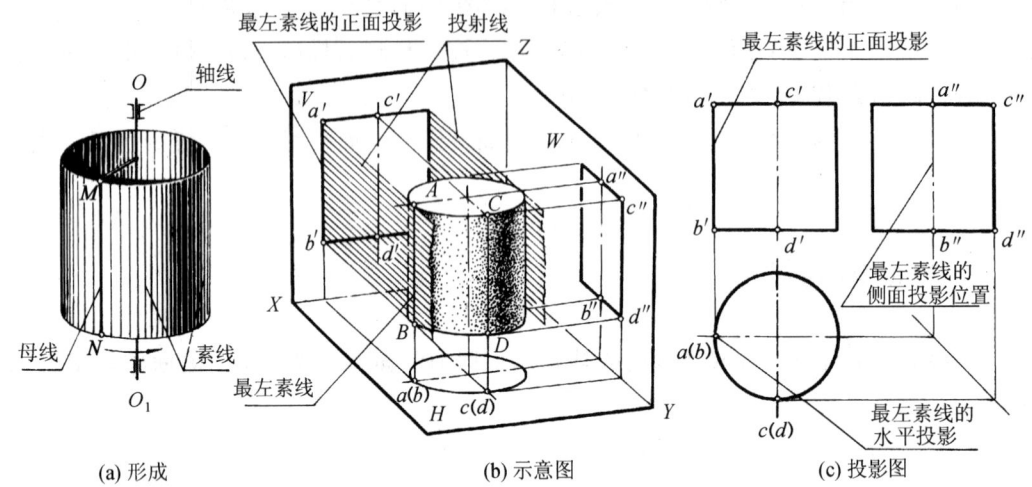

(a) 形成　　(b) 示意图　　(c) 投影图

图 3-7　圆柱面的形成及圆柱的三面投影

3. 圆柱截线

在实际工程中的圆柱，往往不是完整的，表 3-1 所示为圆柱被截平面 P 截断后所得的三种截断面形状。其中，截平面 P 与圆柱面的截交线（统称圆柱截线）分别是：圆、椭圆、平行两直线。

表 3-1　圆柱截线

截平面位置	垂直于圆柱轴线	倾斜于圆柱轴线	平行于圆柱轴线
截交线	圆	椭圆	平行两直线
轴测图			
投影图			

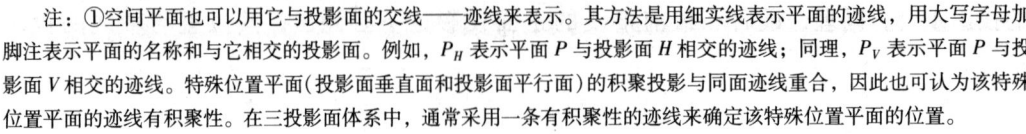

注：①空间平面也可以用它与投影面的交线——迹线来表示。其方法是用细实线表示平面的迹线，用大写字母加脚注表示平面的名称和它相交的投影面。例如，P_H 表示平面 P 与投影面 H 相交的迹线；同理，P_V 表示平面 P 与投影面 V 相交的迹线。特殊位置平面（投影面垂直面和投影面平行面）的积聚投影与同面迹线重合，因此也可认为该特殊位置平面的迹线有积聚性。在三投影面体系中，通常采用一条有积聚性的迹线来确定该特殊位置平面的位置。

4. 在圆柱面上取点

据初等几何公理：在面上取点，一般来说，必须先在面上取线，然后再在线上取点，才能确认所取的点必在面上，完成作图。

但是，在圆柱面上取点，当圆柱轴线垂直于某投影面时，由于圆柱面在该投影面上的投影有积聚性，故可利用积聚性简化作图。

例如，设有一轴线垂直于 H 面的圆柱面（图 3-8a、b），只要在其有积聚性的底圆或水平投影（圆周）上任取一点 a，即可认定过点 a 的竖直线上所有空间点 A、A_1、A_2……A_n 都在该圆柱面上（在图 b 中只把点 A 的正面投影 a' 和侧面投影（a''）表示了出来）。反过来，在投影图中，如果先给出的是正面投影 a' 和侧面投影（a''），通过投影作图，确认所求出的水平投影 a 落在圆周上，即可以说所取的点 A 在圆柱面上，否则不在圆柱面上。例如在图 3-8c 中，据 b'、b'' 求出的 b 不在圆周上，故由它们所确定的点 B 不在圆柱面上。

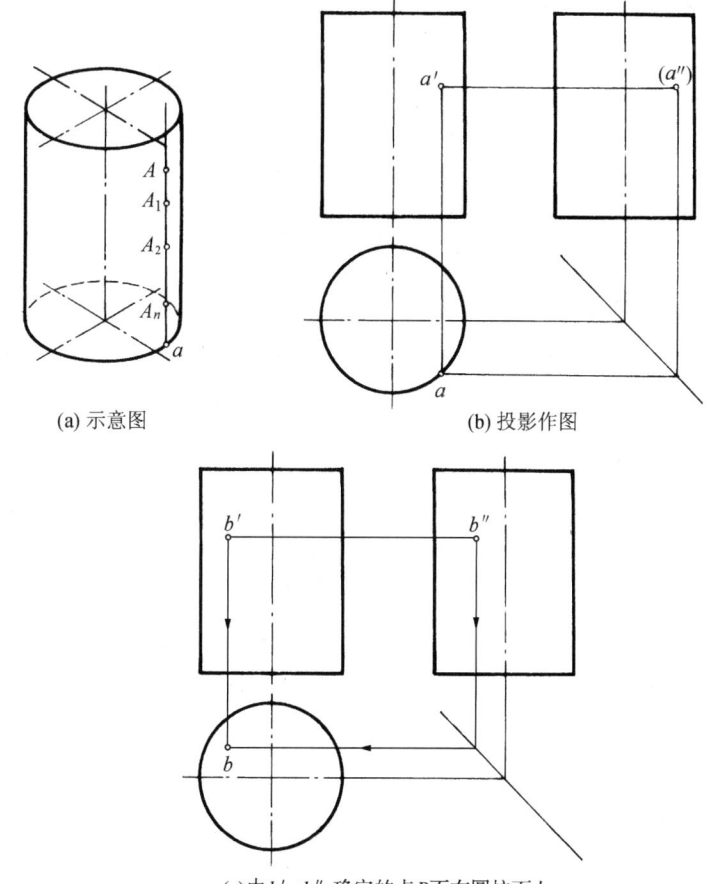

(a) 示意图　　(b) 投影作图

(c) 由 b'、b'' 确定的点 B 不在圆柱面上

图 3-8　在圆柱面上取点

例3-3 已知轴线垂直于 H 面的圆柱被倾斜于轴线的正垂面 P 截断（图3-9a），试求作被截断后的圆柱的三面投影。

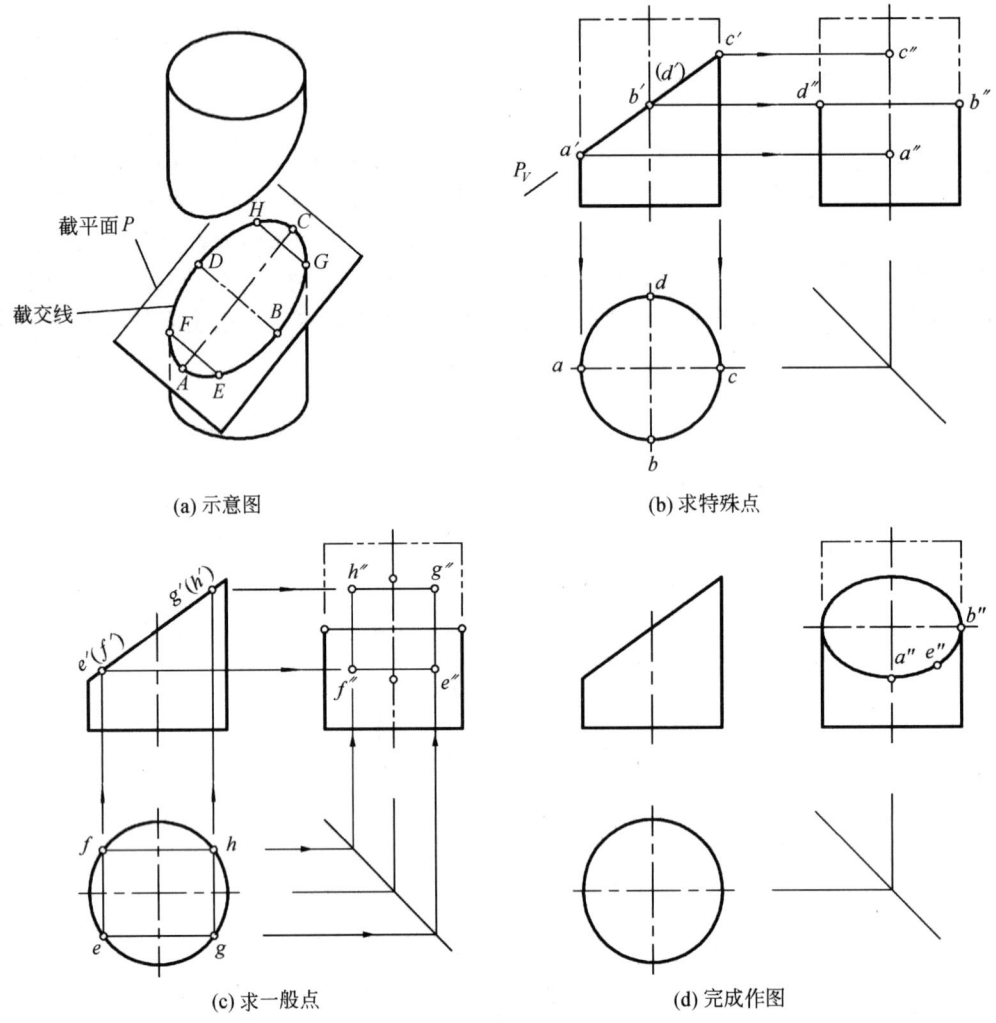

(a) 示意图　　(b) 求特殊点

(c) 求一般点　　(d) 完成作图

图3-9 带斜截面的圆柱

分析 据表3-1可知，在这种情况下的截交线为椭圆。该椭圆的正面投影重合在有积聚性的迹线 P_V 上；它的水平投影重合在圆柱面的积聚投影——圆周上。这里作图的关键是如何作出椭圆的侧面投影。

作图

(1) 求特殊点。由正面投影可知：椭圆的最左和最右点（也是最低和最高点）A、C 分别位于圆柱面的最左和最右素线上，其正面投影为 a'、c'，据此便可求出侧面投影 a″、c″；椭圆的最前和最后点 B、D 分别位于圆柱面的最前和最后素线上，其正面投影为 b'、(d')，据此便可求出侧面投影 b″、d″（图3-9b）。

(2) 求一般点。上述特殊点只控制着截交线的性状和大小，为了作图更准确，可再求出截交线上若干个一般位置的点。此时尽可能利用投影的积聚性求解。本例先在水平投影中有选择地取 e、f、g、h 四个点，相应地求出它们的正面投影 e'、(f')、g'、(h') 之后，据此便可求出侧面投影 e''、f''、g''、h''，如图 3-9c 所示。

（3）最后，用曲线板依次光滑连接 a''、e''、b''……即得椭圆（截交线）的侧面投影；再把圆柱被截断后的剩余部分绘画出来，完成作图（图 3-9d）。

例 3-4 已知轴线垂直于 H 面的圆柱被垂直于轴线和平行于轴线的平面 R、P 截去了一部分（图 3-10a），试求作剩余部分的三面投影。

分析 在题设的两个截平面截割圆柱所形成的切口上，R、P 与圆柱面的截交线分别是一段圆弧和平行两直线；此外，还有截平面 P 与圆柱上底的交线和两截平面自身的交线。

作图 如图 3-10b 所示。在这里要特别指出的是，在侧面投影中，$a''b''$ 到轴线之间的水平距离，必须自水平投影通过作图才能准确求出。

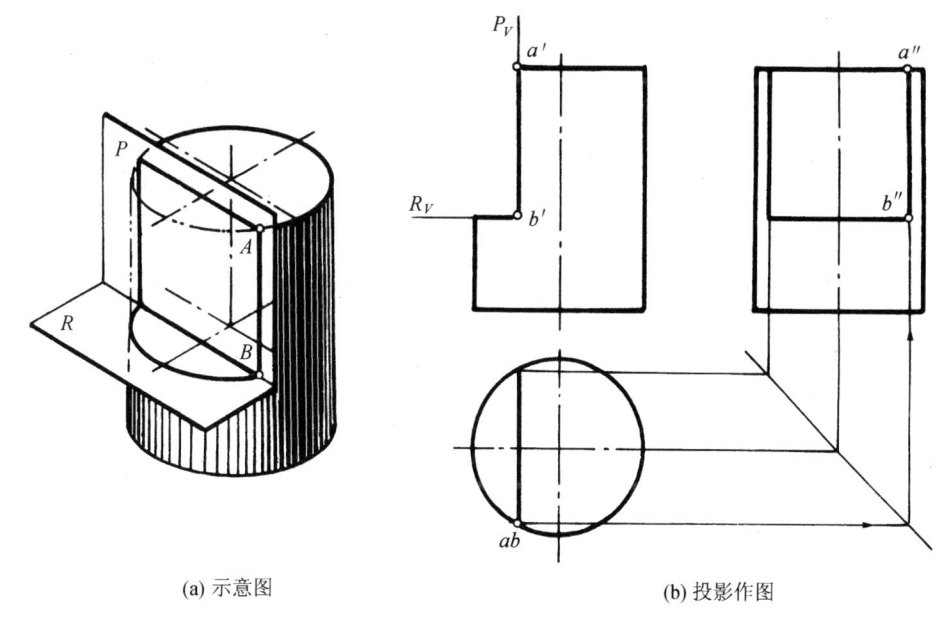

(a) 示意图　　　　　　　(b) 投影作图

图 3-10　带切口的圆柱

3.2.2　圆锥

1. 圆锥的几何特征

完整的圆锥由圆锥面和一个底面所围成。其中圆锥面可以看成是由一条直母线 SM 绕着与它相交的轴线 SO 作回转运动而形成的（图 3-11a）。圆锥面上过锥顶 S 的任一条直线称为圆锥面的素线；母线上任一点的回转运动轨迹为圆，通称纬圆。由纬圆确定的平面必垂直于轴线（平行于圆锥底面），如图 3-11c 所示。

2. 圆锥的投影特性和画法

图 3-11b 所示为轴线垂直于 H 面的圆锥的三面投影画法。它的水平投影是一个圆

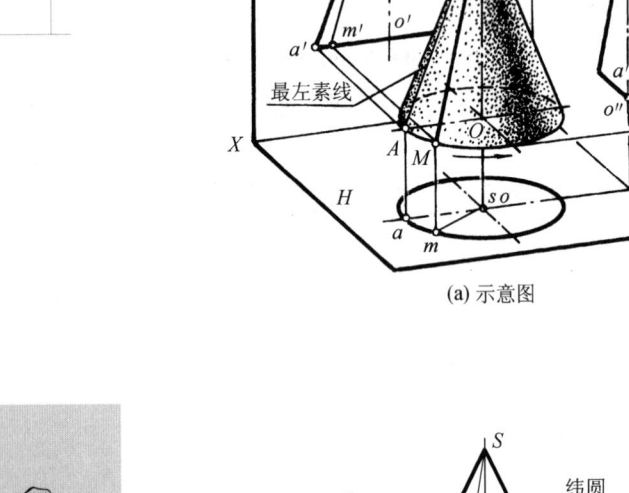
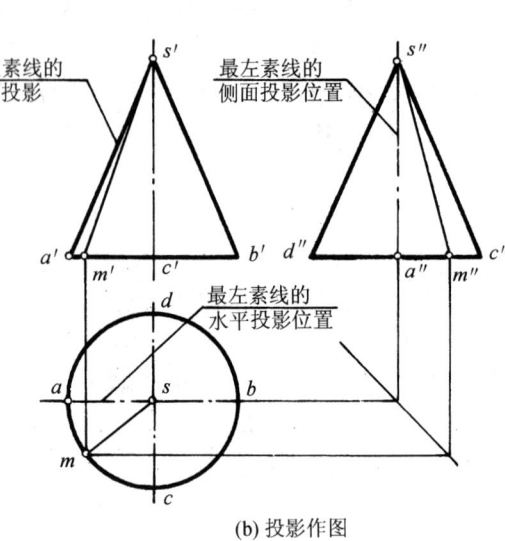
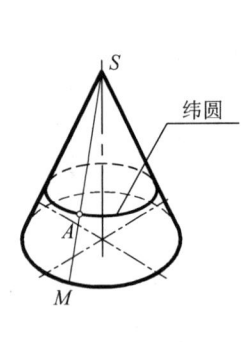
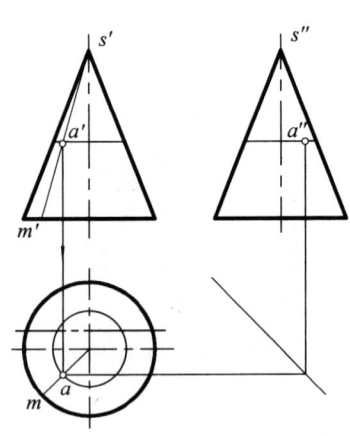

(a) 示意图　　　　　　　　　　　(b) 投影作图

(c) 纬圆及其投影作图

图 3-11　圆锥面的形成及圆锥的三面投影

形，这个圆形既是圆锥底面的投影，又是没有积聚性的圆锥面的投影，圆锥顶点 S 的投影重合在这个圆形的一对中心线的交点上。

圆锥的正面投影和侧面投影都是等腰三角形。但在正面投影中，两腰 $s'a'$、$s'b'$ 分别是圆锥面最左和最右素线的投影；这两条素线的水平投影 sa、sb 与圆形的水平中心线重合，侧面投影 $s''a''$、$s''b''$ 与圆锥轴线的侧面投影重合，其投影不必画出。

同理，在侧面投影中，三角形的两腰 $s''c''$、$s''d''$ 分别是圆锥面最前和最后两条素线的投影。

3. 圆锥截线

表 3-2 所示为圆锥被截平面 P 截断后所得的五种截断面形状。其中，截平面 P 与圆锥面的截交线（统称圆锥截线）分别是：圆、椭圆、抛物线、双曲线和相交两直线。

表 3-2 圆锥截线

截平面位置	垂直于圆锥轴线 $\theta=90°$	与所有素线相交 $\theta>\alpha$	平行于任一条素线 $\theta=\alpha$	平行于任两条素线 $\theta<\alpha$	通过锥顶
截交线	圆	椭圆	抛物线	双曲线	相交两直线
轴测图	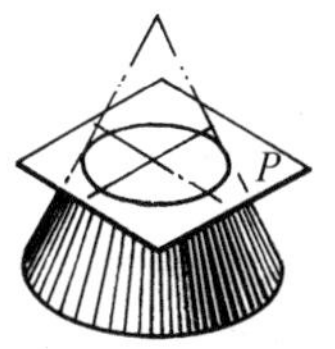	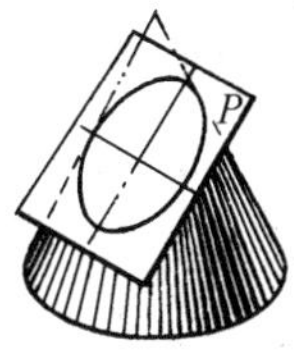	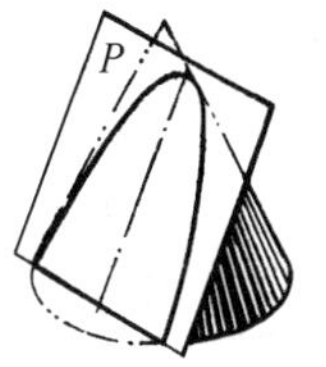	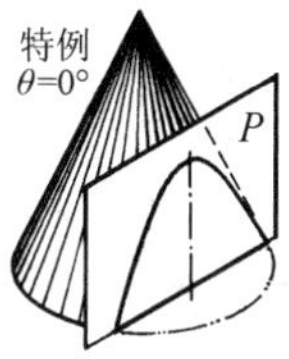 特例 $\theta=0°$	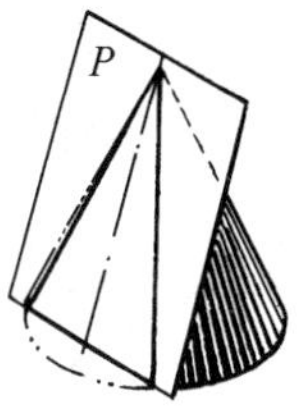
投影图	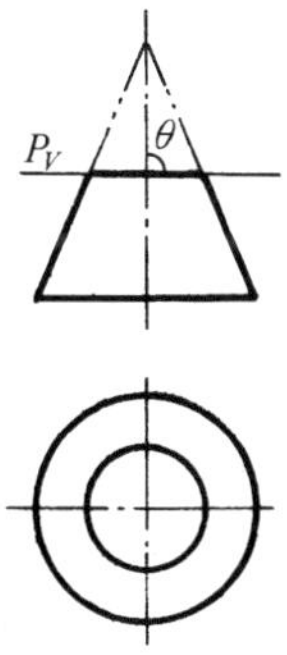	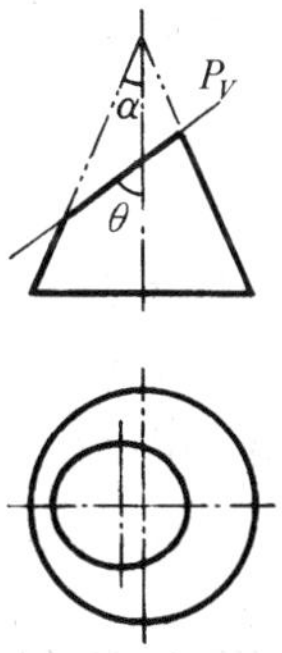	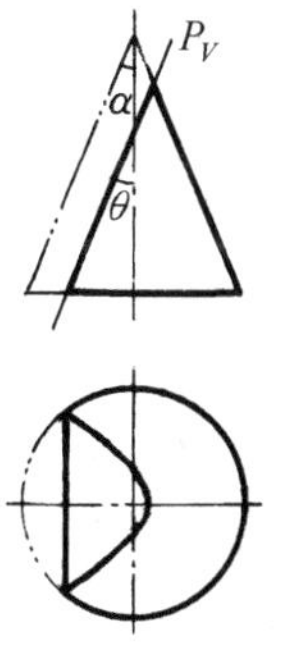	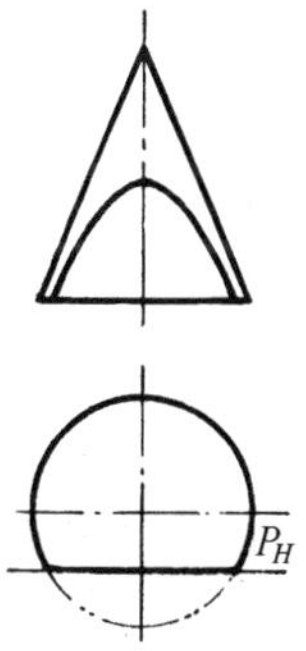	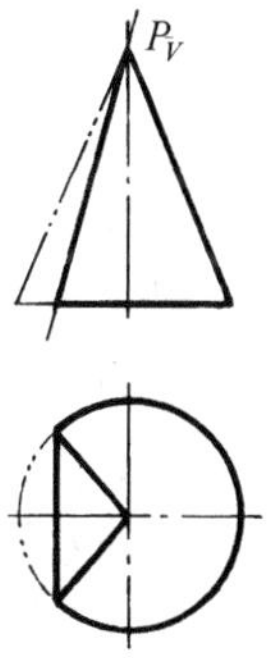

4. 在圆锥面上取点

在圆锥面上取点，由于圆锥面的任一投影都没有积聚性，所以必须按前面所提及的初等几何公理，先在面上取线，然后再在线上取点，才能确认所取的点必在面上，完成作图。

在圆锥面上取点的方法有辅助素线法和辅助纬圆法两种。

①辅助素线法

如图 3-12a、b 所示，已知圆锥面上的点 M 的正面投影 m′，试求取点 M 的其余两面投影，作法如下。

先过锥顶 S 引一辅助素线 SM 与圆锥底圆相交于点 A，即把点 M 在圆锥面上的位置确定了下来(图3-12a)。在投影图中作图时(图3-12b)，按题意，先过正面投影 s′作 s′m′与底边相交于 a′，求出其水平投影 sa；于是便可在 sa 上定出点 M 的水平投影 m，从而根据 m、m′求出其侧面投影 m″。

②辅助纬圆法

根据圆锥面形成的几何特征，也可以过已知点 M 在圆锥面上作一个辅助纬圆，即先把点 M 在圆锥面上的位置确定下来(图3-12a)。在投影图中作图时(图3-12c)，按题意，先过点 M 的正面投影 m′作一水平直线与三角形的两腰相交，这两个交点之间的直线长度即为辅助纬圆的直径；据此画出辅助纬圆的水平投影，便可在其上定出点 M

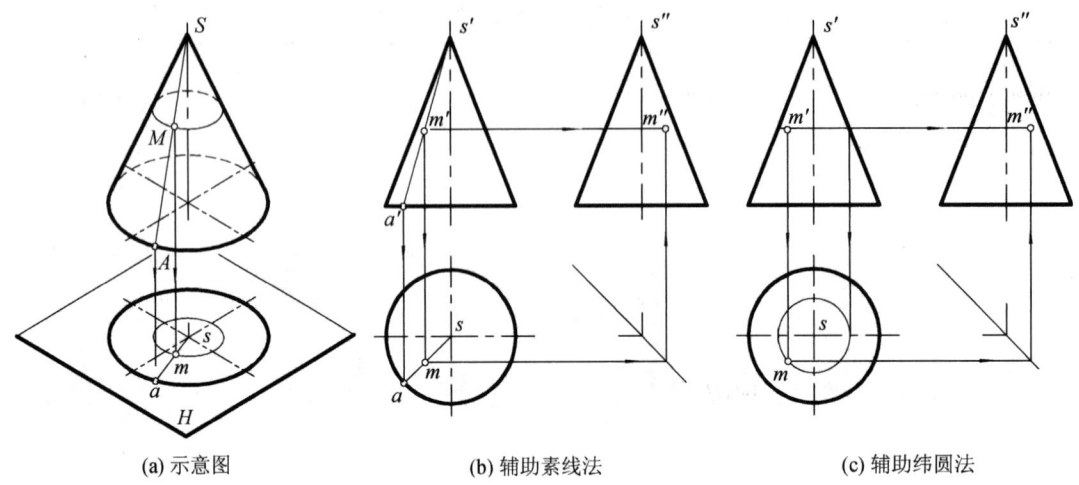

(a) 示意图　　　　　　(b) 辅助素线法　　　　　　(c) 辅助纬圆法

图 3-12　在圆锥面上取点

的水平投影 m，从而求出其侧面投影 m''。

例 3-5　已知轴线垂直于 H 面的圆锥被一正平面 P 所截(图 3-13a)，试完成其被截割后的三面投影。

分析　据表 3-2 可知，在题设的情况下，其截断面为由双曲线和直线围成的平面，该平面的水平投影和侧面投影均分别被积聚为直线。本例仅需求作其正面投影。

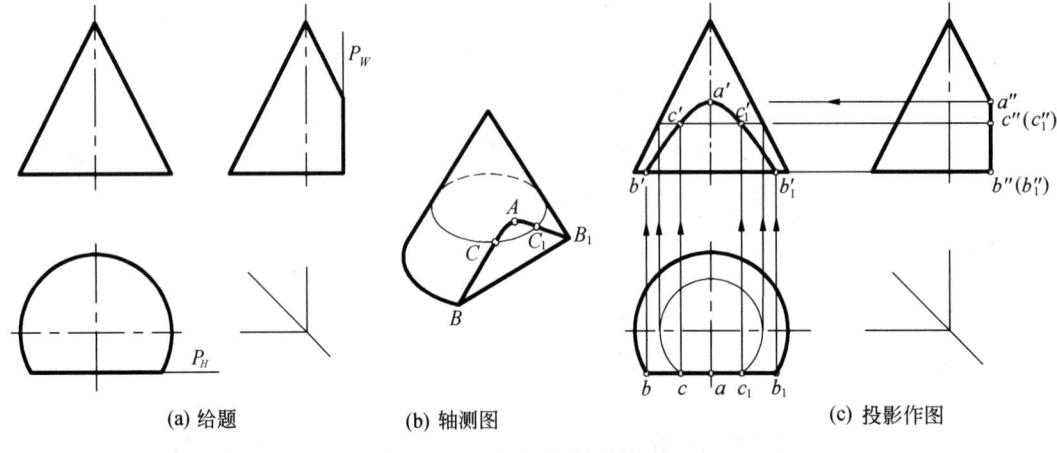

(a) 给题　　　　　(b) 轴测图　　　　　(c) 投影作图

图 3-13　圆锥的截割

作图

(1) 求特殊点。由侧面投影可知，截交线最高点 A 的投影 a'' 位于圆锥面最前素线的侧面投影上，故根据 a'' 可求出 a' 及 a。又由侧面投影并参照图 3-13b 可知，B、B_1 是截交线与圆锥底圆的交点，为最低点(也是最左、最右点)，其水平投影为 b、b_1，侧面投影为 b''、(b''_1)，据此可求出 b'、b'_1。

(2) 求一般点。现用辅助纬圆法求解。先在水平投影中以适当的半径作一水平辅助纬圆的投影，它与截交线的水平投影相交于 c、c_1，然后作出该辅助纬圆的正面投影，再根据投影关系在其上定出 c'、c'_1。

(3)最后,依次将 b'、c'、a'、c'_1、b'_1 光滑连接,即得截交线的正面投影,如图 3-13c 所示。在该图中,由于截平面 P 为正平面且截割处位于圆锥的前半部分,故其截断面的正面投影反映实形且为可见。

3.2.3 圆球

1. 圆球的几何特征

由圆球面围成的基本体称为圆球。其圆球面可看成是由一个圆周以它的任一条直径为轴作回转运动而形成的(图 3-14)。

2. 圆球的投影特性和画法

在三面投影中,圆球的三面投影都是直径相等的圆形。其正面投影是球面上最大正平圆 A 的投影,其水平投影和侧面投影则分别是球面上最大水平圆 B、最大侧平圆 C 的投影。在这里应特别注意的是:这三个圆的圆心是同一点(球心)的三面投影(图 3-15),但这三个圆并不是圆球面上同一个圆周的三面投影。

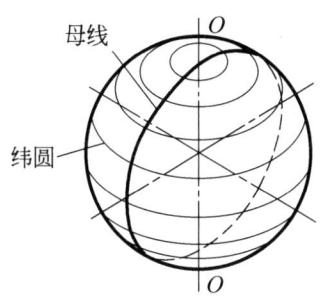

图 3-14 圆球面的形成

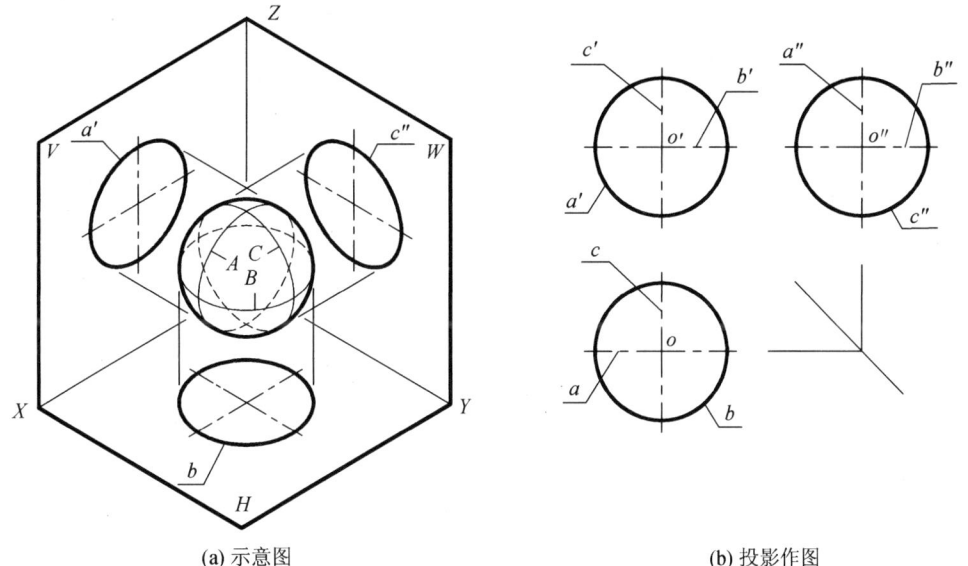

(a) 示意图　　　　　　　　(b) 投影作图

图 3-15 圆球的投影特性和画法

3. 圆球截线

圆球被任意方向的平面截割,其截交线在空间都是圆。当截平面为投影面平行面时,截交线在它所平行的投影面上的投影为圆,其余两面投影均重合为直线,该直线的长度等于该圆的直径,该圆的大小与截平面至球心的距离 h 有关,如图 3-16 所示。

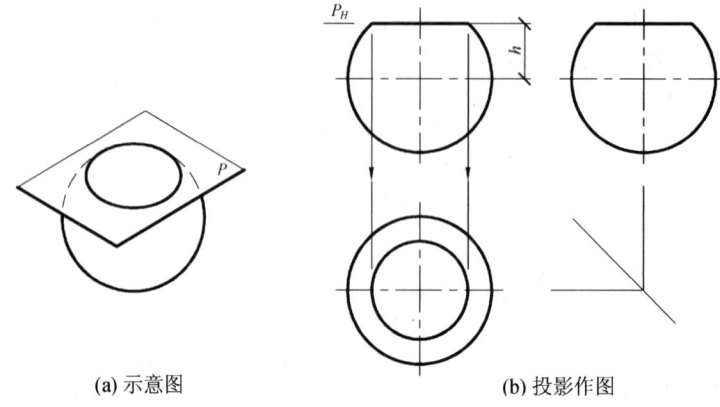

(a) 示意图　　　　　　(b) 投影作图

图 3-16　圆球被水平面截割

4. 在圆球面上取点

在圆球面上取点的简便方法，是先在圆球面上取辅助纬圆，然后再在辅助纬圆上取点。由于过球心的任意直线都可作为圆球面的轴线，所以可认为圆球面上任何平行于投影面的圆均是纬圆。

图 3-17 所示为已知球面上的点 M、N 的正面投影 m'、n'，求取它们其余两个投影的例。具体作图请读者自行分析。

例 3-6　已知半圆球上部被 P、Q、S 三个平面截出一个方槽（图 3-18a），试完成它的三面投影。

分析　据题设，P 和 Q 均为侧平面，且左右对称分布；S 为水平面。三个截平面与圆球面的截交线都是圆的一部分。

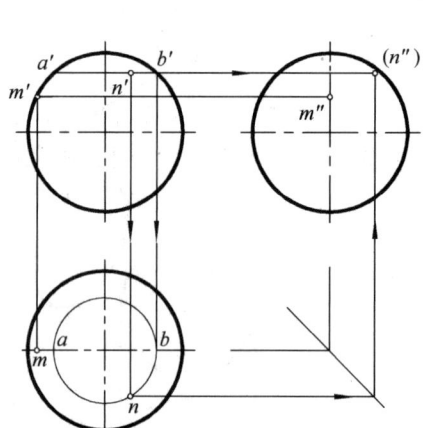

图 3-17　用纬圆法在圆球面上取点

作图　（图 3-18b）

(1) 首先根据平面 P、Q、S 所处的相对位置画出表示槽宽和槽深的正面投影。

(2) 据正面投影中由 S_V 与半圆相交所截得的交线的一半作为半径（$o'a' = oa$），在水平投影中画圆弧。于是由 P_H、Q_H 及它们之间的两段圆弧所组成的图形即为方槽的水平投影。

(3) 再据正面投影中由 P_V（或 Q_V）与半圆相交所截得的交线作为半径，在侧面投影中以球心为圆心画圆弧，该圆弧与槽底的侧面投影（两端外露部分为可见，应画成实线）所组成的图形即为方槽的侧面投影。

3.2.4　圆环

1. 圆环的几何特征

由圆环面围成的基本体称为圆环。其圆环面可看成是由一个圆以与它共面但不过圆心的直线为轴作回转运动而形成的（图 3-19a）。

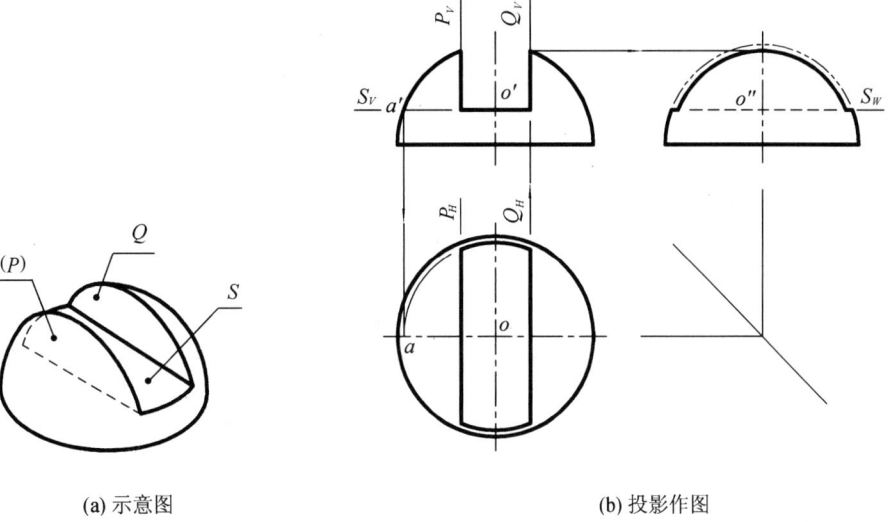

(a) 示意图   (b) 投影作图

图 3-18　开槽半圆球的投影

2. 圆环的投影特性和画法

图 3-19b 所示是轴线垂直于 H 面的圆环的两面投影。它的正面投影中的两个圆分别是最左、最右素线（圆）的投影，因内环面为不可见，故将内环面上的半个圆画成虚线；上、下两条水平直线分别是环面上最高、最低圆的投影。

它的水平投影中的两个同心圆分别是环面上最大水平圆和最小水平圆的投影；点画线圆是母线圆圆心的回转运动轨迹的投影。

3. 在圆环面上取点

在圆环面上取点的方法亦是先在圆环面上取纬圆，然后再在纬圆上取点。如图 3-19b 所示，图中所取由 a、a′和 b、b′确定的点 A、B 必在圆环面上。

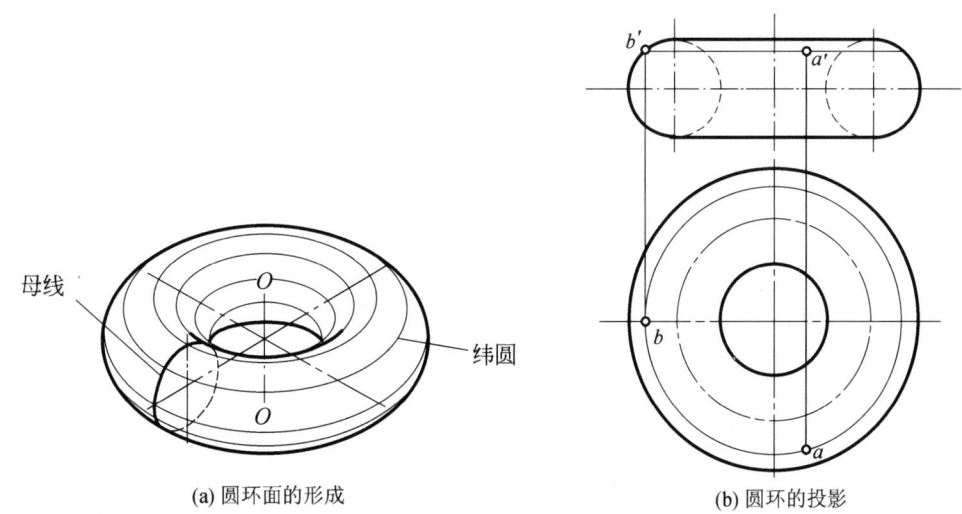

(a) 圆环面的形成   (b) 圆环的投影

图 3-19　圆环面的形成和圆环的投影

第4章 组合体的投影

4.1 组合体的形成

由若干个完整的或不完整的基本体(或基本部分)按某种方式组合而成的形体,称为组合体。这里所说的"基本部分",是指组合体中构造相对规整、独立的一个组成部分,也许它还可以再分解为若干个完整的或不完整的基本体。大多数从实际工程中抽象出来的形体,都可以把它们看成是组合体。

4.1.1 形体分析法

在绘制和识读组合体的投影图时,假想将组合体分解成若干个完整的或不完整的基本体(或基本部分),逐一分析它们的形状、大小以及它们之间的相对位置,以获得和加深对该组合体的几何属性和形体构成的认识。这种方法称为形体分析法。

例如图4-1a所示的组合体,它的中部可以看成是由一大一小两个四棱柱叠加而成的,相叠加时,它们的上表面刚好齐平,大四棱柱的下端还被截割去了一个矩形的切口;它的两侧则可看成是由大小相同的立方体分别与大四棱柱相贯(或称咬合)而得,此时可理解为两侧的立方体相应地都缺少了一个方角。具体分析过程如图4-1b、c所示。

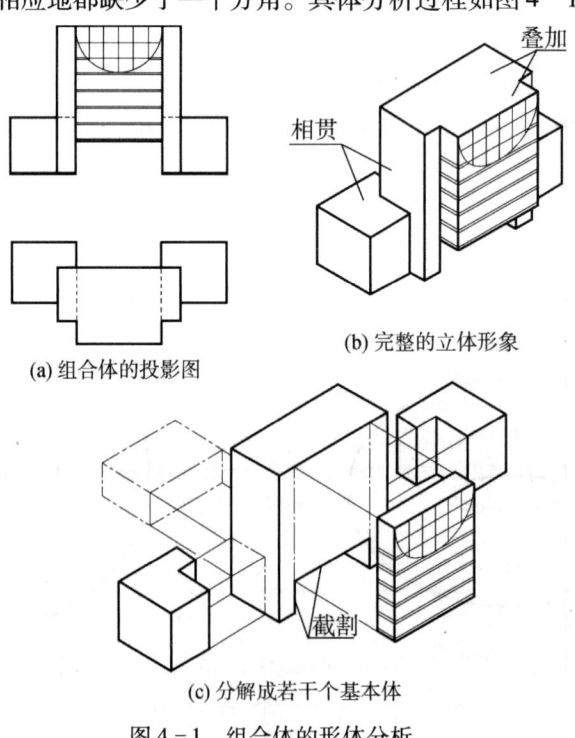

图4-1 组合体的形体分析

4.1.2 组合体的组合方式

从图 4-1 可以看出,组合体的组合方式一般可分为叠加、截割、相贯三种基本方式。

但必须指出,在许多情况下,叠加与截割并无严格的区别界限。同一个组合体往往既可按叠加方式去分析,也可按截割方式去理解。例如图 4-2a 所示组合体的中部,既可看成是由一个四棱柱与另一个带部分圆柱面而且宽度、高度相同的"基本部分"叠加而成(图中的双点画线为两者之间的分界线);也可看成是由一个(长)四棱柱被截割出一部分圆柱面而得。因此,分析组合体的组合方式时,应根据具体情况来考虑,以便于作图和理解为原则。

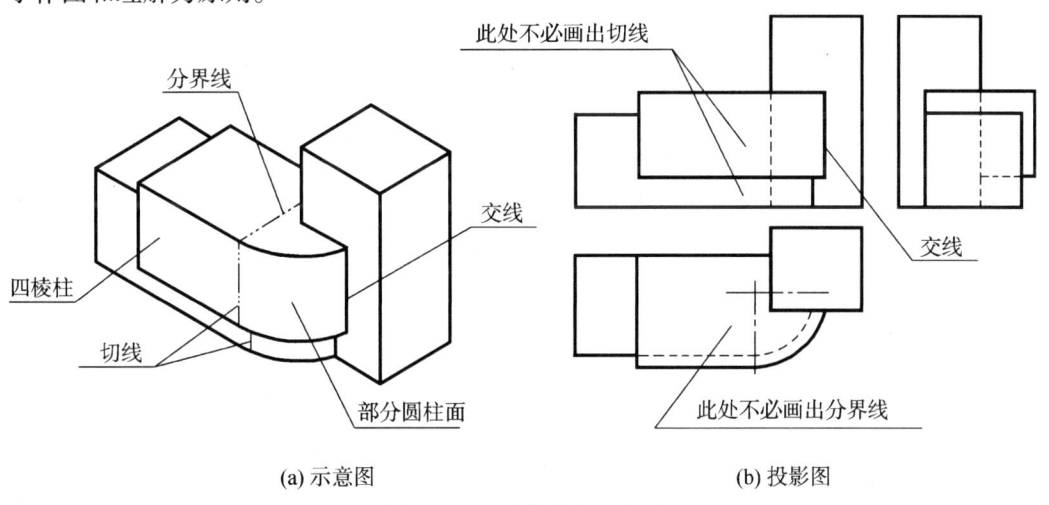

(a) 示意图　　　　　　　　(b) 投影图

图 4-2　组合体的组合方式

画组合体的投影图,当相邻两组成部分的表面位于同一平面上时,它们之间的分界线不必画出;同理,两相切表面之间的切线也不必画出。反之,如果相邻两表面不共面即属于相交时,就必须画出它们之间的交线了,如图 4-2b 所示。

4.2　组合体的投影

图 4-3a 所示的台阶,可以看成是一个由三个基本部分互相咬合(相贯)而成的组合体。其中,右侧是垂直于水平面(地面)的直角梯形护墙;左后侧是被斜截去一角的垂直于水平面的矩形栏板;而中部则是一大一小相叠加的两级台阶,其中每级台阶的左前端均被截割成 1/4 圆柱面(通称圆角),如图 4-3b 所示。

这三个基本部分组合时的相对位置是位于同一水平底面上,其后表面相互齐平。因此,画该组合体的三面投影时,宜先分别画出表示水平底面和梯形护墙右侧面的正面投影,表示梯形护墙右侧面和后表面的水平投影,和表示水平底面和后表面的侧面投影。这些投影分别被积聚成一对互相垂直的直线段,可作为画图时的基准线(图 4-3c)。

然后在这个基础上逐步画入各组成部分的投影,最后加深图线即得图 4-3d。

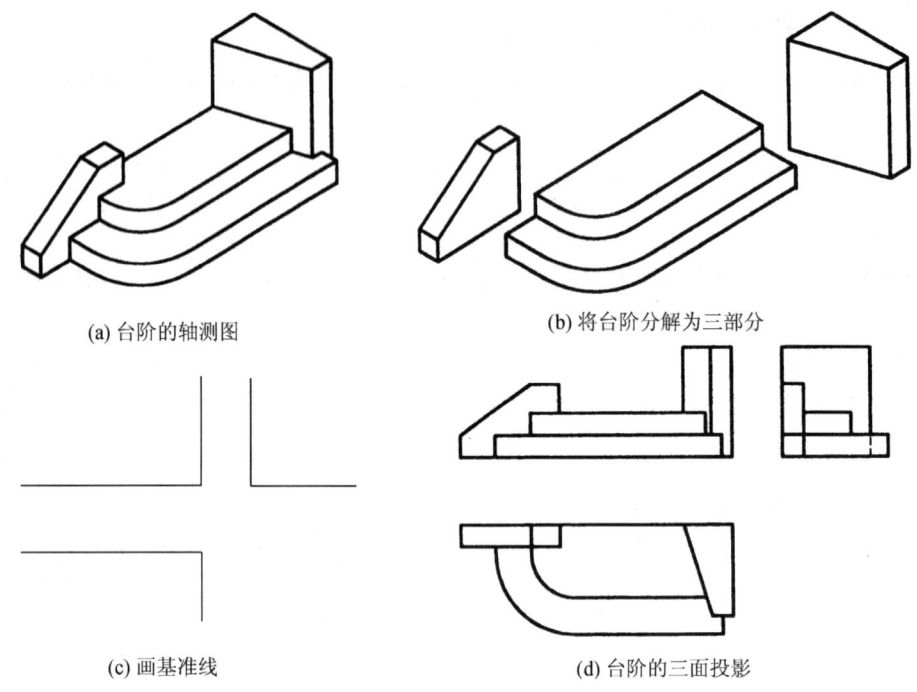

(a) 台阶的轴测图　　　　　　　(b) 将台阶分解为三部分

(c) 画基准线　　　　　　　　　(d) 台阶的三面投影

图 4-3　台阶的形体分析及其三面投影

分析组合体各基本部分的形状时，对互相咬合的细部，只要弄清楚它们的大致情况就可以了，不必过于详细描述。

图 4-4a 所示的大酒店，可大致看成是由塔楼和裙楼两部分叠加而成的组合体（每一部分还可再细分）。从所给的三面投影可知，其水平投影能较好地反映出该组合体的造型特征，故识图时宜从水平投影入手，再按"长对正、宽相等"的投影关系找出正面投影和侧面投影中与之相对应的部位，逐个分析并想象出其形状特点，最后综合成整体。不难看出：

(1) 塔楼部分为 Y 形造型，其顶部有一个圆柱形的旋转餐厅（图 4-4b）。

(2) 裙楼部分为由四棱柱经截割和叠加后而形成。其中：①左前方主入口处被截割成凹圆弧形立面，然后再在该立面外叠加一个半圆柱形的门斗。②左后方被斜截成 45°立面，上设有一个 45°等腰直角三角形的雨篷为酒店的次入口。③右后方截割出的空地则作为停车场及后勤服务的出入口（图 4-4c）。

于是可综合想象出该大酒店的整体形状，如图 4-4d 所示。

例 4-1　已知建筑群体的正面投影和水平投影（图 4-5a），试补画它们的侧面投影。

分析　从所给出的两面投影并通过"长对正"找出它们之间的投影对应关系后可知：位于建筑群体前方的是一座较小的圆柱形低层建筑，位于群体后方的是一座五边形的中高层建筑，两座建筑之间有横断面为矩形的连廊相连，连廊稍低于圆柱形建筑。各建筑物之间的相对位置在水平投影中清晰可见。

作图　如图 4-5b 所示，先在适当的地方画一条保证"宽相等"用的 45°辅助线，这样就可利用"高平齐、宽相等"的投影对应关系逐一画出建筑物各部分的侧面投影。

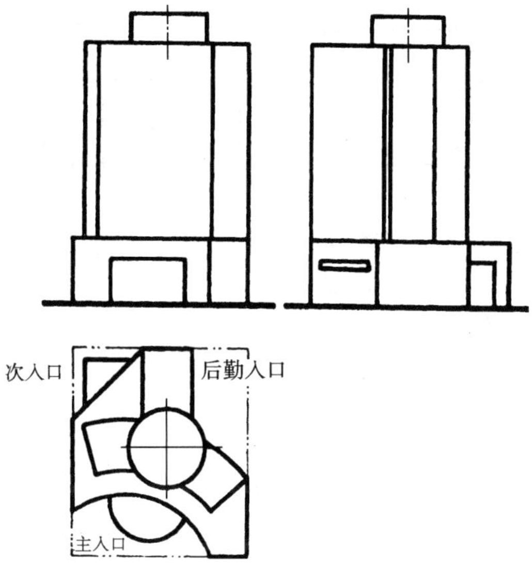

(a) 给题 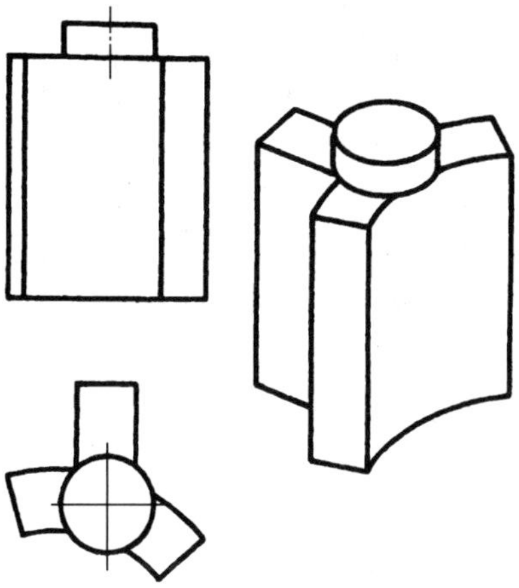　　(b) 塔楼部分

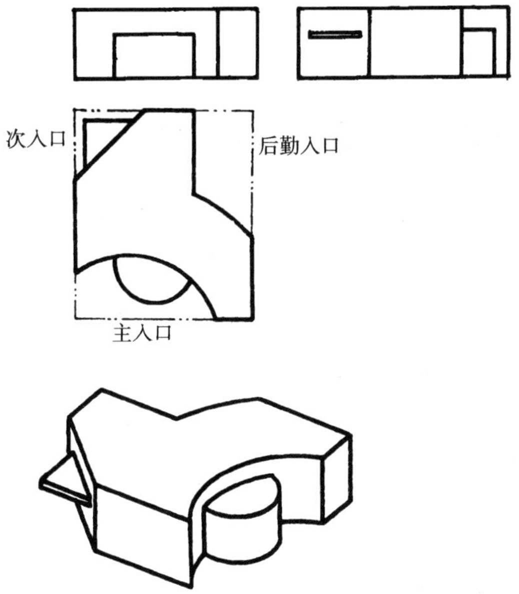

(c) 裙楼部分 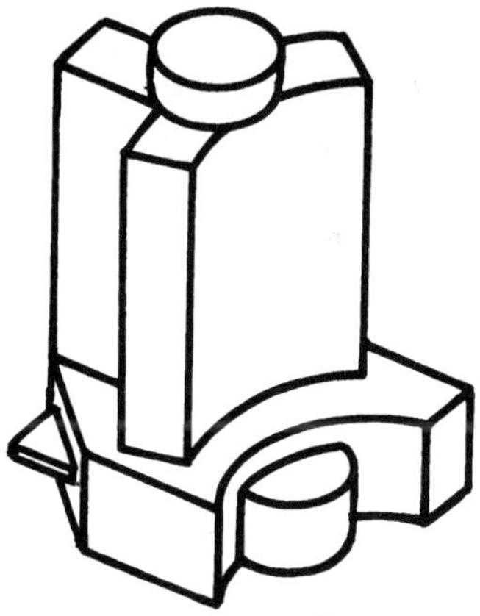　　(d) 整体形状

图 4-4　运用形体分析法识图

其中，圆柱形建筑最前的外形轮廓线（最前素线）的侧面投影是一条完整的竖直线，但其最后的外形轮廓线（最后素线）的侧面投影只剩下高出连廊顶面的一部分，其余为连廊的顶面及侧面与圆柱面相交的交线的投影。至于后方的中高层建筑，其侧面投影只反映了它的左侧面的实形，后方斜面的侧面投影则反映为面积缩小了的类似形。

运用形体分析法，根据组合体的两面投影补画第三面投影，是培养空间想象力、训练和提高绘图和识图能力的十分有效的方法。

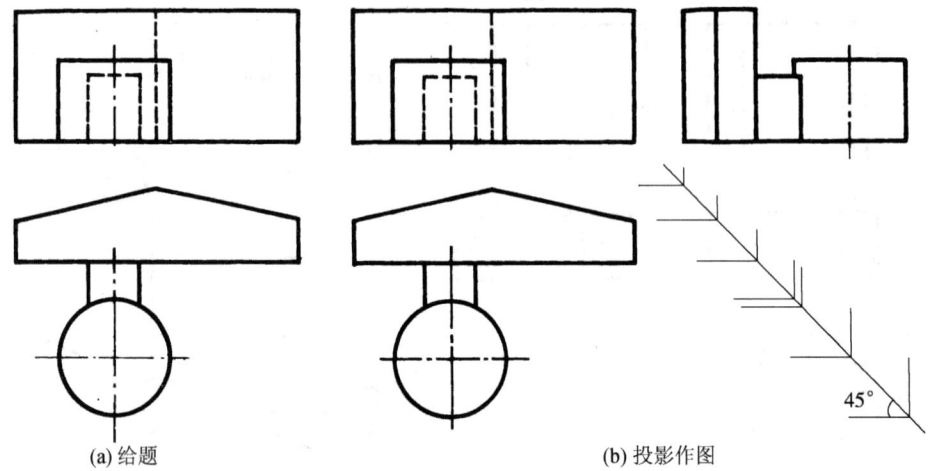

图 4-5 补画建筑群体的侧面投影

4.3 组合体的尺寸标注

组合体的投影只表达了组合体的形状，而组合体各部分的真实大小及相对位置，则要通过尺寸来给定。尺寸是施工时法定的依据，与制图的准确度无关。

概括地说，组合体的尺寸标注应做到正确、完整、清晰。所谓正确是指尺寸标注必须依据组合体的组合方式及其几何属性，运用制图标准的有关规定，逐一标注出制造该组合体所需的各个尺寸。完整是指尺寸必须注写齐全，不遗漏。清晰是指尺寸的布置要排列分明，便于识读。

标注尺寸的基本原则是首先对表达对象设立空间直角坐标系。对平面体一般要注全长、宽、高三个方向上的坐标尺寸；对圆柱、圆锥等曲面体一般只要标注径向和轴向两个方向上的尺寸（径向尺寸数字之前要加注符号 ϕ 或 R）便可；对圆球则要加注符号 $S\phi$ 或 SR。

4.3.1 组合体的三种尺寸

由于组合体是由若干个基本体（或基本部分）组合而成的，故进行尺寸标注之前，必须对该组合体进行形体分析，按形体分析的结果分别标注出下列三种尺寸。

1. 定形尺寸

定形尺寸是指确定组成组合体的各个基本体的长、宽、高三个方向上的大小尺寸（对曲面立体来说则是径向、轴向上的大小尺寸）。图 4-6 所示为基本体的定形尺寸。

2. 定位尺寸

定位尺寸是指确定各个基本体在组合体中相互位置的尺寸，一般也是坐标尺寸（具体见 4.3.2 中的 4.）。

3. 总体尺寸

总体尺寸是指确定组合体形状大小的总长、总宽、总高的坐标尺寸。这种尺寸有时

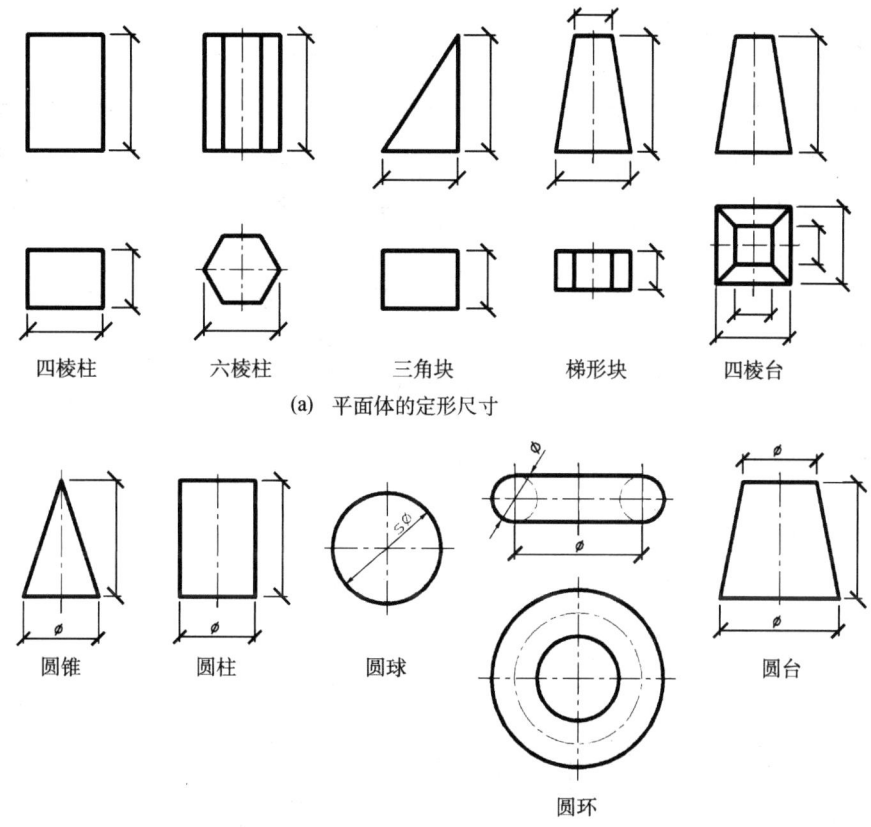

(a) 平面体的定形尺寸

(b) 曲面体的定形尺寸

图 4-6 基本体的定形尺寸

可省略。

4.3.2 组合体尺寸标注的基本原则

如前所述，组合体尺寸标注的基本原则是首先设立空间直角坐标系，即选定长、宽、高三个方向上的坐标面作为尺寸标注的基准面；然后按制图标准的有关规定，逐一标注出确定该组合体所需的各个尺寸——定形尺寸、定位尺寸和总体尺寸。

现以图 4-7a 所示的支架为例，说明尺寸标注的原则及其步骤。

1. 识图

首先识读投影图（图4-7a），即通过形体分析（图 4-7b）获得该支架的整体形象如图4-7c 所示。

2. 设立坐标系

即根据该支架构造上的特点，在 X、Y、Z 三个坐标方向上，各设立一个坐标面，本例宜选定整个支架的左右对称面、底板和立柱的后端面和底板的下底面分别为三个方向上的坐标面，并把它们分别作为长、宽、高三个方向上的尺寸基准（在理论上也可以选择任何位置上的三个互相垂直的平面作为坐标面，问题是怎样才能使尺寸标注得简约和恰当，才能易于做到正确、完整和清晰）。

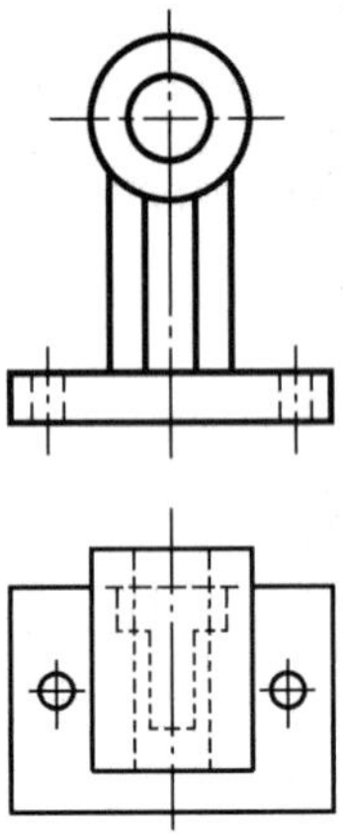

图 4-7 支架的尺寸标注

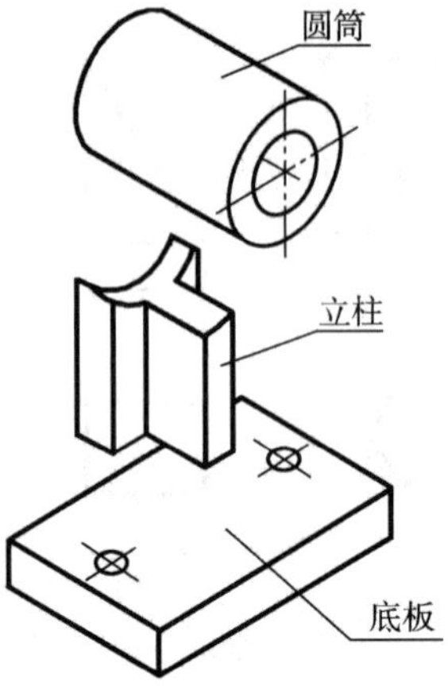

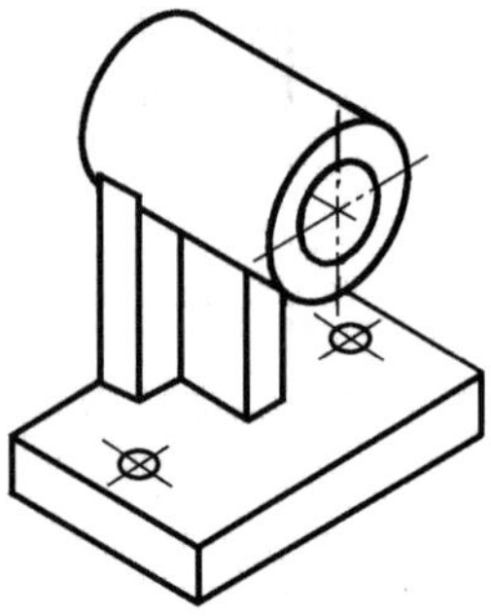

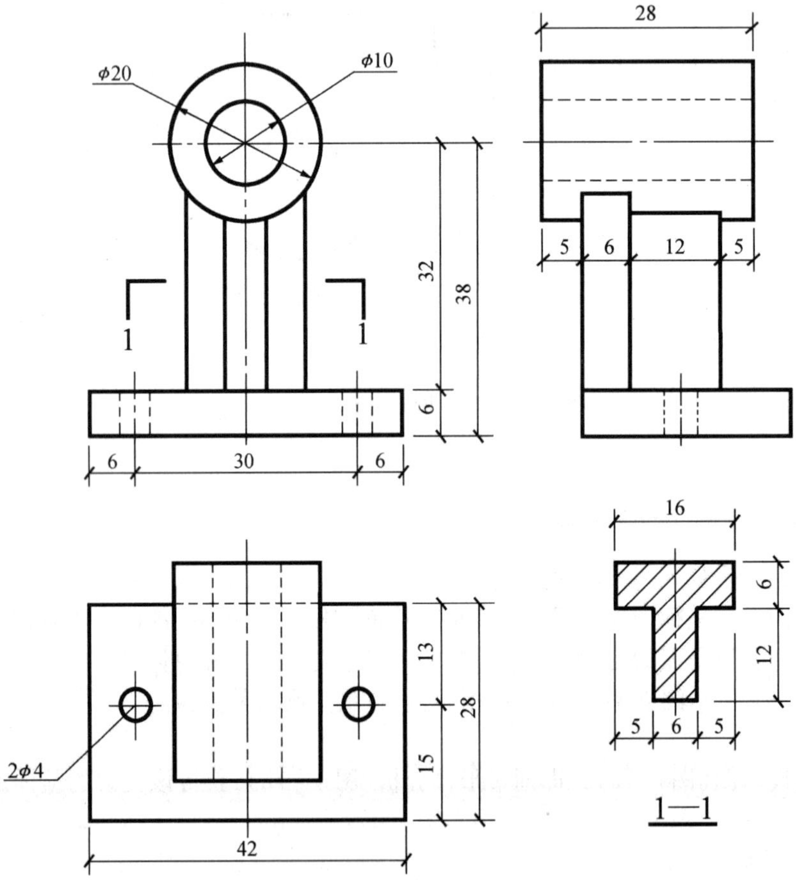

3. 分别注出各组成部分的定形尺寸

(1) 底板的定形尺寸：长 42、宽 28、高 6 和 2 个圆孔的直径 $\phi 4$。

(2) 立柱的定形尺寸：(见断面 1—1)横向 16、5、6、5，竖向 6、12（其长度因受整个支架的高度和圆筒外径大小的制约，不必另行标注）。

(3) 圆筒的定形尺寸：外径 $\phi 20$、内径 $\phi 10$、长 28。

4. 考虑标注各组成部分的定位尺寸

(1) 在长度方向上，由于该支架左右对称，故底板、立柱、圆筒三者在长度方向上的相对定位尺寸均为 0，不用标注。但底板上的两个小孔，则需按对称关系直接注出它们的定位尺寸(中心距)30。至此，严格来说，两个小孔在长度方向上的定位问题已经解决，但在土木建筑工程行业的实际工作中，为了便于度量和减少产生差错的机会，通常还将有关尺寸注成封闭的"尺寸链"。亦即在上述尺寸 30 的两端再各加上一个尺寸 6，这样就形成了"6 + 30 + 6 = 42"的格局(即注法)。此时可解读为也可以把底板的左、右端面作为标注尺寸的辅助基准。

(2) 在宽度方向上，由于立柱与底板的后端面齐平，故图中只注入了圆筒的定位尺寸 5。并同样注成了封闭的尺寸链 5 + 6 + 12 + 5 = 28。底板上两个小孔的定位尺寸 13 亦照此办理，即注成 13 + 15 = 28。

(3) 在高度方向上，因立柱与底板的组合关系为叠加，故图中只标注了圆筒的定位尺寸 38（同样注成 6 + 32 = 38）。

(注：在图 4 - 7 中为了使立柱断面的定形尺寸标注得清晰明显，采用了"移出断面"的画法，其原理详见本书第 5 章 5.3 节。)

5. 标注总体尺寸

在一般情况下还必须标注出表达对象的总长、总宽、总高的尺寸。但本例由于各处的大小显而易见，而且标注出它的总体尺寸也无实际意义，故此从略。

图 4 - 8 所示为台阶的尺寸标注，其形体分析过程见前面图 4 - 3 所示(具体的尺寸标注要领，请读者自行分析)。

图 4 - 9 所示为一件简单家具的尺寸标注。从图中可知，这件家具完全由厚 30 的板材经裁切加工组合而成。其中背板宽 400、高 1600，上端改成半径 R200 的半圆；案板宽 450、长 800，其两端也改成半圆；脚撑则为一块宽 380、高 620 的矩形板。整件家具的总体尺寸为：总长 800，总宽 450，总高 1600。

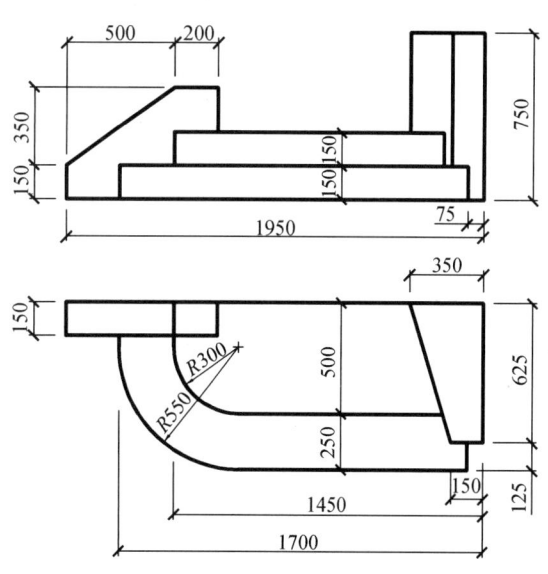

图 4 - 8　台阶的尺寸标注

至于该家具的制作工艺和要求，在实际工作中还应另有详细说明，这里从略。

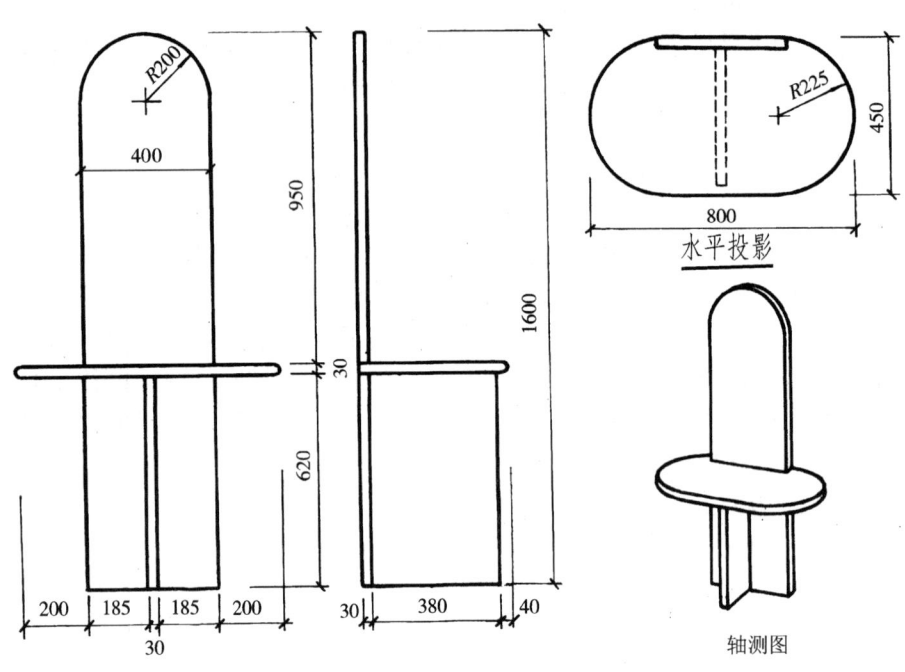

图 4-9 某家具的尺寸标注

4.3.3 尺寸标注(配置)的注意事项

（1）尽可能将尺寸标注在反映形状特征的投影图形的旁边，而且一般配置在投影图形之外。

（2）与两个投影图都有关的尺寸，宜标注在两个投影图之间的任一投影图的旁边。

（3）避免在不可见的投影轮廓线(虚线)上标注尺寸。

（4）同一方向上的连续尺寸应配置在同一条直线上；尺寸较多时应适当地排成多道，小尺寸靠内，大尺寸靠外。各道尺寸线应互相平行且间距相等。

（5）一个尺寸一般只标注一次，但必要时允许重复。

（6）截交线和相贯线不需标注尺寸，因为它们是由既定的(即已知的)有关表面相交而形成的。

总之，尺寸标注是一件严谨、细致的工作，必须认真对待，一般先作出初步的标注方案，经反复检查比较后再确定下来，尽量避免产生差错。

第5章　建筑形体的表达方法

5.1　视　图

在我国《GB/T 50001—2010 房屋建筑制图统一标准》中，将用正投影法投射所得的正投影图统称为视图或某些特定的名称。

5.1.1　六面视图

如图 5-1 所示，假想在前面第 2 章图 2-10 所示的三个投影面的基础上，再增加分别与 H、V、W 面平行的三个投影面 H_1、V_1、W_1，于是在这六个投影面上就可得到形

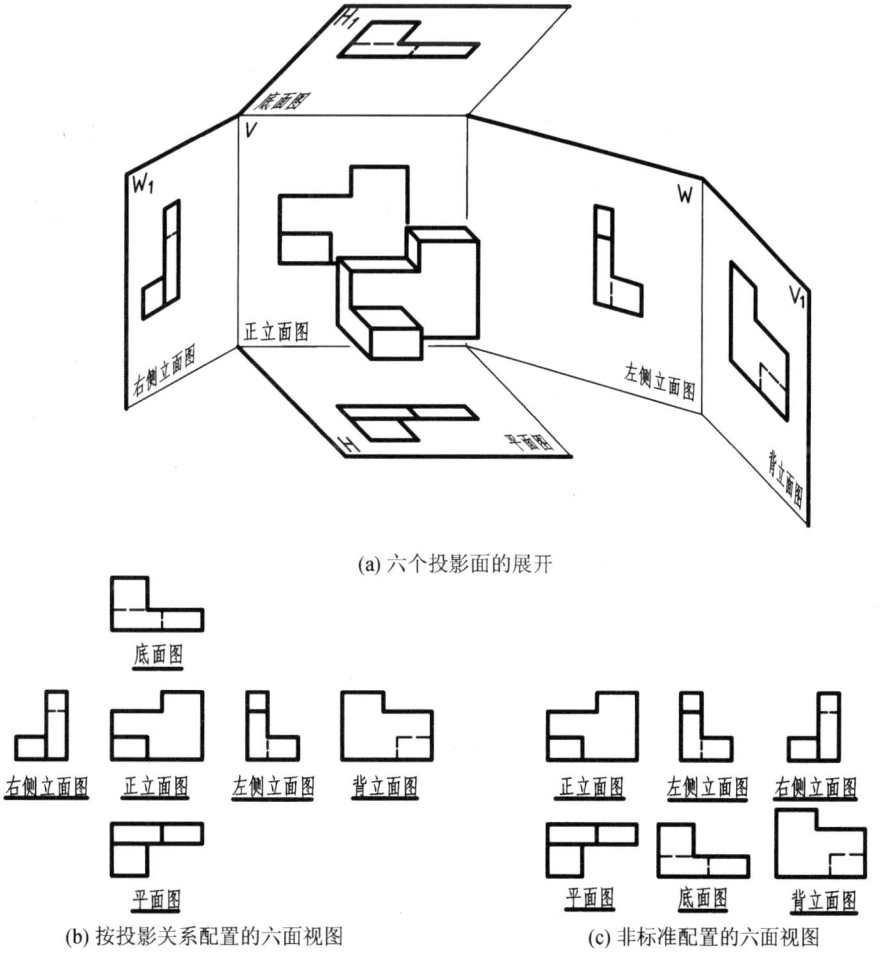

(a) 六个投影面的展开

(b) 按投影关系配置的六面视图　　　(c) 非标准配置的六面视图

图 5-1　形体的六面视图

体的六个不同投射方向的六面视图。在建筑行业中，向 H 面投射所得的视图又称平面图，向 V 面投射所得的视图又称正立面图，向 W 面投射所得的视图又称左侧立面图；将向新增的 H_1、V_1、W_1 面投射所得的视图分别又称之为：底面图、背立面图、右侧立面图。把这六个投影面围成的"盒子"用如图 5-1a 所示的展示方式展开在同一个平面上，得到了仍然保持着"长对正、高平齐、宽相等"投影关系的六面视图如图 5-1b 所示。

在实际工作中，为了合理利用图纸，当在同一张图纸上绘制六面视图或仅画其中某几面视图时，视图的顺序可按图 5-1c 所示的主次关系从左至右依次排列。

按上述投影关系配置各面视图的方法通称第一角画法[①]。

5.1.2 镜像图

有些工程构造，例如图 5-2a 上方所示的梁板柱节点，因为板在上，梁、柱在下，按第一角画法绘制它的平面图时，梁、柱为不可见，按规定要用虚线表示（图 5-2b），致使这样的视图表达得不够清晰。如果把 H 面当作镜面（图 5-2a 的下方），在镜面中就能得到梁、柱为可见的反射图像（镜像）。在制图标准中规定，用这种方法投射所得的镜像图仍称平面图，但是应在图名后加注"镜像"二字，如图 5-2c 所示；或在平面图的旁边画入一个如图 5-2d 所示的识别符号，以示区别。

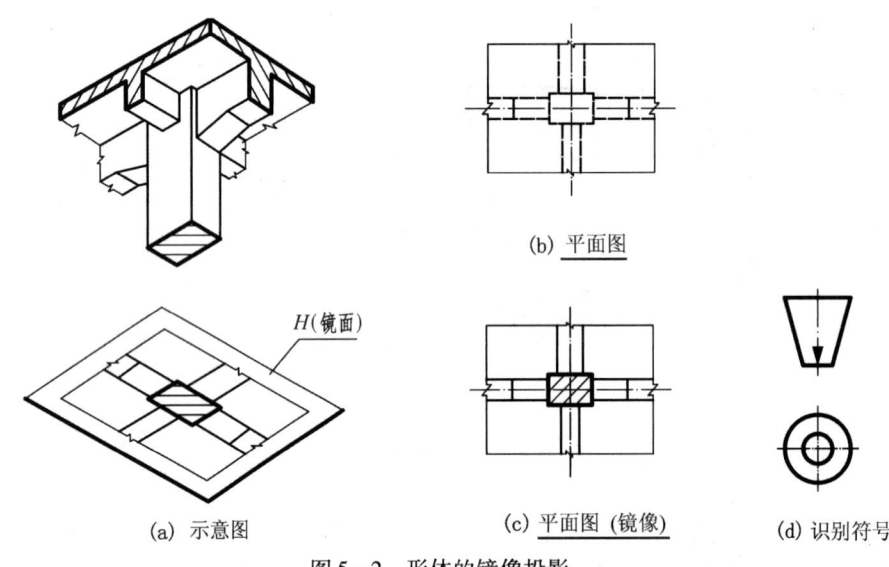

图 5-2 形体的镜像投影

在室内设计工作中常用这种图来表现顶棚的装修做法、灯具的安装位置或殿堂藻井的构造形式等。

注：[①] 一对互相垂直的投影面 V、H，把空间划分成 4 个部分，位于 V 面之前、H 面之上的部分称为第一角。把形体置于第一角中进行投射的画法，称为第一角画法，或称直接正投影法。我国的制图标准规定采用第一角画法。如果把形体置于 V 面之后、H 面之下进行投射，则称之为第三角画法。英、美等国的图纸，通常采用第三角画法。两种画法的差异主要体现在各面视图之间的配置关系上互不相同。

5.1.3 展开图

有些建筑形体的造型呈折线形或曲线形，投影作图时只能令该形体的某一主要立面与某一投影面平行，而另一些立面则不可能。这时，为了能在同一投影面上表达出这些折面或曲面的真实形状和大小，可假想将这些立面以某一共面的直线作为旋转轴，旋转展开至与某一选定的投影面平行后再进行投射，这种画法称为展开画法，所获得的视图称为展开图。

如图 5-3 所示，把房屋平面图中右边的倾斜部分，假想以它与左边的前立面的(垂直于 H 面的)交线为轴，向后旋转展开，使之平行于 V 面后再进行投射，这样就能得到反映出该房屋左右整个前立面实形的正立面图。用展开画法投射所得的正立面图，规定要在图名后加注"展开"二字。

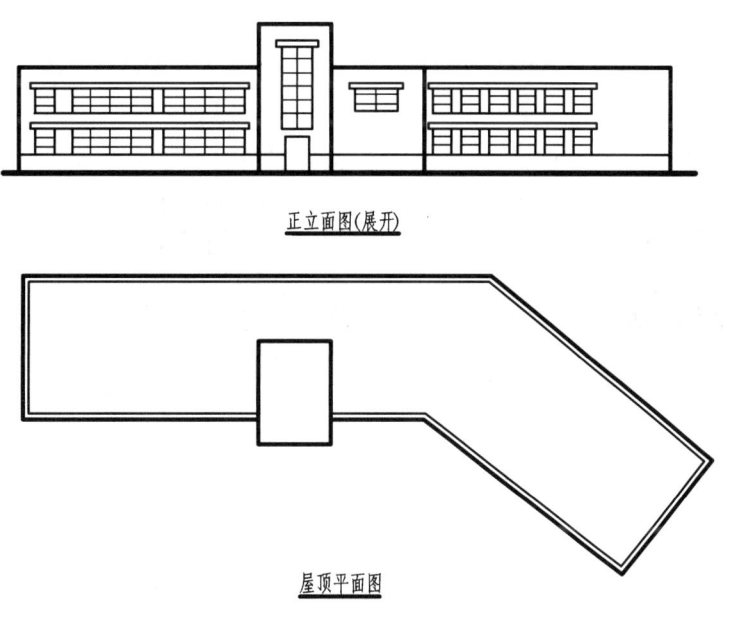

图 5-3 房屋的展开图

5.2 剖面图

5.2.1 基本概念

在视图中，形体上的可见轮廓线用粗实线表示，不可见的轮廓线用虚线表示。当形体的内、外结构形状都比较复杂时，视图中就会出现较多的虚线和实线，它们相互交错，混淆不清，造成读图困难；或者说，不能把形体的内外结构都十分完整、清晰地表达出来，图 5-4 用三面视图表达的污水池就是如此。

1. 剖面图的形成

如图 5-5a 所示，假想用一个通过污水池排水孔轴线的剖切面 P 将污水池剖开，移

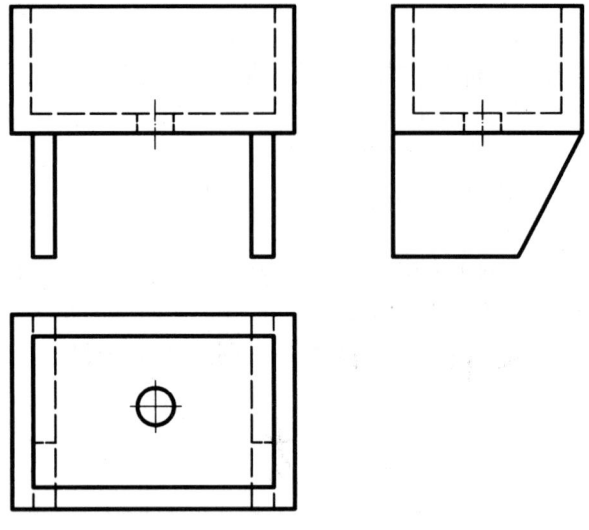

图 5-4　用三面视图表达的污水池

去 P 面及其前面被剖去的部分，将剩余部分向与剖切面 P 平行的 V 面进行投射，所得的在切断面内画入 45°细实线（需指明材料者除外）的一种投影图，就是污水池的正立剖面图。从所得的剖面图可见，该污水池的壁厚、池深、排水孔大小和左右两个脚撑的厚度等均得到了清晰的表达。

同样，如图 5-5b 所示，假想用一个通过污水池左右对称面（也通过排水孔轴线）的剖切面 Q 剖开污水池，移去 Q 面及左边半个污水池，将剩下的右边半个污水池向与剖切面 Q 平行的 W 面进行投射，又可得到另一个方向上的剖面图——侧立剖面图。

这时，由于污水池下方的脚撑已由两个剖面图表达清楚了，故在平面图中还可省去表示该污水池的脚撑的虚线，使图形更加清晰。图 5-5c 为用剖面图表达的污水池。

对比图 5-4 与图 5-5c 两种表达方法的效果，可见后者比前者清晰、明显许多。

2. 剖面图的标注

剖面图应按照制图标准的有关规定加以标注（图 5-6）：

(1) 剖切位置线。剖切位置线用长度为 6～10 mm 的粗短画线表示，一般画在表示剖切位置的视图的外侧，不穿越图线。

(2) 投射方向线。用与剖切位置线垂直的粗短画线表示，长度为 4～6 mm。投射方向线应画在表示剖切后的投射方向的那一侧。

(3) 剖面图编号。用阿拉伯数字按顺序由左至右、由下至上连续编排，并注写在投射方向线的端部。

(4) 剖面图图名的注写。在投射所得的剖面图的下方，相应地用阿拉伯数字按"剖面图 1—1""剖面图 2—2"……的形式标出该图的图名（剖面图三字可以省略），并在图名的下方画一条粗实线；表示图名的数字字体宜比一般的尺寸数字字体大一号。

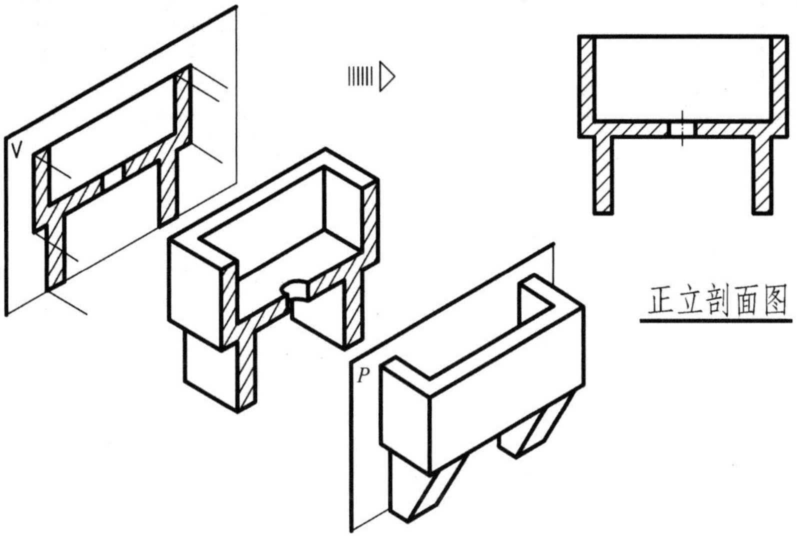

正立剖面图

(a) 污水池正立剖面图的形成

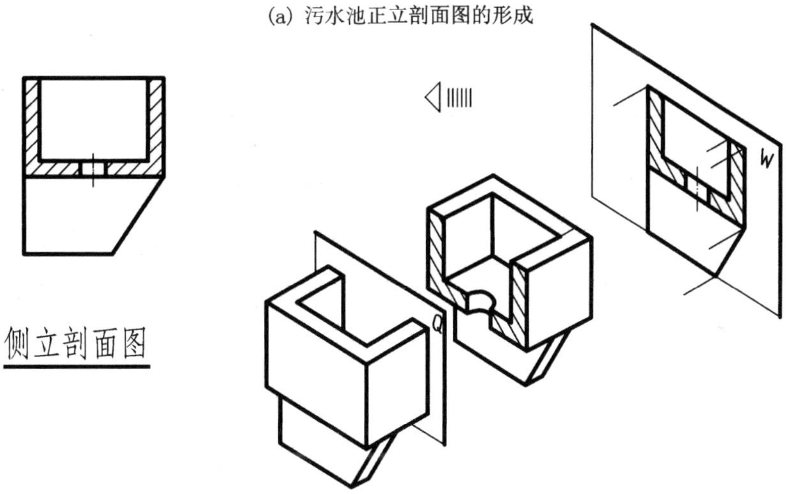

侧立剖面图

(b) 污水池侧立剖面图的形成

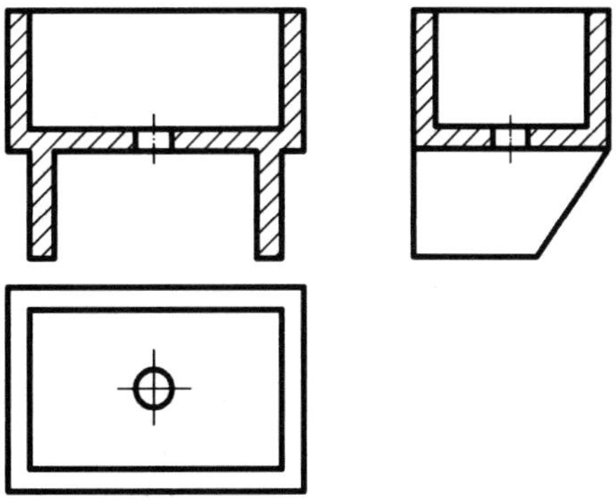

(c) 用剖面图表达的污水池

图 5-5 污水池剖面图的形成

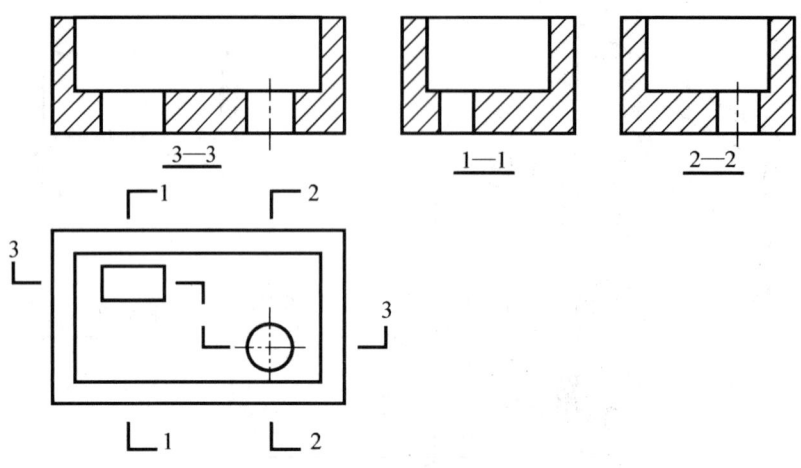

图5-6 剖面图的标注

5.2.2 剖面图的种类

1. 全剖面图

假想用一个剖切面完全将形体剖开,向与剖切面平行的投影面投射所得的剖面图,称为全剖面图。图5-5c所示污水池的两个剖面图均为全剖面图。

图5-7所示的房屋,为了表达它内部的平面组合关系,假想用一个水平剖切面将房屋在窗台以上、窗头以下某个位置全部切开,移去剖切面及其以上部分,将以下部分投射到 H 面上,得到的是房屋的水平全剖面图。这种剖面图在建筑施工图中称之为平面图。

房屋的平面图习惯上不必在立面图上标注出与它相对应的剖切位置线;在小比例(≤1:100)的平面图中也不必在墙体的截断面中画入材料图例。

2. 阶梯剖面图

用两个或两个以上互相平行而又错开的剖切面将形体剖开后向与之平行的投影面投射得到的剖面图称为阶梯剖面图。如图5-7所示房屋的1—1剖面图,即为阶梯剖面图。

当形体内部需要用剖切方法表示的部位不在同一个投影面平行面上,即用一个剖切面无法全部剖到时,可采用阶梯剖切的方法。阶梯剖面图必须标注剖切位置线和投射方向线;图形内的剖切位置线转折处的编号可以省略。

由于剖切是假想的,在阶梯剖面图中不应画出两个剖切面转折处的交线,并且要避免剖切面在图形轮廓线处转折。

3. 半剖面图

当形体对称且内外形都比较复杂时,可假想用一个剖切面将形体剖开,在同一个投射方向上用半个外形视图与半个剖面图组合而成的图形称为半剖面图。

如图5-8所示的形体左右、前后均对称,如果采用全剖面图,将不能表达外表面的形状,故宜采用半剖面图,即保留半个外形视图表达外表面形状,再配上半个剖面图表达形体内部构造。在这样的组合图形中一般不再画表示不可见轮廓的虚线,但如有孔、洞,仍需将孔、洞的轴线画出。

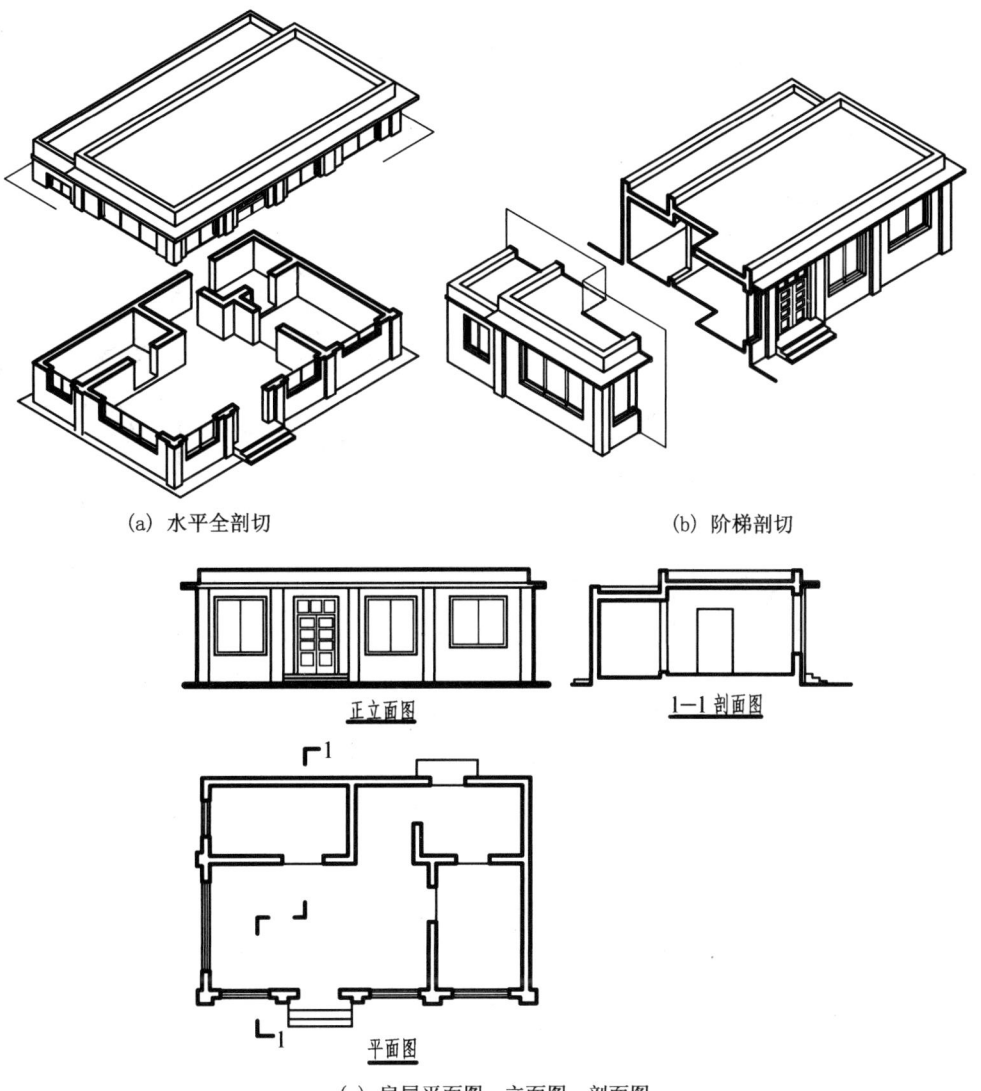

(a) 水平全剖切　　(b) 阶梯剖切

(c) 房屋平面图、立面图、剖面图

图 5-7　房屋的剖面图

在半剖面图中，剖面图和视图之间，规定以对称线和对称符号为分界线，如图 5-8 所示，当对称线为竖直线时，习惯上将剖面图画在对称线的右侧；当对称线为水平线时，剖面图一般画在对称线的下方。当剖切面与形体的对称平面重合，且半剖面图又按投影面展开的相对位置排列时，可不予标注。但当剖切面不与形体的对称平面重合时，在一般情况下，应按全剖的方式标注，如图 5-8 中 1—1 剖面图所示。

4. 局部剖面图

当形体内外结构都需要表达，但外部形状相对更复杂些，完全剖开后就无法表示它的外形时，可以保留原外形视图的大部分，只将某一局部画成剖面图。这种局部剖切后

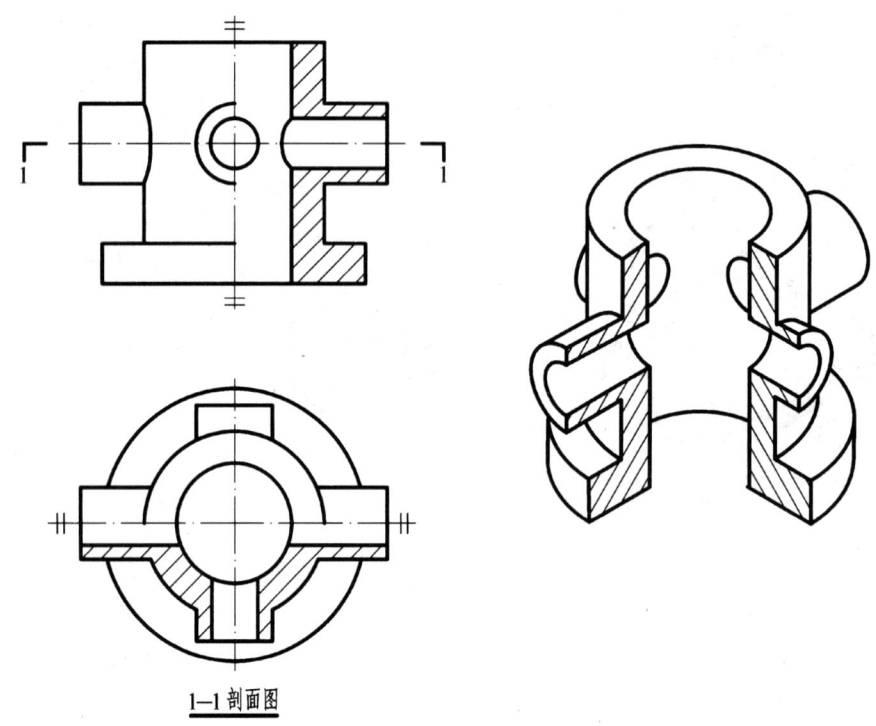

图 5-8 形体的半剖面图

得到的剖面图,称为局部剖面图。如图 5-9 所示,该图保留了杯形基础外形平面图的大部分,仅将其一个角画成剖面图,表示基础内部钢筋的配置情况。

注:图 5-9 的正立剖面图为全剖面图,按《建筑结构制图标准》的规定,在截断面上已画出钢筋的布置时,就不必再画钢筋混凝土的材料图例。画钢筋布置的规定是:平行于正立面的钢筋用粗实线画出实形,垂直于正立面的钢筋用粗黑圆点画出它们的断面。

画局部剖面图时应注意:

(1)局部剖面图是以徒手画的波浪线与外形视图分界的,一般情况下是大部分表达外形,只有一小部分表达内形。因为这种图剖切位置比较明显,一般不需标注。

(2)波浪线可看成是形体剖切"裂痕"的投影,所画的波浪线不应超出该"裂痕"所在的结构的轮廓线之外,也不能与视图的其他轮廓线重合或画在轮廓线的延长线上,遇到孔、槽等空洞结构时,也不应穿空而过。

对多层结构构造的建筑物可用多个互相平行的剖切面按构造层次逐层局部剖开,这种表达方法常用来表达房屋的地面、墙面、屋面等处的构造。分层局部剖面图应按层次以波浪线将各层隔开,波浪线不应与任何图线重合。图 5-10 为用分层局部剖面图表达某道路上人行道的多层构造。

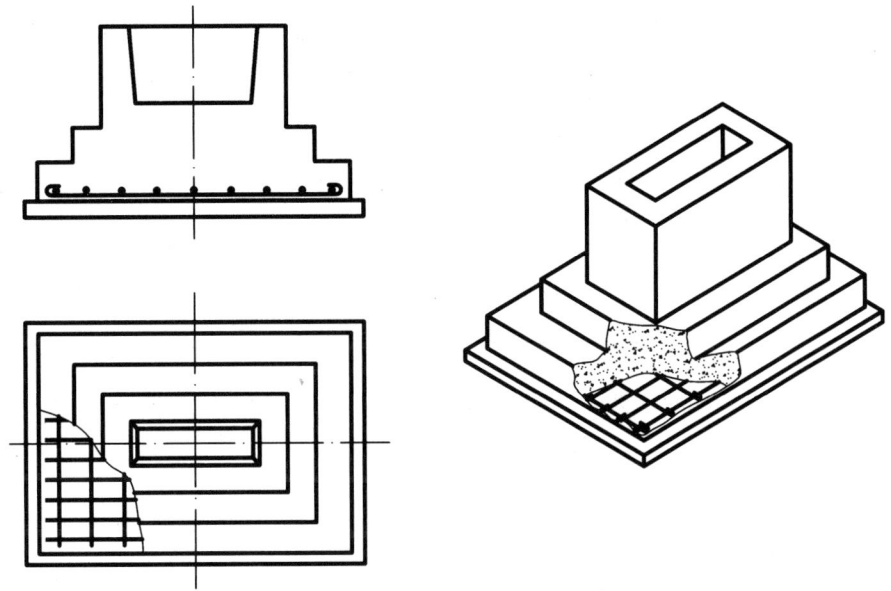

图 5-9 杯形基础的局部剖面图

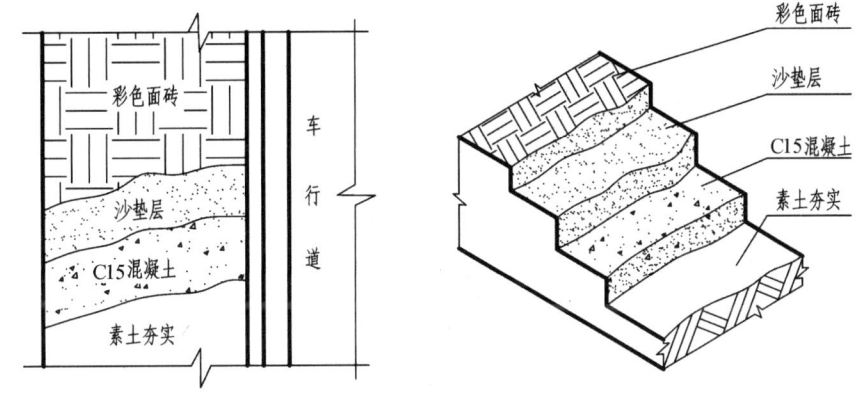

图 5-10 人行道分层局部剖面图

5.2.3 画剖面图应注意的事项

(1) 形体的剖切是一种假想的模式，实际上的形体仍是完整的。所以，除所画的剖面图外，在其他视图中仍应将该形体完整画出。

(2) 一般应选择与投影面平行的平面作为剖切面，从而使剖切后的形体断面在投影图中能反映实形；同时，还应尽量使剖切面通过形体的对称面或形体中的孔、洞、槽等结构的中心线或轴线。

(3) 形体被剖切所得的断面轮廓线应用粗实线绘制，并按规定在断面内画入相应的材料图例(详见第6章表6-1)。当不需要表明建筑材料的种类时，对同一材料组成的形体，可采用方向相同和间隔相等的45°细实线表示。对由不同材料组成的形体，在相应的截断面上则应画出不同的材料图例,并用粗实线将它们分开,如图5-11a所示。

当形体的截断面很小时,其材料图例可用涂黑表示;如有相邻的截断面又都要采用涂黑表示,则应在它们之间留出约0.7 mm的空隙(图5-11b)。

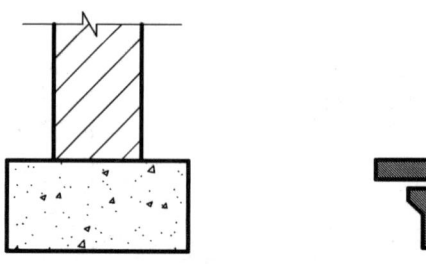

(a) 不同材料组成的形体的截断面　　　(b) 断面涂黑的截断面

图5-11　材料图例的画法举例

5.3　断面图

5.3.1　断面图的基本概念

假想用剖切面剖开形体,移去剖切面与观察者之间的部分,仅将所剖切到的断面投射到投影面上,所得的投影图称为断面图。断面图与剖面图一样,也是用来表达形体的内部结构构造,两者之间的区别在于:

(1)剖面图是形体被剖切之后将剩下部分向投影面投射所得的投影,是体的投影;断面图则是形体被剖切所得的断面的投影,是面的投影。可以说,剖面图中包含了断面图。

(2)剖切符号与编号的标注也不相同。剖面图用剖切位置线、投射方向线和编号来标注;断面图则只画剖切位置线与编号,不画投射方向线而用编号的注写位置来表示投射方向,即编号注写在剖切位置哪一侧,就表示向哪一侧投射,如图5-12中1—1断面图所示。

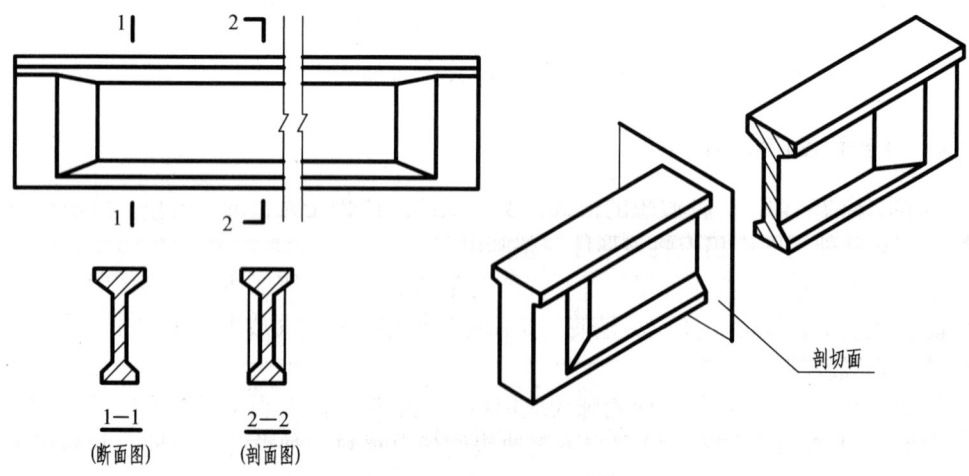

图5-12　剖面图与断面图的区别

(3) 剖面图可用两个或两个以上的剖切面进行剖切，断面图的剖切面只能是单一的。

5.3.2 建筑工程中常用的断面图

根据断面图所处位置的不同，断面图可分为移出断面图、中断断面图和重合断面图三种。

1. 移出断面图

布置在形体视图之外的断面图称为移出断面图。移出断面图的轮廓线用粗实线绘制。当一个形体有多个移出断面图时，最好整齐地排列在相应剖切位置线附近，必要时也可以将移出断面图配置在其他适当的位置，并用1∶1或较大的比例画出。这种表达方式适用于断面变化较多的构件，例如钢筋混凝土构件。

移出断面图一般要进行标注。除画入剖切位置线与编号外，再在移出断面图的正下方注明与剖切位置线编号相同的名称，如1—1、2—2(可省略"断面图"字样)。

图5-13所示为梁、柱节点构造图，其中花篮梁的断面形状由1—1断面图表示，上方柱和下方柱分别用2—2和3—3断面图表示。

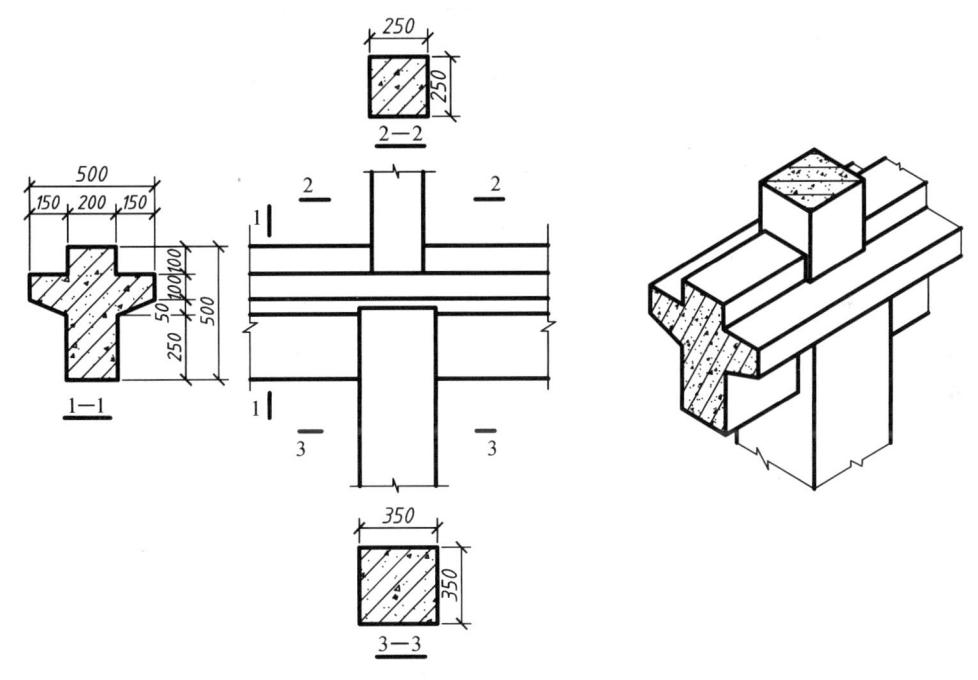

(a) 梁、柱节点的立面图和断面图　　　　(b) 梁、柱节点轴测图

图5-13　梁、柱节点图

2. 中断断面图

有些构件较长且断面的形状不变或仅作某种简单的渐变，可以将断面形状画在视图的中断处，这种断面图称为中断断面图。中断断面图的轮廓线用粗实线绘制，视图的中断处用波浪线或折断线绘制，如图5-14所示。这种断面图可不作任何标注。

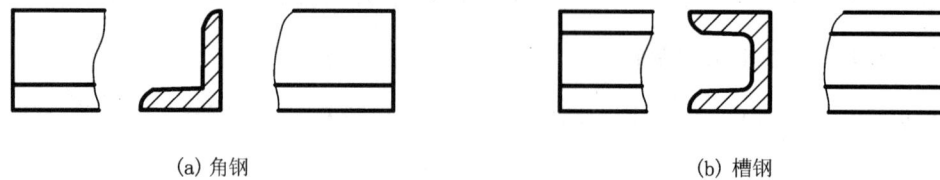

(a) 角钢　　　　　　　　　　(b) 槽钢

图 5-14　断面图画在杆件的中断处

3. 重合断面图

为了便于读图，在不引起误解的情况下，有些断面图可直接画在视图之内，这种断面图称为重合断面图。重合断面图的断面轮廓线应用加粗的粗实线画出，以便与视图上的线条有所区别，不致混淆。重合断面图不作任何标注。

图 5-15 为表示墙面上装饰做法的重合断面图。它仅用来表示墙面的起伏，故该断面图不画成封闭线框，只在断面图的范围内沿轮廓线边缘加画 45°细剖面线即可。

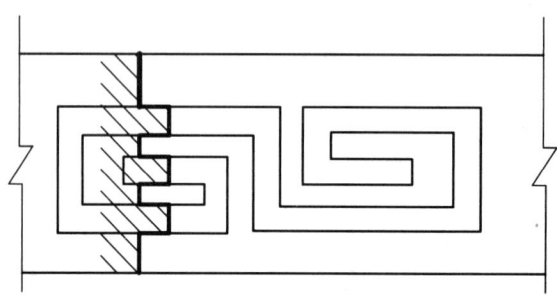

图 5-15　墙面装饰的重合断面图

图 5-16 所示为现浇钢筋混凝土楼板层的重合断面图。它是将侧平剖切面剖开楼板层所得到的截断面，经旋转后重合在平面图上而形成的。图中因梁板断面图形较窄，不易画出材料图例，故予以涂黑表示。

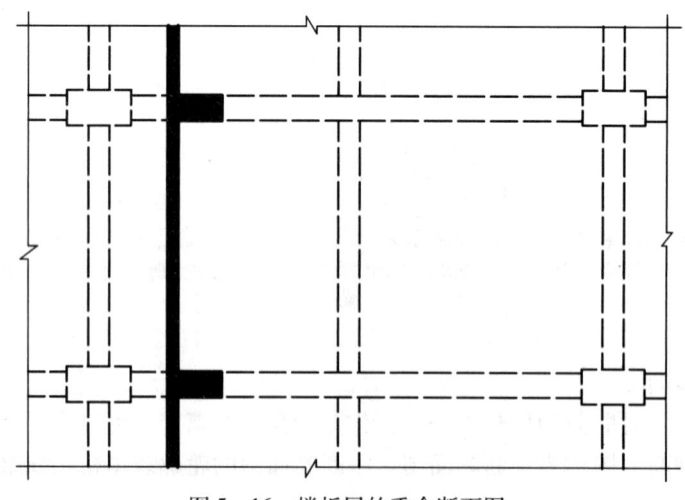

图 5-16　楼板层的重合断面图

第 6 章　建筑施工图

6.1　概　述

建筑是指人工创造的供人们进行生产、生活或其他活动的空间场所。建筑大致可分为生产性建筑和民用建筑两大类。而民用建筑中数量最多、规模不大的中高层以下的居住建筑及中小型公共建筑，又统称为大量性建筑。

6.1.1　目前国内大量性建筑中常见的两种结构形式

1. 砖混结构

承重墙为砖墙，楼板层和屋顶层为钢筋混凝土梁、板的建筑结构，通称砖混结构（图 6-1）。在这种结构中，为了缩短建筑施工周期，降低建筑造价，除圈梁、构造柱

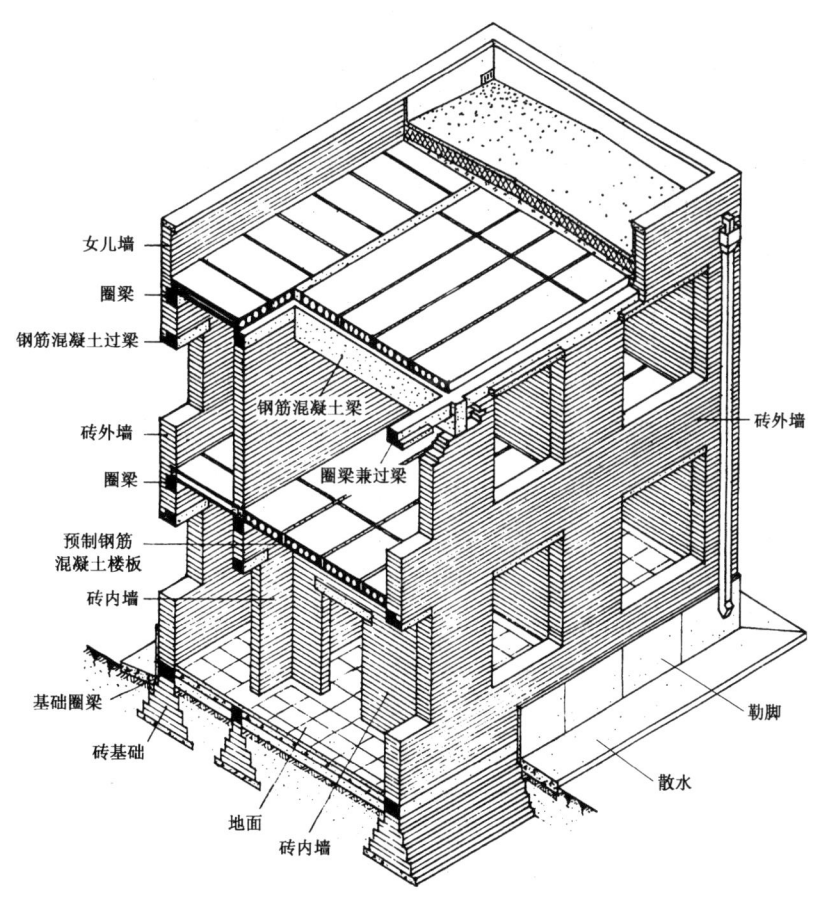

图 6-1　砖混结构建筑

和某些钢筋混凝土梁为现浇外，楼板层和屋顶层一般采用预制钢筋混凝土空心板装配而成，内外砖墙上的门、窗过梁也是采用预制钢筋混凝土构件，只有在认为有必要增强这种结构的整体稳定性时，才将楼板层和屋顶层改为现浇。

对这种结构的房屋作室内装修时，绝不能随意将承重墙拆除，也不能任意将门窗洞加大。

2. 框架结构

用钢筋混凝土柱、梁、板分别作为垂直方向和水平方向的承重构件，用轻质块材或板材作围护墙或分隔墙的建筑结构，通称框架结构（图6-2）。在这种结构中，柱、梁、板均为现浇，以获得较强的整体性。在某种情况下，楼板层也可采用预制，以降低造价和缩短施工周期。对这种结构的房屋作室内装修时，其房间分隔和门窗开设可以有条件地作适当调整；但对高层建筑中的剪力墙（一种承受剪力的实体墙）不能随意打洞或拆除。

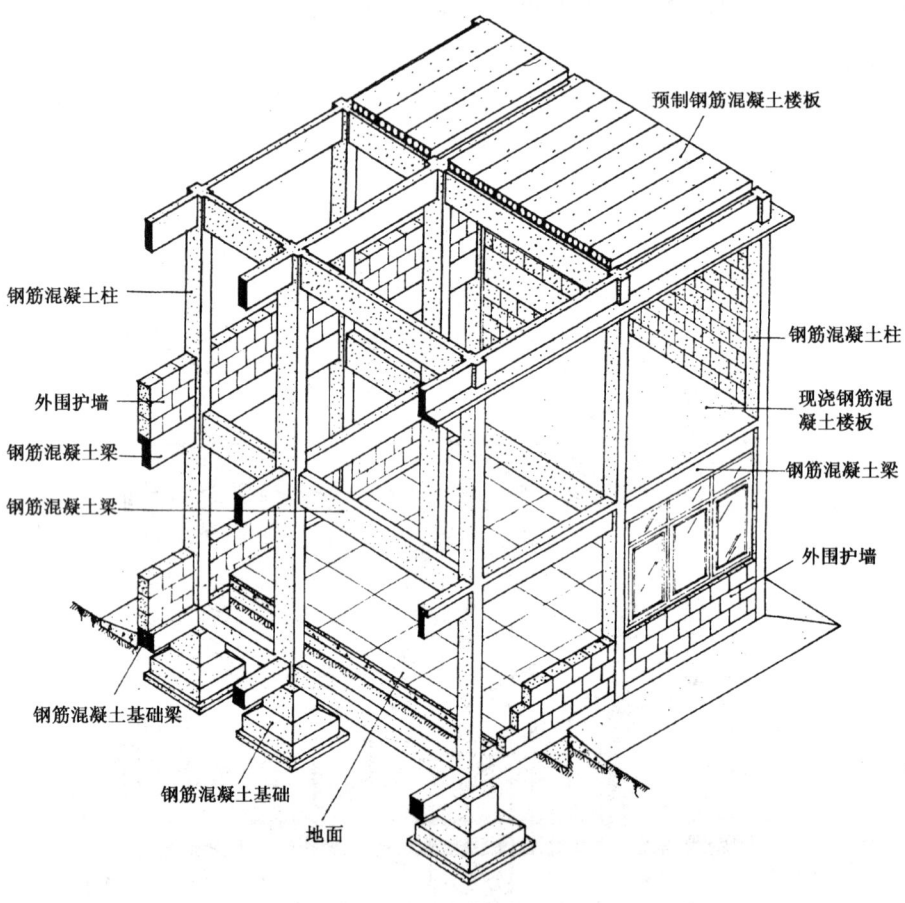

图6-2 框架结构建筑

6.1.2 建筑的定位轴线与定位线

定位轴线是在作平面设计时用来确定建筑物各主要承重构件在水平方向上的位置的尺寸基准线，也是施工时用来定位放线的尺寸依据。定位轴线布置的一般原则是：

（1）凡承重墙、柱、大梁或屋架等主要承重构件的位置，都应画上轴线并编号。其中，横向编号应自左至右依次用①、②、③……顺序编号；竖向编号应自下而上依次用Ⓐ、Ⓑ、Ⓒ……顺序编号。为了避免误会，拉丁字母中的I、O、Z不得用作轴线编号。非承重的间墙及次要构件可不编轴线号，或作为附加轴线注明它与前一轴线之间的关系，其编号以分数表示，如①/B、①/1……

（2）定位轴线应用细单点长画线绘制，端部的圆圈应用细实线绘制，其直径为8 mm，详图上为10 mm，如图6-3所示。

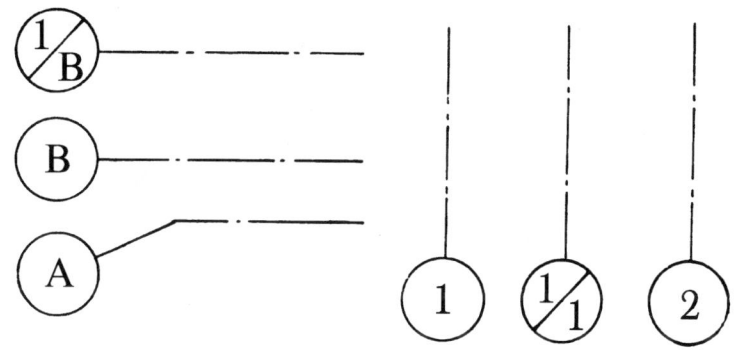

图6-3 定位轴线及编号的画法

（3）定位轴线之间的尺寸大小应尽量符合国家制定的《建筑模数协调统一标准》的规定，特别是对预制装配式砖混结构的建筑。我国采用的基本模数 $M_0 = 100$ mm，其中 $3M_0$ 的整数倍如2100，2400，…，3600(mm)等尺寸，广泛地适用于建筑物开间的跨度（进深）、柱距和层高。

（4）砖混结构的墙与定位轴线的关系：

①承重内墙的顶层墙身中线与定位轴线重合(图6-4a)；

②承重外墙的顶层墙身内缘与定位轴线的距离≥120 mm(图6-4b)。

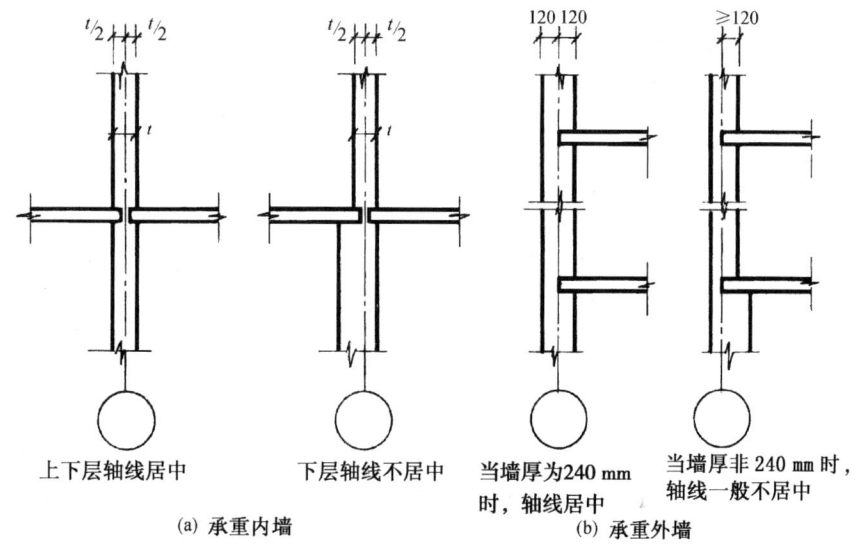

图6-4 承重墙与平面定位轴线的关系

(5) 框架结构的柱与定位轴线的关系：

①中柱的中线一般与横向、竖向定位轴线重合（图6-5a、b）；

②边柱的外缘一般与定位轴线重合（图6-5a、c），但视实际受力情况也可使顶层边柱的中线与定位轴线重合（图6-5d）。

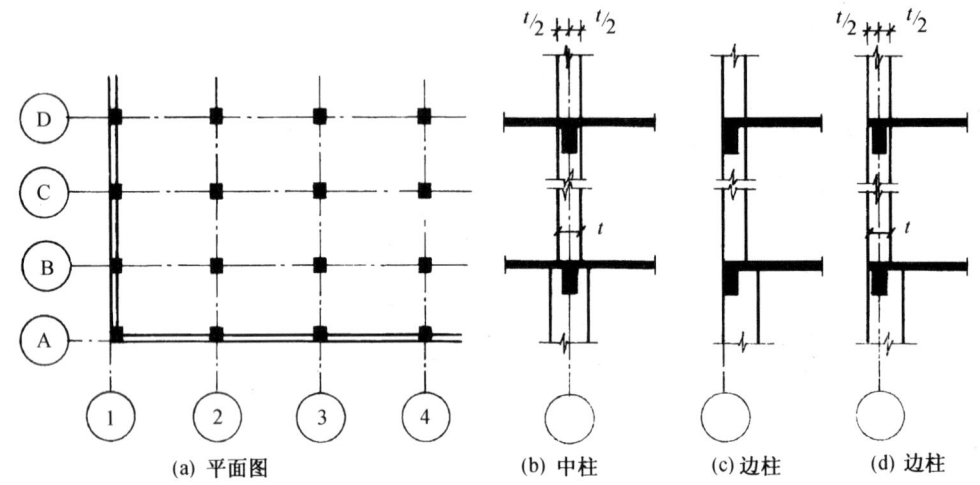

图6-5 柱与平面定位轴线的关系

(6) 定位线是作立面、剖面设计时用来确定建筑物的层高和各结构构件在垂直方向上的位置的尺寸基准线，其原则是（见图6-6）：

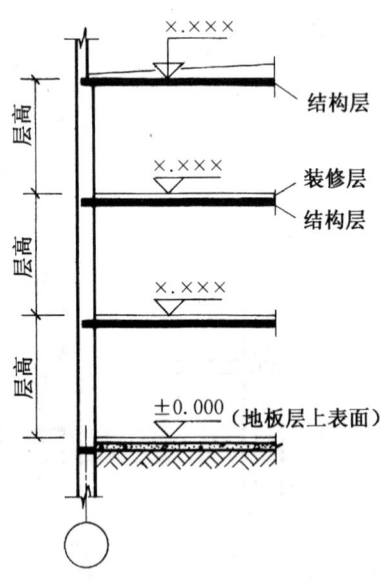

图6-6 垂直方向上的定位线

①以首层室内地板层装修完工后的上表面为相对标高的尺寸基准，以±0.000表示

（±0.000 与绝对标高[①]之间的关系应在总平面图或首页图中加以说明）；

②中间层的定位线与楼板层装修完工后的上表面重合；

③屋顶层的定位线则是与其结构层的上表面相重合的。

6.1.3 施工图中常用的符号

1. 标高符号

单体建筑物平面图、立面图和剖面图上的标高符号，应按图6-7所示的形式以细实线绘制。标高的数值应以米(m)为单位，一般注至小数点后三位。立面图和剖面图的标高符号的尖端应指至被注高度之处。平面图上的标高符号宜画在被注高度的平面的相应位置上。

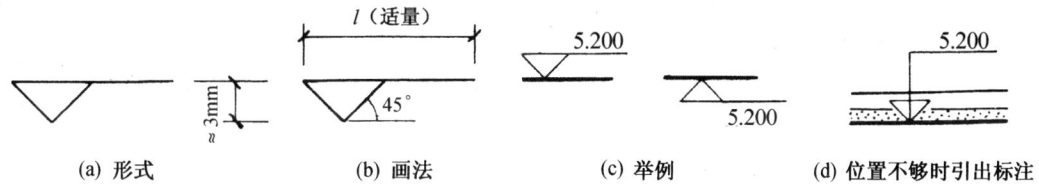

图6-7 标高符号

2. 索引符号与详图符号

（1）索引符号。在图样中用一引出线指出要画详图之处，在线的末端画一个直径为10 mm 的细实线圆，并过圆心画一条水平线，然后在上半圆中用数字注明详图的编号，在下半圆中用数字表明详图所在图纸的图号（若在同一张图纸上则不必写出图号），如图6-8a、b所示。

当所画详图不是仅仅将原图的某一局部放大，而是要将这一局部作剖切后再画成剖面详图时，可按图6-8c、d所示的方式表示。图中引出线所在的一侧为剖切后的投射方向。

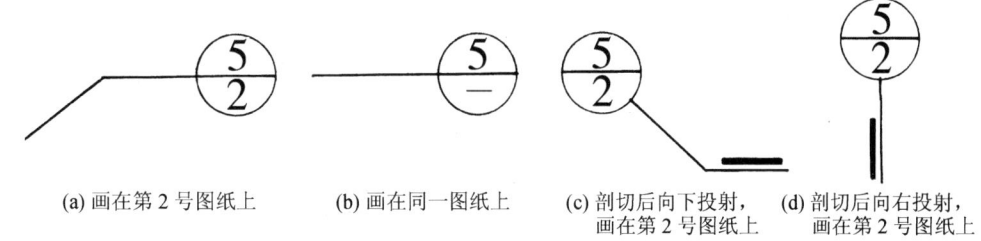

(a) 画在第2号图纸上　(b) 画在同一图纸上　(c) 剖切后向下投射，画在第2号图纸上　(d) 剖切后向右投射，画在第2号图纸上

图6-8 索引符号

（2）详图符号。详图符号用一粗实线圆表示，直径为14 mm。当详图与被索引的图样不在同一张图纸内时，应用一水平细实线将圆圈分成两半，在上半圆中注明详图的编号，在下半圆中注明被索引图样的图号；如两者在同一张图纸内，只要在圆圈内注明详

注：①我国以青岛市附近的黄海平均海平面的高度为"0"，其他各地相对于此海平面的高差为绝对标高。

图的编号即可,如图6-9所示。

(a) 不在同一图纸内　　　(b) 在同一图纸内

图6-9　详图符号

3. 指北针

指北针的形状如图6-10所示,圆的直径为24 mm,用细实线绘制,指针尾部宽度宜为3 mm,指针头部应注写"北"字或"N"字。

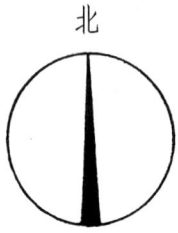

图6-10　指北针

4. 常用建筑图例

常用建筑图例见表6-1、表6-2、表6-3。

表6-1　常用建筑材料图例(摘自 GB/T 50001—2010)

名称	图例	说明	名称	图例	说明
自然土壤		包括各种自然土壤	木材		横断面:左图为垫木、木砖或木龙骨 下图为纵断面
夯实土壤					
砂、灰土			普通砖		包括砌体、砌块,断面较窄时可不画图例线或涂红
毛石			多孔材料		包括水泥膨胀珍珠岩、泡沫混凝土、加气混凝土等

续表 6-1

名称	图 例	说 明	名称	图 例	说 明
饰面砖		包括铺地砖、马赛克、陶瓷锦砖、人造大理石等	玻璃		包括平板玻璃、磨砂玻璃、夹丝玻璃、钢化玻璃、中空玻璃、夹层玻璃、镀膜玻璃等
混凝土	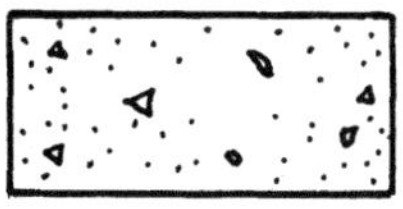	在剖面图上画出钢筋时，不画此图例线 断面较窄不便画出图例线时可涂黑	金属	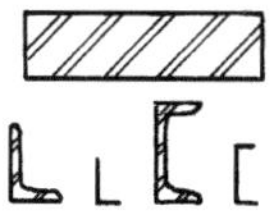	包括各种金属，图形小时可涂黑
钢筋混凝土	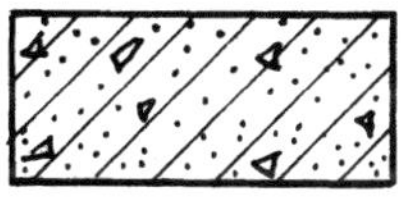		防水材料		构造层次多或比例较大时采用上图例

表 6-2 总平面图图例（摘自 GB/T 50103—2010）

名称	图 例	说 明	名称	图 例	说 明
新建的建筑物	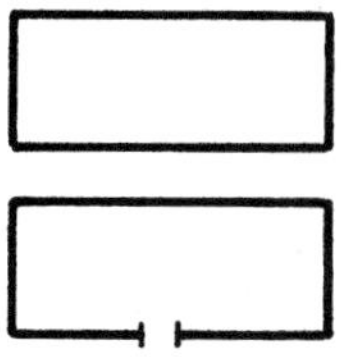	以粗实线表示，与室外地坪粗接处±0.00的外墙定位轮廓线	填挖边坡	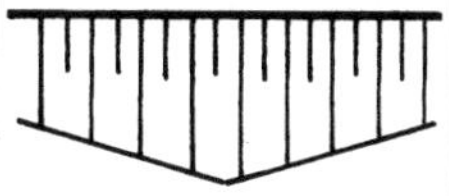	
原有的建筑物		用细实线表示	敞棚或敞廊	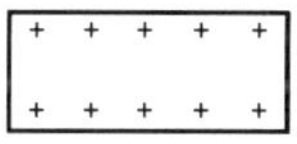	
计划扩建的预留地或建筑物		用中虚线表示	原有道路		
拟拆除的建筑物	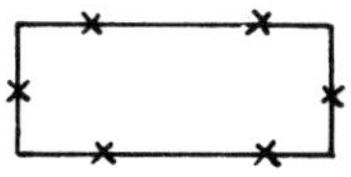	用细实线表示	计划扩建的道路	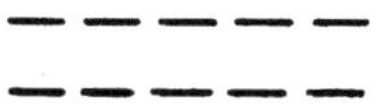	
新建的地下建筑物或构筑物		用粗虚线表示	拟拆除的道路	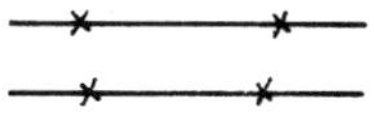	

续表6-2

名称	图例	说明	名称	图例	说明
铺砌场地			常绿针叶乔木		
冷却塔(池)		应注明是冷却塔或是冷却池	落叶针叶乔木		
水池、坑槽		也可以不涂黑	常绿阔叶乔木		
围墙及大门			落叶阔叶乔木		
挡土墙	5.00 1.50	挡土墙根据不同设计阶段需要标注墙顶标高墙底标高	花卉		
台阶及无障碍坡道	1. 2.	1. 表示台阶（级数仅为示意） 2. 表示无障碍坡道	草坪	1. 2. 3.	1. 草坪 2. 表示自然草坪 3. 表示人工草坪
坐标	1. $X=105.000$ $Y=425.000$ 2. $A=131.510$ $B=278.250$	1. 表示地形测量坐标系 2. 表示自设坐标系 坐标数字平行于建筑标注	竹丛		
			棕榈植物		

表6-3 常用构造及配件图例（按照 GB/T 50104—2010）

名 称	图 例	名 称	图 例
单面开启单扇门（包括平开或单面弹簧）		单层外开平开窗	
单面开启双扇门（包括平开或单面弹簧）		单层推拉窗	
双面开启单扇门（包括双面平开或双面弹簧）		固定窗	
竖向卷帘门		高 窗	
楼 梯	顶层／中间层／首层	上悬窗	
电 梯		百叶窗	

6.1.4 建筑设计程序

建造房屋的全过程,包括编制计划、选择和勘测基地、设计(包括室内设计)、施工(包括室内装修施工),以及验收、交付使用等几个阶段。其中设计工作是最为关键的环节。有时,室内设计和装修施工放在业主验收房屋之后进行。

当设计人员接受设计任务后,首先要熟悉设计任务书,了解本设计的建筑性质、功能要求、规模大小、投资造价以及工期要求等。同时还要对影响建筑设计的有关因素,例如地质、气候、水文、市政设施等进行调查研究。

设计一般分为初步设计和施工图设计两个阶段。

初步设计的内容包括:拟定建筑物的组合方式,确定建筑物在基地上的位置,说明设计意图,分析其合理性和可行性。这个阶段的图纸有:方案设计图、建筑总平面图、方案说明书和工程概算书等。图6-11是某独院式住宅的方案设计图。

在方案设计图中一般不需表明该工程的结构形式。

施工图设计的任务是编制满足施工要求的全套图纸,包括建筑总平面图,建筑平面图、立面图、剖面图,建筑构造节点详图,结构施工图,设备施工图,以及有关工程项目的施工总说明,结构和设备的计算书、工程预算书等。

6.2 建筑总平面图及施工总说明

6.2.1 建筑总平面图

建筑总平面图用以表示新建的建筑物落实于基地上的具体位置,一般以1:500的比例绘制(也可以用1:200或1:1000)。建筑总平面图通常包括以下几方面的内容:

(1)标出测量坐标网(坐标代号用X、Y表示)或施工坐标网(坐标代号用A、B表示),明确红线范围。

(2)标出新建建筑物的定位坐标尺寸、名称、层数及首层室内标高与基地绝对标高的换算关系。

(3)标明相邻建筑或将拆除建筑的位置。

(4)画出附近的地形地物,如等高线、道路、水沟、土坡等。

(5)画出指北针或风向频率玫瑰图。风向频率玫瑰图是一种根据当地多年平均统计所得的各个方向吹风次数的百分数,并按一定比例绘制的图形。图中吹风方向是指从外面吹向中心。粗实线表示全年风向频率;虚线表示夏季风向频率,按6、7、8三个月统计;细实线表示冬季风向频率。不同地区的风向频率玫瑰图各不相同,图6-12右下角所示为广州地区的风向频率玫瑰图。

(6)标出绿化规划、管道布置、供电线路等。

上述所列内容既不是完美无缺,也不是缺一不可,通常是根据工程的具体情况而定。

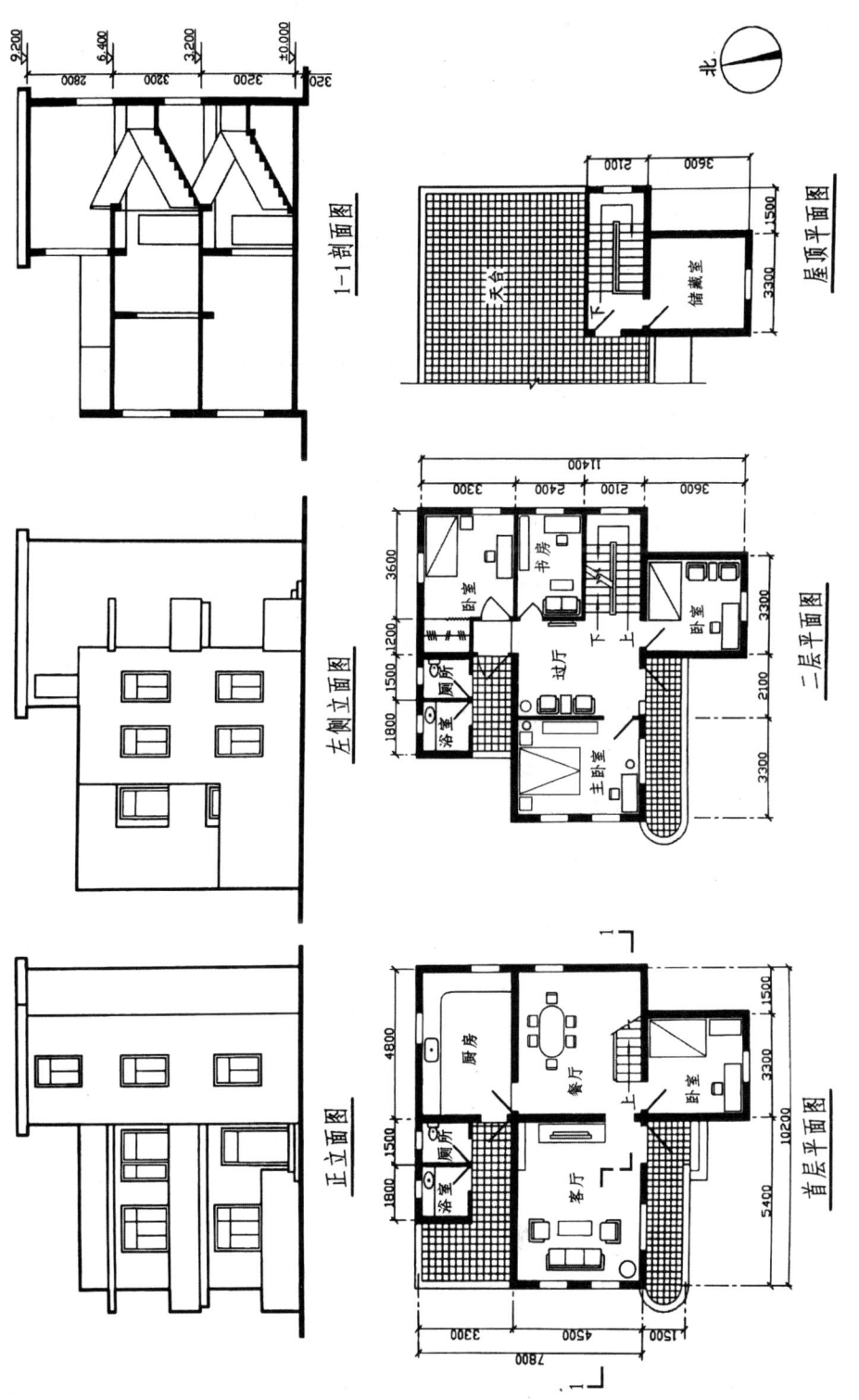

图6-11 某独院式住宅的方案设计图

图 6-12 是上述某独院式住宅的建筑总平面图。

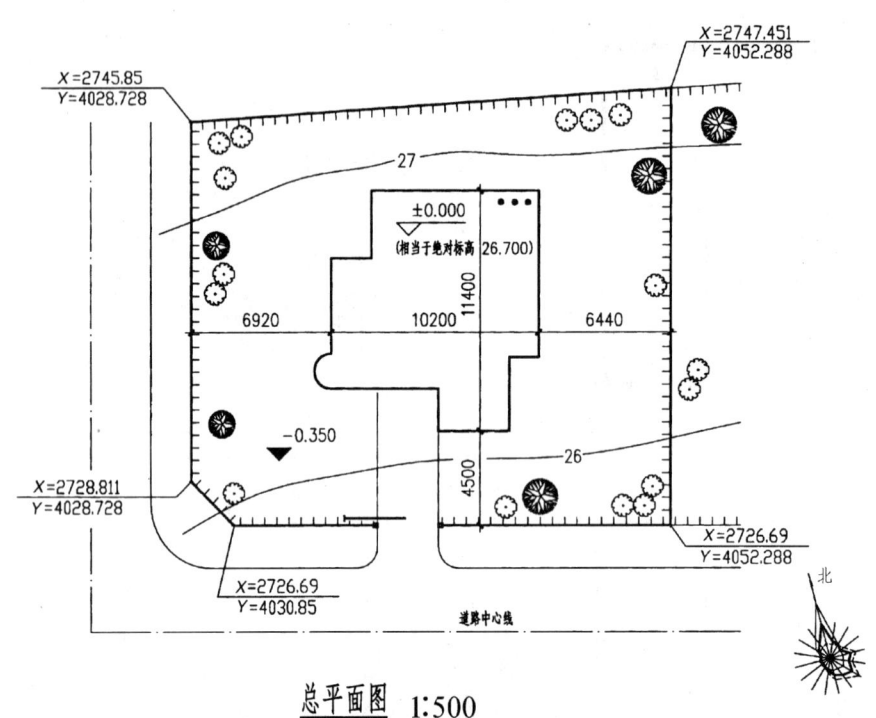

图 6-12 某独院式住宅的建筑总平面图

6.2.2 建筑施工总说明

在同一幢房屋的建筑施工图中，对某些项目如尺寸单位、一般构造的用料及做法等，若首先作一个总的说明，不仅省却了在每一张图纸上都作重复标注的麻烦，而且还可让施工人员对该建筑物的施工要求有一个概括的了解。所以，在建筑施工图册的首页上常用具体文字作施工总说明。

以下为上述某独院式住宅工程的建筑施工总说明（摘录）。

（一）总则

1. 本设计除标高以 m 为单位外，其余尺寸均以 mm 为单位。

2. 图中的室内地面标高 ±0.000 相当于绝对标高 26.700。

（二）用料

1. 地板层　将原土理平，清除腐殖土等杂物，用素土回填，分层洒水（每层≤300 mm）夯实至设计要求的标高，然后现浇厚 100 mm 的 C15 混凝土垫层，再用厚 20 mm 的 1:2.5 水泥砂浆找平，各房间地面用料及做法见"首层地面铺装图"（见第 7 章图 7-6）。

2. 楼板层　在钢筋混凝土板面上用厚 20 mm 的 1:2.5 水泥砂浆找平，面材用料见"二层地面铺装图"（该图本书从略）。

3. 屋顶层　在现浇钢筋混凝土板面上纵横各扫浓水泥浆一遍，再用厚 30 mm 的 1:3

水泥砂浆(掺4%拒水粉)抹光面,上刷冷底子油两遍。平铺合成高分子防水卷材一道,面层用1∶2.5水泥砂浆坐砌预制陶粒混凝土隔热砌块,纯水泥浆缝口。

4. 外墙　墙体厚180 mm,外墙面用厚15 mm的1∶1∶6的水泥石灰砂浆抹底层,面层贴豆黄色釉面砖,用水泥砂浆勾凹缝,缝宽8 mm,缝深3～5 mm。对于需要做特别饰面处理的部位,另见有关立面图。

5. 内墙、柱　内墙体厚120 mm。除另有图纸说明外,墙、柱面用1∶2∶6的水泥石灰砂浆抹底层,厚度不大于20 mm,表面抹石灰膏一道,再用厚2 mm扇灰抹平,砂纸打光,油ICI涂料三遍。

6. 顶棚(天花)　除另有图纸说明外,直接式顶棚用1∶1∶6水泥石灰砂浆找平,厚度不大于10 mm,表面抹石灰膏一道,再用厚2 mm扇灰抹光,油ICI涂料两遍。

7. 散水　在建筑物四周做散水,用厚100 mm的C15混凝土作垫层,再用厚20 mm的1∶2水泥砂浆抹光,散水宽1000 mm。

6.3　建筑平面图

建筑平面图实际上是假想用水平的剖切平面在建筑物窗台以上、窗头以下把整幢房屋剖开,移去观察者与剖切平面之间的部分之后,向水平投影面投射所得的全剖面图,习惯上把它称为建筑平面图。

建筑平面图主要用来表示建筑物的平面形状,即在水平方向上房屋各组成部分的组合关系。由于建筑平面图能较集中地反映建筑物使用功能方面的问题,所以无论是设计制图还是施工识图,一般都从建筑平面图入手。

一般来说,房屋有n层,就要画出n+1个平面图,相应地分别称之为首层平面图、二层平面图……屋顶平面图。在多层建筑中,如果它的中部有若干层的平面形状(包括房间分隔、大小、数量)完全相同时,这些相同的楼层可用同一个平面图表示,并称之为标准层平面图。

平面图一般以1∶100的比例绘制,通常包括以下几个方面的内容:

(1)用粗实线表示墙、柱的断面形状(常将柱的断面涂黑),并对承重墙、柱作轴线编号。

(2)用规定符号表示内、外墙上门窗的位置、编号,并标记出房间的名称。

(3)标明楼梯的位置及其上、下行的步级数,如有电梯则应画出电梯井的符号。

(4)用中粗线表示台阶、阳台、雨篷等构件的形状及位置。

(5)用符号表示卫生间和厨房的洁具、案台等设备。

(6)注出楼地面、台阶、阳台等完工后的表面标高(建筑标高)。对外墙一般由内到外标注三道尺寸:①外墙的门窗洞及其定位尺寸;②轴线间距尺寸;③外墙总尺寸。对内墙的门窗洞及其他构件也要视实际情况注出其必需的尺寸。

(7)其他。如画出有关详图的索引符号,在首层平面图上画出剖面图的剖切位置线、投射方向线及其编号,在室外地坪上注明地面标高,以及画出用来表示房屋朝向的指北针等。

平面图若以1∶50或更大的比例绘制时,应用细实线表示出墙体的粉刷层,并在墙体断面上画出材料图例。平面图中常用的材料图例及构造、配件图例如表6-1、表6-3所示。

6.3.1 首层平面图

图6-13是图6-11所示独院式住宅的首层平面图。它表达了下面几个方面的内容：

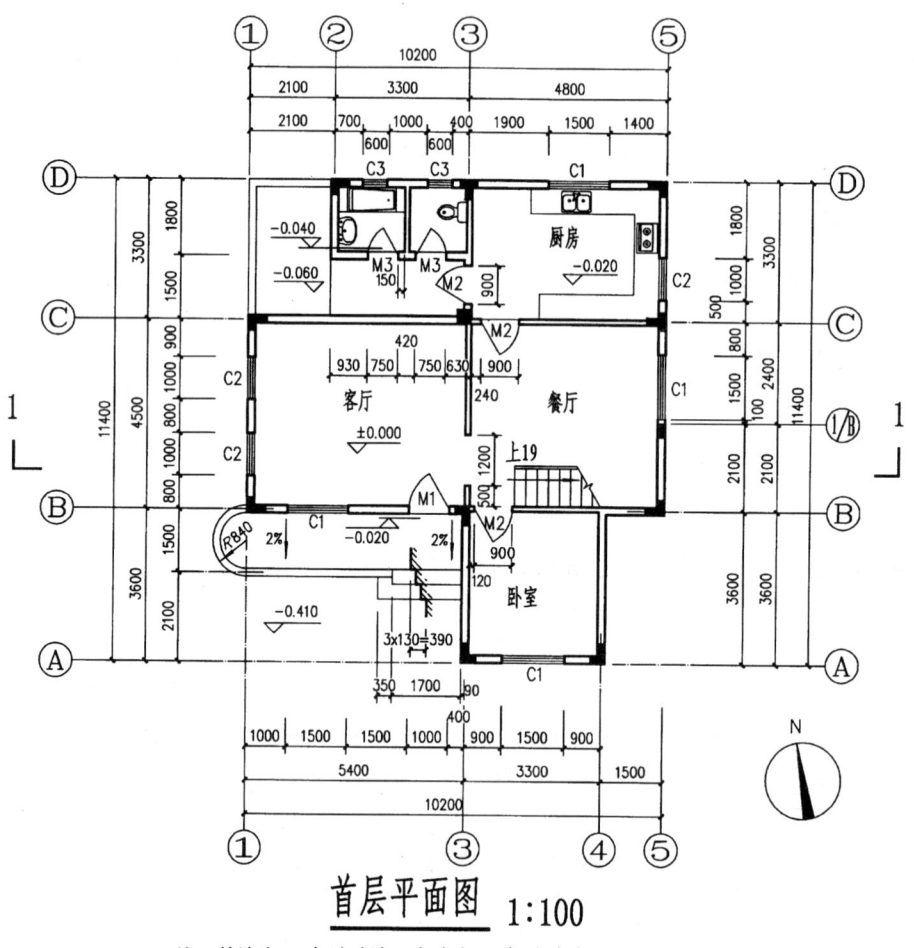

注：外墙为180灰沙砖墙，内墙为120灰沙砖墙

图6-13 某独院式住宅首层平面图

（1）图名。以"首层平面图1:100"的形式表示，即规定用长仿宋体将图名注写在图形的下方，并加画一条粗实线和用小一号的数字说明该图的比例。

（2）表示朝向的指北针。表明了该房屋为坐北向南，略偏西少许。

（3）表明了该住宅东西长10200 mm，南北进深11400 mm。其定位轴线编号及轴间尺寸如图中所示。

（4）表明了该住宅所采用的是异形柱框架结构。图中特别粗黑之处为异形柱的断面（其尺寸通常由结构施工图给出）。用两条平行粗实线表示的距离为内、外围护墙体的厚度。墙体中空缺的部分则为门窗洞，其大小及位置可从有关尺寸得出，这些尺寸均分别从相近的定位轴线注起。

(5) 从南面门前上三级台阶通过外廊和大门 M_1，可进入客厅(地面标高为±0.000)，再向右转通过空门洞可到达餐厅，或再上 19 级楼梯到达二楼。餐厅的后方为厨房、浴室和厕所等，它们的地面标高分别为 -0.020、-0.040 和 -0.060。餐厅的前方则为卧室，餐厅与卧室的地面标高均与客厅相同。

(6) 图中的 1—1 剖切符号表明了图 6-16 "1—1 剖面图"的剖切位置及投射方向，以便识图时将这两个图互相对照。

6.3.2 二层平面图

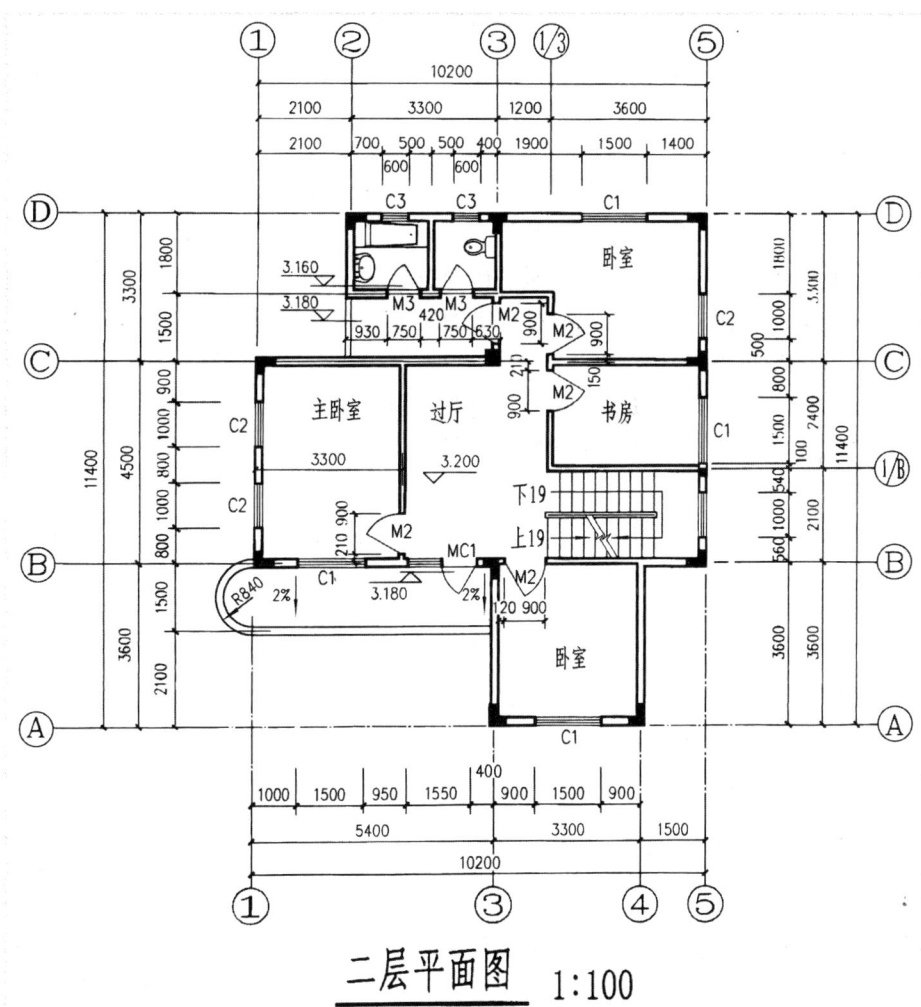

图 6-14 某独院式住宅二层平面图

二层平面图是假想用水平剖切面在二层所属的窗台以上、窗头以下把整幢房屋剖开后向下投射所得的全剖面图。但在二层平面图中对属于首层的构配件，即使没有被遮挡住，也不必把它们的投影重复画出。

图6-14所示是上述独院式住宅的二层平面图，其表达的内容与首层平面图基本相同，所不同的是：

(1) 楼梯间的可见梯段被分成了两部分，并画出了两个指示箭头，分别注以"下19""上19"，其意思是对本住宅的第二层来说，沿左边的梯段下19级可到达首层地面，而沿右边的梯段上19级则可到达顶层。

(2) 从过厅往前走可到达外阳台，往后走则可到达内阳台。外阳台的前方和内阳台的左方均不再画出属于首层的台阶和围墙，虽然它们的投影是可见的。

在实际工程中还应画出该住宅的屋顶平面图，本书从略。

砖混结构建筑平面图的画法与框架结构的画法略有不同，对照与本书配套的习题集中的题6-1可知其详。

6.4 建筑立面图

建筑立面图是建筑物在与建筑立面平行的投影面上投射所得的正投影图。它主要用来表示建筑物外形外貌、建筑高度和对外墙面装饰用料的要求。原则上东南西北每一个立面都要画出它的立面图。

通常把反映建筑物主要出入口或反映主要造型特征的立面图称为正立面图，相应地把其他各立面图称为左侧立面图、右侧立面图和背立面图。立面图也可按建筑物的朝向命名，如南立面图、东立面图等；也可按立面图两端的轴线编号从左至右命名，如①—⑤立面图、Ⓓ—Ⓐ立面图等。

立面图一般以1∶100的比例绘制，通常包括以下内容：

(1) 用加粗的粗实线(1.4b)表示该建筑物的室外地坪线，而用粗实线(b)表示该建筑物的主要外形轮廓。

(2) 用中实线(0.5b)画出门窗洞、阳台、雨篷、台阶、檐口等处的主要轮廓，再用细实线(0.25b)描绘各处细部、门窗分格线及装饰线等。

(3) 在地坪线的下方画出立面图左右两端的轴线及其编号，以便于与平面图对照识读。

(4) 对外墙面的装饰要求作附加说明(在建筑施工总说明中已交代清楚者也可不再标明)。

(5) 立面图上的高度尺寸主要用标高的方式来标注，对外形也可附加一些线性尺寸。标注标高时要注意有建筑标高和结构标高之分。对室外地坪、室内首层地面和各楼层楼面以及阳台、栏杆和女儿墙的顶面，所标注的标高应是包括装修层在内的完工之后的建筑标高。而对门窗洞口、屋檐和外阳台及雨篷梁的底面，一般均指不包括装修粉刷层在内的结构标高；如怕产生误会，必要时可在这些标高数值的后面用括号加注"结构"二字。

(6) 其他如详图的索引符号等。

图 6-15 是图 6-11 所示住宅的正立面图。通过这个图获得了该住宅正立面的外观造型和外墙装饰的情况，以及首层、二层外阳台的栏板是架空的，等等；对各处的建筑标高和结构标高以及某些细部尺寸，也获得了必要的说明。

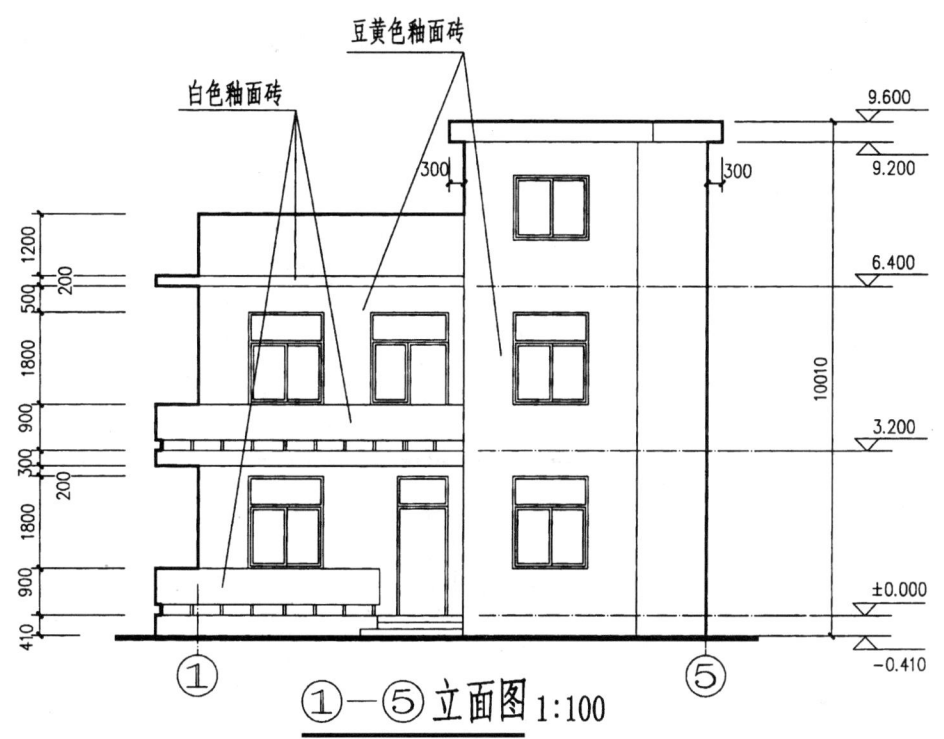

图 6-15　某独院式住宅正立面图

根据实际需要还应画出其他立面图，本书从略。

6.5　建筑剖面图

建筑剖面图是指假想用一个或多个竖直平面去剖切房屋，移去观察者与剖切平面之间的部分，将剩余部分向与之平行的竖直投影面进行投射，并在截断面上画入材料图例后所得的全剖面图。

建筑剖面图主要用来表示房屋内部垂直空间的利用，垂直方向的高度、楼层分层，以及简要的结构形式和构造方式等，与平面图、立面图相呼应。

剖切平面的位置应选择在房屋内部结构构造比较复杂的或有变化的，而且能同时体现出其内部的水平交通路线或垂直交通路线的部位。因此，剖切平面一般要通过主要出入口（大门、房门）、门厅、过道或楼梯间以及各房间的窗口等。

一幢房屋要画多少个剖面图，应视其内部构造的复杂程度和实际需要而定。当用单一的剖切平面进行剖切不能达到完整表达的目的时，可用多个互相平行而又错开的平面作"阶梯剖视",如与本书配套的习题集中的题 6-1 中的剖切位置线 1—1 及 1—1 剖面图所示。剖切位置线两端的投射方向线及数字所在的位置表示剖切后的投射方向。

图 6-16 为图 6-11 所示住宅的 1—1 剖面图。其中:

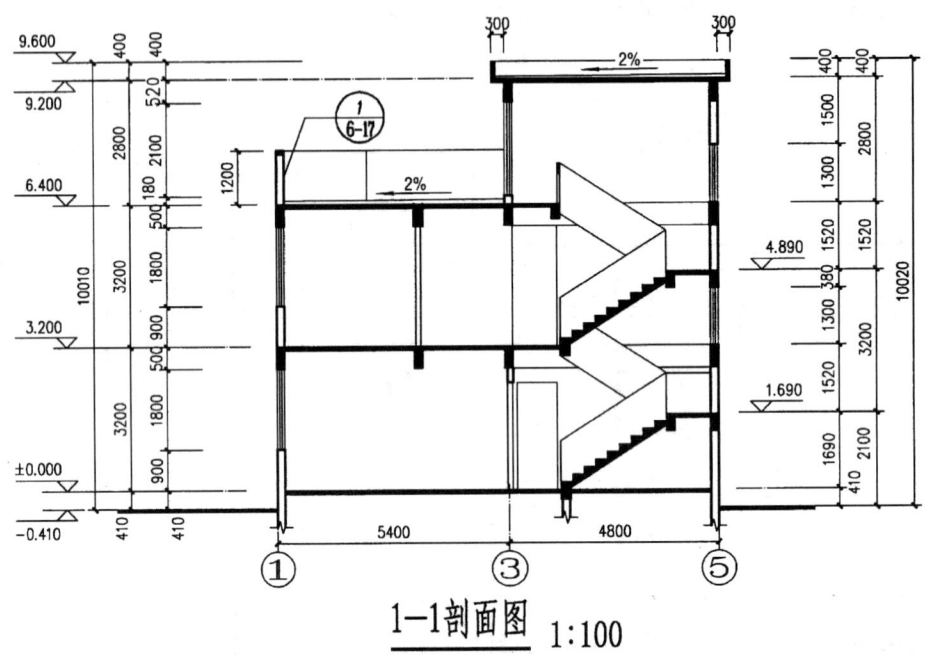

图 6-16　某独院式住宅的 1—1 剖面

(1) 首层地面用一条加粗的粗实线表示,线宽相当于地面构造层的总厚度（≈100 mm）的百分之一。对照图 6-13 首层平面图的剖切位置线 1—1 可知,该图为"单一"的全剖面图。首层自左至右分别是:带窗口的轴线编号为①的外墙、客厅(地面标高为 ±0.000),然后通过没有门扇的门洞到达餐厅(地面标高亦为 ±0.000),餐厅的后方是进入厨房的房门,若登上楼梯可通过休息平台到达二楼,最右是轴线编号为⑤的外墙。

(2) 由于该住宅采用的是钢筋混凝土框架结构,其楼梯也是采用现浇钢筋混凝土构筑,所以在图中对这些构件的截断面都用涂黑表示。其中表示楼板层和屋顶层截断面的粗实线,其线宽相当于各层构件的总厚度(≈100 mm)的百分之一,并应使其上缘与层高的定位线重合。

(3) 在各层空间中,对被剖切到的墙体断面轮廓用粗实线表示;对墙体上的门窗洞和剖切平面后方可见的构配件轮廓(包括门窗、栏杆和屋顶结构层上方的隔热层等)分别用中实线和细实线(或均用细实线)表示。

(4) 剖面图上的尺寸标注,除两端轴线之间的水平尺寸外,其余均为与该剖面有关的构配件的高度尺寸。这些尺寸有一些宜采用竖直线性尺寸的注法,另一些宜采用标高的形式。

外墙的竖向一般也标注三道尺寸,分别为门窗洞和洞间墙的高度、层高和总高。

屋面的排水坡度一般采用百分比的形式表示，并用箭头表明排水方向。

绘画建筑剖面图（含建筑详图），当采用的比例大于 1∶50 时，通常要在结构层的外边加画一条细实线，用以表示粉刷层的厚度，如图 6-17 所示；当采用的比例为1∶50时，视实际情况，既可加画表示粉刷层的细实线，也可不加画。

6.6 建筑平、立、剖面图的画图步骤

建筑施工图中的平面图、立面图、剖面图，无论是画在同一张图纸上还是多张图纸上，都必须正确处理各图之间的投影对应关系，标出各图的名称、比例。

绘图的顺序一般从首层平面图开始。如果将多个平面图画在同一张图纸上，则首层平面图应画在图纸的左下方，二层和其余各层则依次画在首层的右方或上方。如果将单层房屋的平、立、剖面图画在同一张图纸上，它们之间的相对位置则宜参考第 5 章中的图 5-1c 处理。

一般来说，总是待所有的平面图都画好之后，再依次画立面图、剖面图。无论画哪一个图，都是首先选定画图比例，确定尺寸基准（即画出定位轴线或定位线），然后再从主到次、从整体到局部逐步进行。具体画图时，都是先用细实线画图稿，经检查无误后再用制图标准规定的线型加深加粗图线，然后书写文字，修改补充未完善的地方，就可完成全图。

由于平面图、立面图、剖面图所表现的内容各有差异，所以实际操作起来其步骤也各有不同。下面所述是用手工绘图时的画图步骤。

6.6.1 画平面图的步骤

（1）选比例，画定位轴线。
（2）根据墙体厚度及柱的断面尺寸用细实线画出它们的图稿。
（3）定出门、窗洞的位置和画楼梯平面及其他细部的图例。
（4）画厨厕设备符号、标高和索引符号，最后加深加粗图线和标注尺寸。

6.6.2 画立面图的步骤

（1）选比例，画地坪线和建筑立面最左、最右两条外形轮廓线，再按层高画出各层的定位线（这些线作为各层门窗洞、阳台、雨篷、檐口等细部的尺寸基准线，用后擦掉）。
（2）画整个立面的外形轮廓，门窗洞、阳台、台阶、雨篷、檐口等细部的主要轮廓。
（3）画门窗分格线、阳台栏杆等建筑细部。
（4）画两端的定位轴线、标高符号及标注尺寸。

6.6.3 画剖面图的步骤

大致与画立面图的步骤相同，不再赘述。

6.7 建筑详图

建筑详图(或称大样图)是建筑细部的施工图,是根据施工需要而采用较大比例绘制的建筑细部的图样,是对建筑平面图、立面图、剖面图的补充。

建筑详图所表示的部分,除应在相应的平面图、立面图、剖面图中标出它的索引符号外,还需在所画详图的下方标出详图符号和比例,必要时还应写明详图的名称,以便查阅。

如果在平面图、立面图、剖面图中索引出的建筑细部(例如门窗)的做法是套用标准设计或通用详图的,只要注明所套用的标准图集的名称、编号即可,而不必再画它的详图。

6.7.1 屋面女儿墙节点详图

屋面是建筑结构中的一个重要组成部分。它在房屋中既起水平支撑作用,又起覆盖、排水、保温、隔热等作用。对平屋面来说,最简单的构造型式是采用现浇钢筋混凝土为结构层,再在其上表面用渗入拒水粉的水泥砂浆找平。但这种屋面常因风吹、日晒、雨淋等侵蚀作用,出现翘曲、变形、龟裂而导致屋面渗漏,故较稳妥的做法是至少

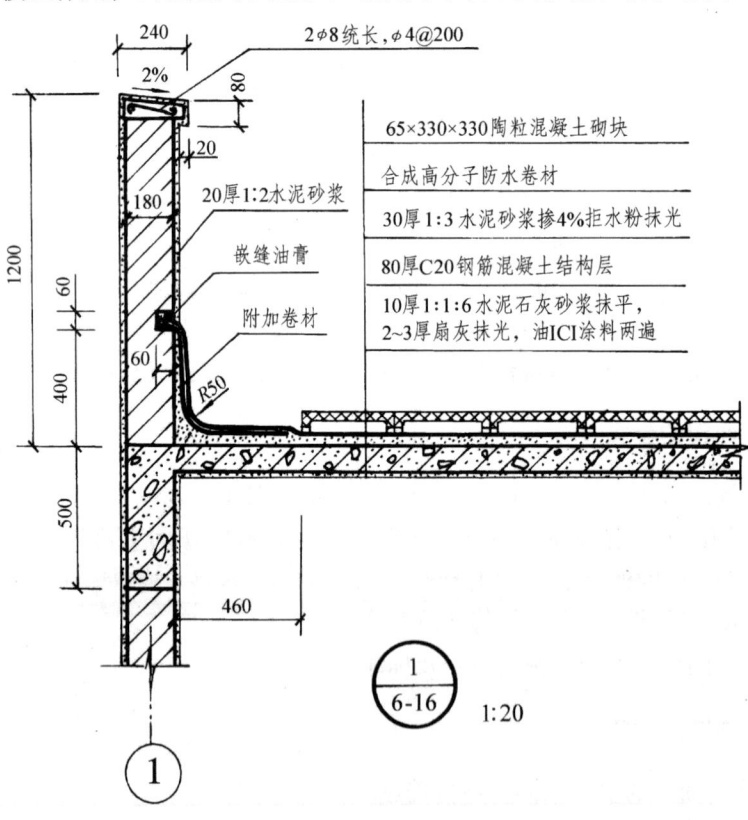

图6-17 屋面女儿墙节点详图

有一道卷材或涂膜防水层设防。图6-17表示了图6-11所示住宅的非保温单道柔性防水隔热屋面各个结构层次的表示方式和标注方法。其中除结构层需用粗实线表示外，其余各层均用细实线表示（防水卷材用加粗的粗实线表示），标注时各行文字与构造层次应一一对应。

同时，在该详图中还表示了女儿墙及女儿墙与屋面相交处的泛水构造的做法。这种构造做法比较适合我国南方地区的一般建筑。

6.7.2 楼梯详图

楼梯是房屋建筑中又一个重要组成部分，其构造形式、用料、做法多种多样。上述住宅中的楼梯是最常见的钢筋混凝土双跑平行楼梯。它主要由楼梯段和平台两部分组成。

楼梯详图一般包括平面图、剖面图及踏步、栏杆详图等，绘图时尽可能把它们画在同一张图纸内。

1. 楼梯平面图

楼梯平面图的剖切位置一般通过该层楼梯间窗台的上方。通常一幢房屋的楼梯平面图只需画出其首层、中间层、顶层三个平面图即可，如图6-18所示。从图中可以看出这三个平面图画法的相同之处和不同之处。

（1）相同之处：

①当楼梯梯段被剖切面截断时，按规定在平面图中以一条与梯级踢面大约倾斜30°的折断线表示梯段被截断。

②在梯段处画出一个长箭头，并注明"上××"级或"下××"级。

③都要标明该楼梯间的轴线、尺寸、楼地面的标高，以及各细部的尺寸。

（2）不同之处：

①首层平面图的楼梯梯级只有"上××"。折断线的另一侧是楼梯底的空间。

②中间层（例如第二层）平面图既表现了从第二层楼面往上走到第三层的梯段，也表现了从第二层楼面往下走到首层的梯段。即中间层楼梯的梯级既有"上"，也有"下"，折断线的两侧表现的都是梯级。

③顶层平面图表现的只有往下走的梯段。这些梯段没有被剖切面截断，在梯段处没有折断线。此外，在楼梯口的另一侧要画出护栏的投影。

2. 楼梯剖面图

假想用剖切平面通过各层楼梯的一个梯段将楼梯竖直剖开，向未剖到的另一梯段的方向进行投射，所得即为楼梯剖面图。楼梯剖面图应能完整、清晰地表达各梯段、平台和栏杆（或栏板）等的构造及它们之间的关联，如图6-19所示。

楼梯剖面图的剖切位置线通常标注在首层楼梯平面图中（图6-18）。

在楼梯剖面图中应注明各层楼地面和各个平台面的建筑标高，以及各梯段各栏杆的高度尺寸。标注梯段的高度尺寸时通常写成"步级数×踢面高度＝总高度"的形式。同时要注意，同一楼层间两个梯段总高度之和，应等于该层的层高。对梯段的长度则用"踏面数×踏面宽度＝总长度"的形式标注。同一梯段的"步级数"与"踏面数"是不相等的，后者是将前者减去"1"。

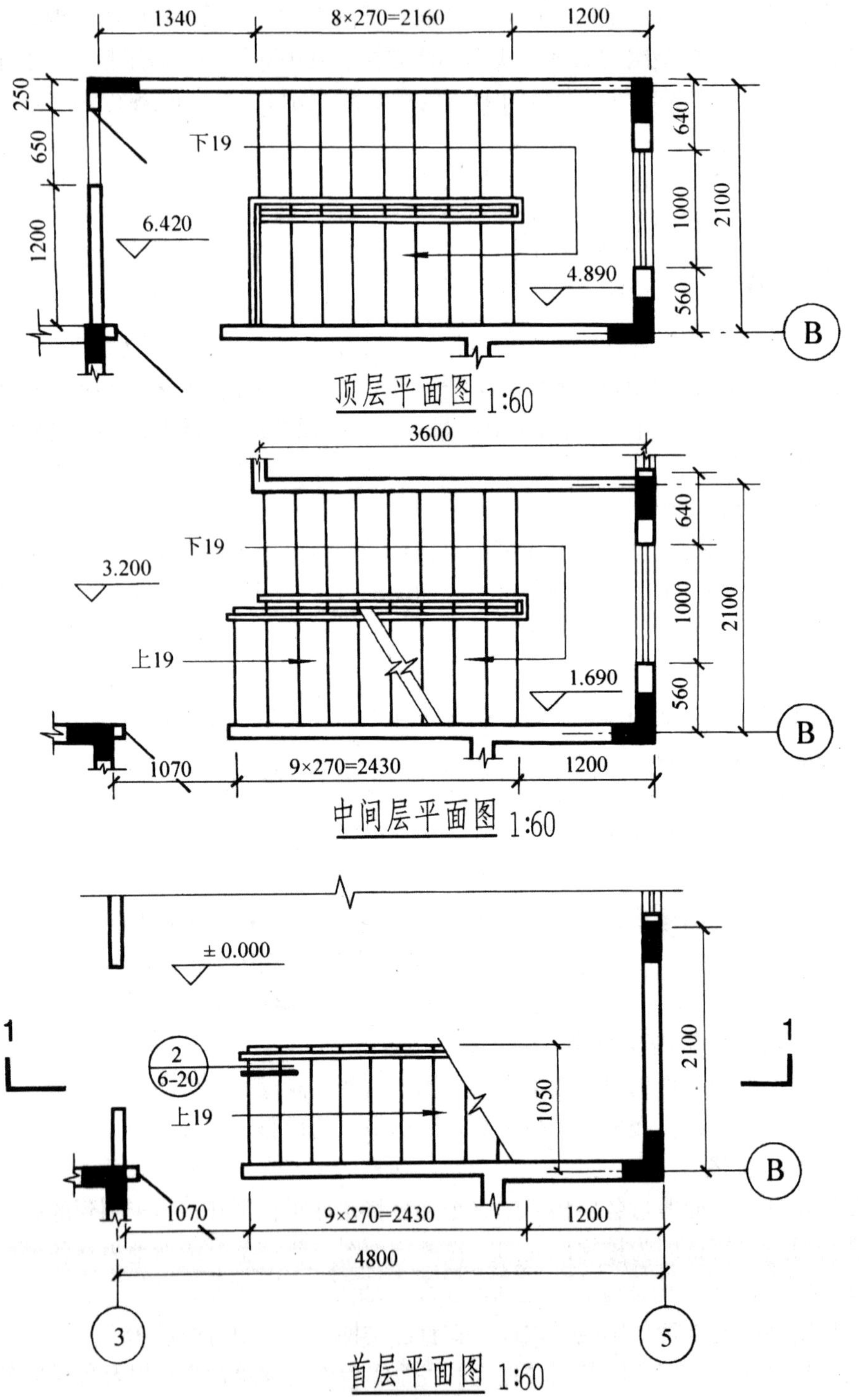

图 6-18 楼梯平面图

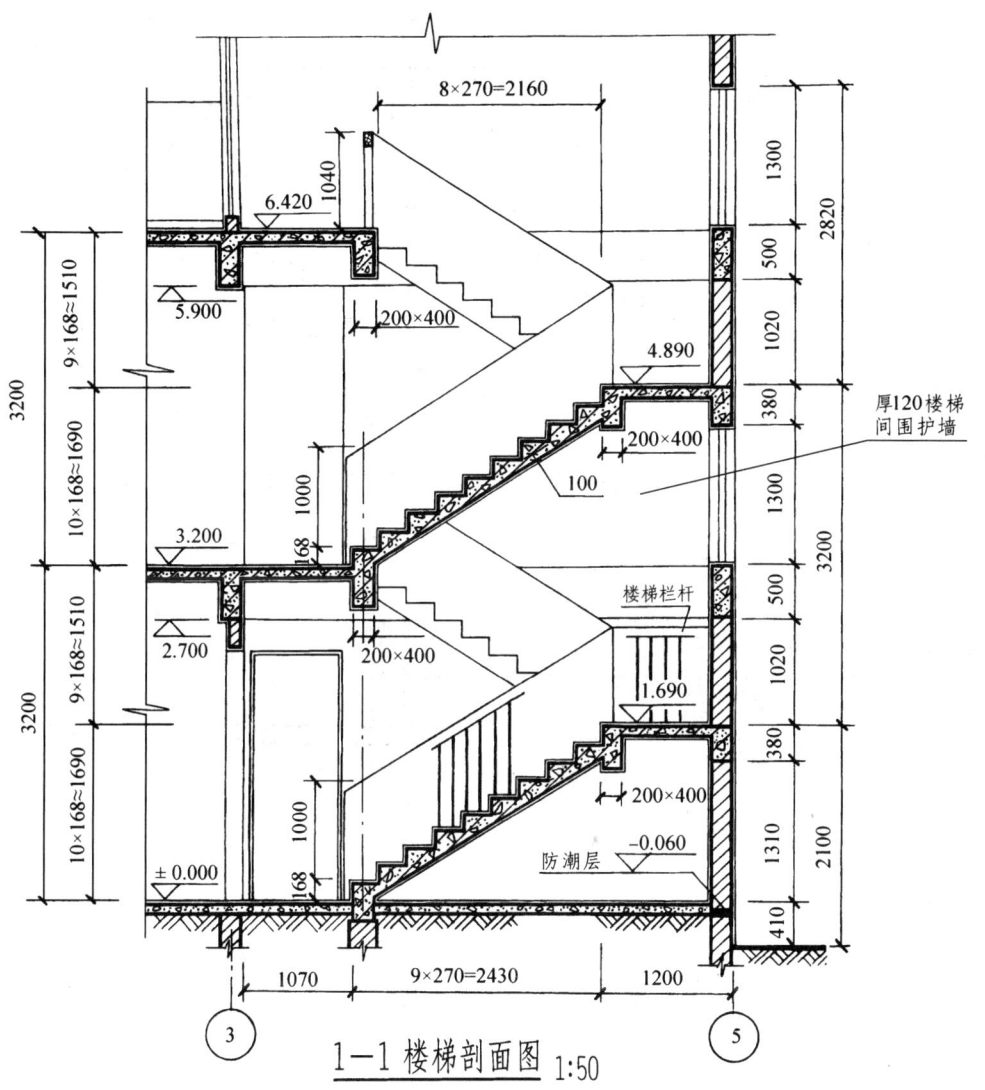

图 6-19 楼梯剖面图[1]

3. 楼梯细部详图

上述楼梯平面图、剖面图显然对建筑平面图、立面图、剖面图作了很好的补充，但还有一些细部，例如踏步的表面装修和栏杆扶手的做法等仍未能详尽地表达清楚。图6-20为以更大的比例画出的踏步、栏杆、扶手装修处理的细部详图。图中所示扶手高度1000，系指自踏面中点正上方的扶手表面至该踏面装修层上表面之间的距离。

注：[1]在图6-19中，其楼梯栏杆虽然是通透的，但按习惯，其后方的景物可视为不可见，而将它们画成虚线或省略不画。在该图中，楼梯栏杆还采用了简化画法。

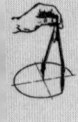

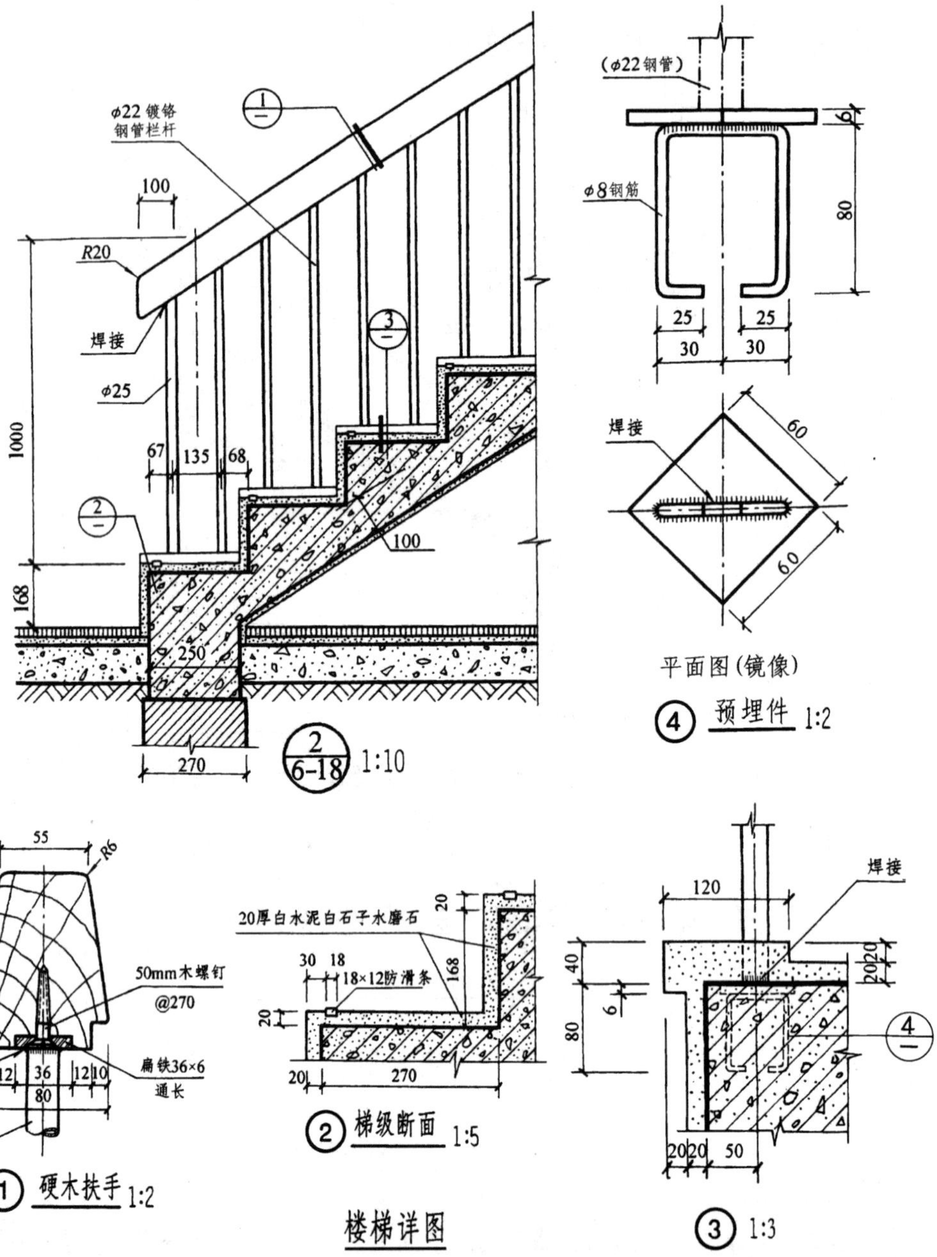
φ22镀铬
钢管栏杆
100
R20
焊接
φ25
1000
67
135
68
168
100
250
270
2
6-18
1:10
(φ22钢管)
6
φ8钢筋
80
25
25
30
30
焊接
60
60
平面图(镜像)
4
预埋件
1:2
55
R6
100
85
15
50mm木螺钉
@270
焊接
10
12
36
12
10
80
扁铁36×6
通长
φ22钢管
1
硬木扶手
1:2
20厚白水泥白石子水磨石
20
30
18
18×12防滑条
168
20
20
270
2
梯级断面
1:5
120
焊接
40
6
80
20
20
4
20
20
50
3
1:3
楼梯详图

图6-20　楼梯细部详图

附 钢筋混凝土结构的基本知识[①]

一、简介

混凝土是由水泥、石子、砂三者按某种配比加水拌和，经捣实、养护、硬化后而成的一种建筑材料。它的抗压强度较高，但抗拉、抗弯强度较低，容易断裂。为此，常将钢筋适当地配置在混凝土的受拉、受弯的区域内，使两种材料粘结成一整体，共同承受外力。这种配有钢筋的混凝土构件，称为钢筋混凝土构件。

1. 混凝土的强度等级（根据《GB 50107—2010 混凝土强度检验评定标准》）

混凝土按其抗压强度的不同，分为 C15、C20、C25、C30、C35、C40、C45、C50、C55、C60、C65、C70、C75、C80 共十四级。例如，测得标准试件的强度标准值为 20 MPa 时，其强度等级定为 C20。

混凝土强度等级的获得与水泥、石子、砂的品质、配比，以及用水量和施工操作是否规范有关。任何工程中钢筋混凝土结构的混凝土强度等级不应低于 C15；当采用 HRB335 级钢筋时，混凝土强度等级不宜低于 C20；当采用 HRB400 和 RRB400 级钢筋以及承受重复荷载的构件时，混凝土强度等级亦不得低于 C20。

2. 钢筋的种类、等级和作用

在《GB 50010—2010 混凝土结构设计规范》中，对国产的建筑用热轧钢筋，按其产品种类、强度值等级和直径范围的不同，分别给予不同的符号表示，以便标注及识别，如表 6-4 所示。

表 6-4 钢筋种类、代表符号和直径范围

牌 号	符 号	公称直径 d (mm)	抗屈服强度 f_{yk} (N/mm²)	备 注
HPB300	ϕ	6～22	300	热轧光圆钢筋
HRB335	ϕ	6～50	335	热轧带肋钢筋
HRBF335	ϕ^F			细晶粒带肋钢筋
HRB400	ϕ	6～50	400	热轧带肋钢筋
HRBF400	ϕ^F			细晶粒带肋钢筋
RRB400	ϕ^R			余热处理钢筋
RRB500	ϕ	6～50	500	热轧带肋钢筋
HRBF500	ϕ^F			细晶粒带肋钢筋

表 6-4 中的 HRB 为热轧带肋钢筋，H、R、B 分别为热轧（hot rolled）、带肋（ribbed）、钢筋（bars）三个词的英文首位字母。HPB 为热轧光圆钢筋，RRB 为余热处理

注：① 本节内容供自学和必要时参考。

钢筋，HRBF 为细晶粒带肋钢筋。常用的钢筋有热轧光圆钢筋（俗称圆钢）和热轧带肋钢筋（俗称螺纹钢）。圆钢（HPB300）一般采用的直径为 6 mm、8 mm、10 mm、12 mm。

图 6-21 所示为钢筋在混凝土构件中所起的作用及其名称。

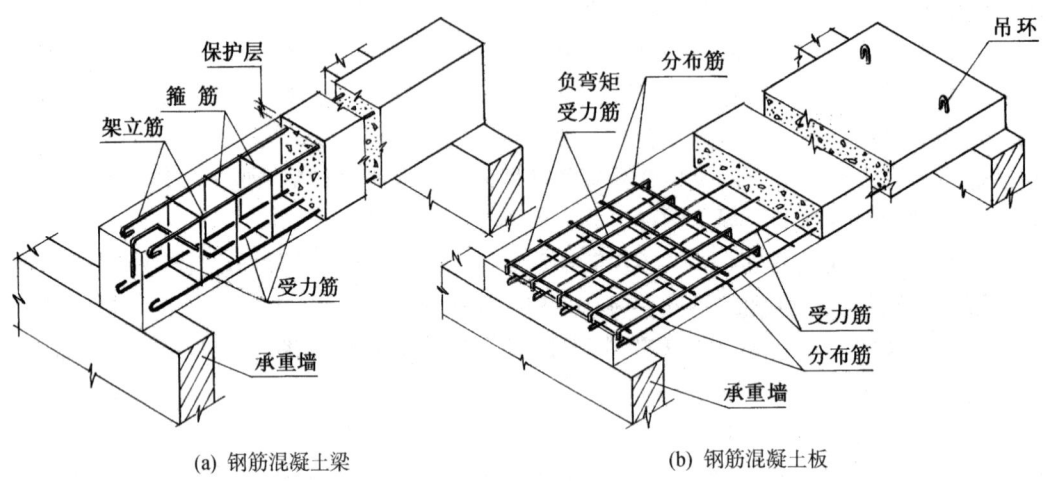

(a) 钢筋混凝土梁　　　　　　　　(b) 钢筋混凝土板

图 6-21　钢筋在构件中的作用和名称

（1）受力筋：在构件中主要承受拉、压应力的钢筋。在梁、板中通常是配置在底层的直筋或两端弯起的弯筋。

（2）箍筋：在构件中用来固定受力筋位置的钢筋。

（3）架立筋：用来固定梁内箍筋位置的钢筋。它与受力筋、箍筋一起构成梁内的钢筋骨架。

（4）分布筋：用来固定板内受力筋位置的钢筋。其方向通常与受力筋垂直，与受力筋一起构成板内的钢筋骨架。

（5）构造筋：因构造上或施工安装时的需要而配置的钢筋，如预埋锚固筋、吊环等。

3. 钢筋的弯钩和保护层

为了加强钢筋与混凝土之间的黏结力，防止钢筋在受拉时松动，对承受拉力的钢筋的两端一般都做成如图 6-22 所示的弯钩。

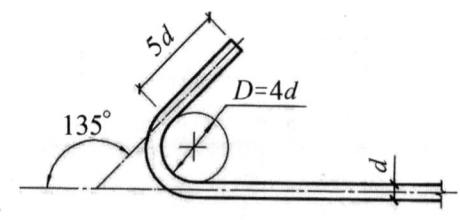

图 6-22　钢筋的弯钩

为了保护钢筋（防腐蚀、防火）和保证钢筋与混凝土之间的黏结力，钢筋的外皮至构件的表面应有一定的距离，这个距离之间的混凝土层叫钢筋保护层（图 6-21a），它们的厚度一般为 15～25 mm，具体厚度在施工规范中有明确的规定。

二、钢筋混凝土结构图的图示特点

为了突出表达钢筋混凝土内部钢筋配置的情况，制图时，规定将混凝土视为透明体，用中实线表示混凝土构件的外形轮廓，用粗实线表示钢筋；在断面图中，则用黑圆点表示钢筋的断面。在这种配筋图中，规定不画钢筋混凝土的材料图例。同时，为了在配筋图中清楚地表示出钢筋有无弯钩，以及它们相互搭接等情况，还可参照表6-5所示的图例绘制。

表6-5 配筋图中钢筋的表示方法（摘自《GB/T 50105—2010建筑结构制图标准》）

名　称	图　例	说　明
无弯钩的钢筋端部		下图表示长短钢筋投影重叠时，可在短钢筋的端部用45°短画线表示
带半圆弯钩的钢筋端部		
带直弯钩的钢筋端部		
带丝扣的钢筋端部		
无弯钩的钢筋搭接		
带半圆弯钩的钢筋搭接		
带直弯钩的钢筋搭接		
预应力钢筋或钢绞线		用粗双点画线
预应力钢筋的横断面	+	粗十字

在配筋图中钢筋的标注有三种形式：

（1）在图中直接标注钢筋的根数、牌号符号和直径，或牌号符号、直径和间距等，如图6-23所示。

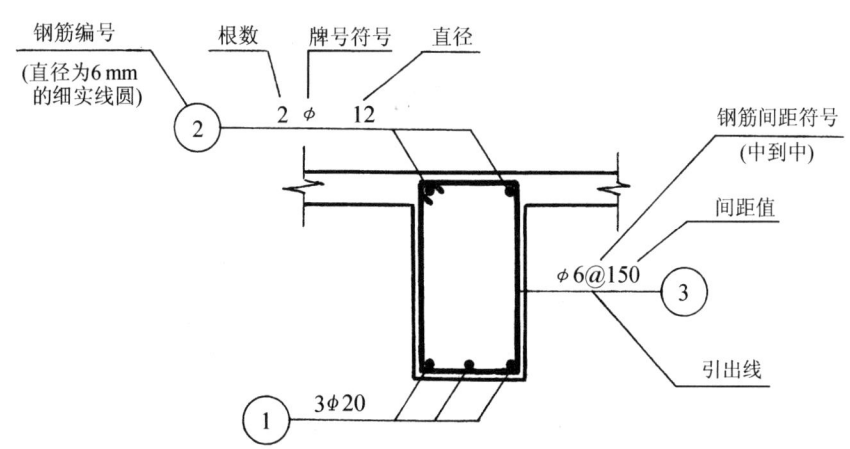

图6-23 钢筋的标注方法及其解释

（2）仅标注编号而另画钢筋详图或用附表说明，如图6-24、图6-27及其附表

6-6所示。

(3)根据《混凝土结构施工图平面整体表示方法制图规则和构造详图》(国家建筑标准设计图集 11G101-1)的规定,把结构构件的几何尺寸和配筋做法等,整体地用注写的方式表达在各类构件的平面图上。这种标注形式简称"平法",它对我国传统的混凝土结构施工图的设计制图方法作了重大的改革,并经中华人民共和国住房和城乡建设部"建质[2011]110号"文批准,自2011年9月1日起在全国实施。

三、钢筋混凝土梁结构详图的识读

图 6-24 所示是按传统的设计制图方法绘制的某砖混结构住宅的单跨简支梁的结构详图。

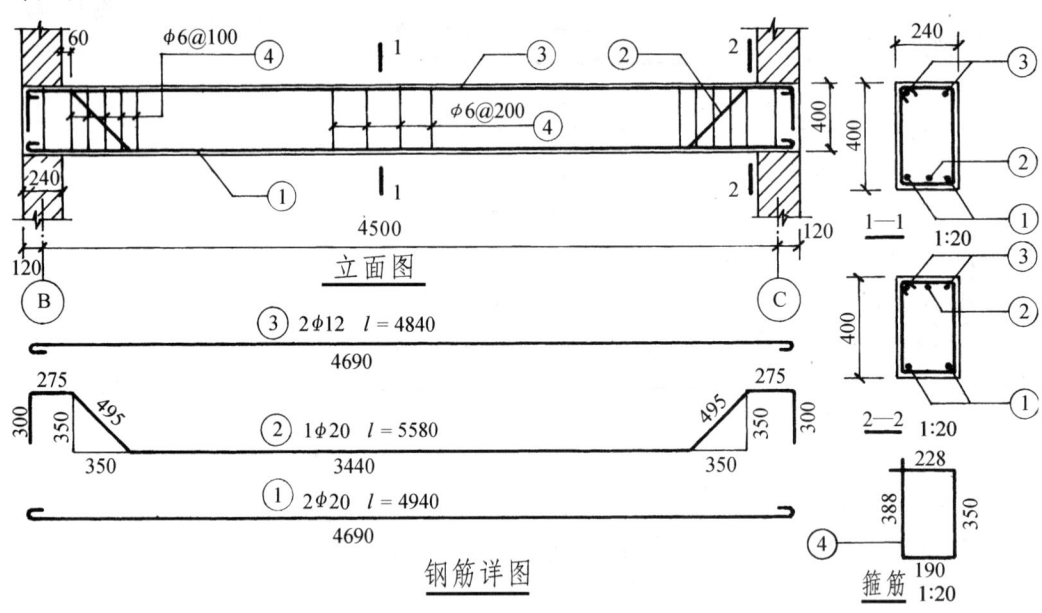

图 6-24　钢筋混凝土梁结构详图

从该图可知,该单跨简支梁的跨度为 4500 mm,两端支承在轴线号为Ⓑ、Ⓒ的承重墙体上。由于该梁的两端在轴线外尚各有 120 mm 的长度,故该梁的全长实为 4740 mm。又从该梁的断面图可知,该梁为 240 mm × 400 mm 的矩形梁。

现在看它的配筋情况。从 1—1 断面图可知,在该梁的底部总共配置有三条受力筋,但在 2—2 断面图中,中间的②号筋两端"跑"到了梁的顶部,于是结合立面图和钢筋详图以及表 6-4 可获得以下信息:

(1)①号筋为两条位于梁底部通长的、直径为 20 mm,而且两端带弯钩的 HRB335 热轧带肋钢筋。其下料尺寸 $l = 4940$ mm(含两个弯钩长度 $2 \times 6.25d$,d 为钢筋直径);其净长 $= 4500$ mm $+ 2 \times 120$ mm 再减去两端的保护层厚度各 25 mm,即等于 4690 mm。

(2)②号筋位于两条①号筋的中间,亦为直径 20 mm 的 HRB335 热轧带肋钢筋,但此钢筋的两端作 45°弯起,弯起后在离内墙面 60 mm 处又折平伸入墙体,而后再在离外墙面一个保护层厚度(25 mm)处折向梁的底部,折后端部不再作弯钩,下料尺寸 $l =$

5580 mm，各折点之间的长度分别用数字注明，见图中详图所示。

（3）在梁的顶部配置有两条直径为 12 mm 的架立筋（③号筋）。它们与受力筋一起，每隔 200 mm（两端加密每隔100 mm）用直径为 6 mm 的箍筋（④号筋）绑成钢筋骨架。这两条架立筋也是 HRB335 热轧带肋钢筋，其箍筋则是 HPB300 热轧光圆钢筋。

现在再分析它的受力情况。显然，该简支梁承受的是由上面地板传来的均匀荷载。两端作为支点，中段受力后向下弯曲，即梁底承受拉力、梁顶承受压力，受力情况以正中部位为甚；该梁的两端同时承受剪力和斜拉力。这些剪力、斜拉力由所配置的弯起钢筋和箍筋承担。如果在作室内装修时，忽视建筑结构构件的受力情况，例如随意将该简支梁的一个支点拆除（即拆去一道承重墙），或将支点移到梁的中段某一位置上，或在梁的中段任一位置上增设较大的集中载荷，这样做都将破坏该梁的力学性能，势必造成有关居室的安全隐患，甚至发生事故。

四、钢筋混凝土楼层结构平面图的识读

钢筋混凝土楼层结构平面图，是假想用剖切平面沿结构层的上表面将房屋剖开后向下投射所得的正投影图。同前述一样，规定将混凝土视为透明体，用中实线表示结构层的可见轮廓，对结构层下方不可见的梁、柱、墙等构件的轮廓则用中虚线表示。对所配置的钢筋仍用粗实线表示，但规定在图中不画分布筋，以保持图面清晰。对被剖切到的框架柱的断面一般用涂黑表示，或用粗实线画出其轮廓并画入材料图例。

在结构平面图中表示钢筋，还有一个特殊的问题，即在同一板中有的受力筋配置在板的底层，有的受力筋却配置在板的顶层（图 6-26a），它们在二维的平面图中是如何表示的呢？

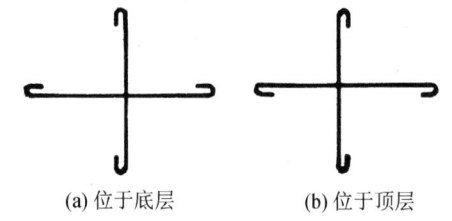

图 6-25　双层钢筋在平面图中的表示法

对于这个问题，《GB/T 50105—2010 建筑结构制图标准》作了如图 6-25 所示的特殊规定：

①凡位于板底层的钢筋，其弯钩应画成向上或向左。
②凡位于板顶层的钢筋，其弯钩应画成向下或向右。

图 6-26b 的结构平面图中的双层钢筋，就是按照这个规定绘制的。识图时对该图可这样理解：

这是一块现浇板，其左端支承在轴线①的墙体上，在板底垂直于轴线的一个方向上配置了间距为 150 mm、直径为 ϕ 10 mm 的一系列受力筋，用间距为 300 mm、直径为 ϕ 6 mm 的分布筋固定；又在板顶支座处同一个方向上配置了一系列负弯矩受力筋 ϕ 10@200（单位：mm，下同），这些钢筋自轴线①起伸入板内 600 mm，也用分布筋 ϕ 6@300 固定。

这种只在一个方向上配置受力筋的板称为单向板。如果在两个互相垂直的方向上都配置了受力筋的板，则称为双向板。

图 6-27 为按传统的设计制图方法绘制的某独院式框架结构住宅的二层结构平面图（含表 6-6），现在对它进行识读。

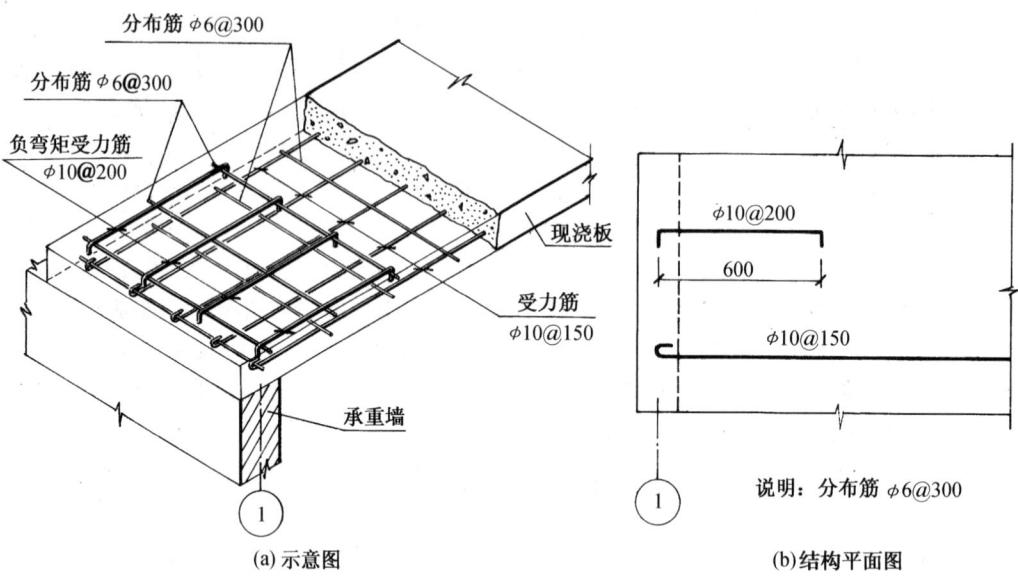

(a) 示意图　　　　　　　　　　　　(b) 结构平面图

图 6-26　结构平面图中钢筋的表示法

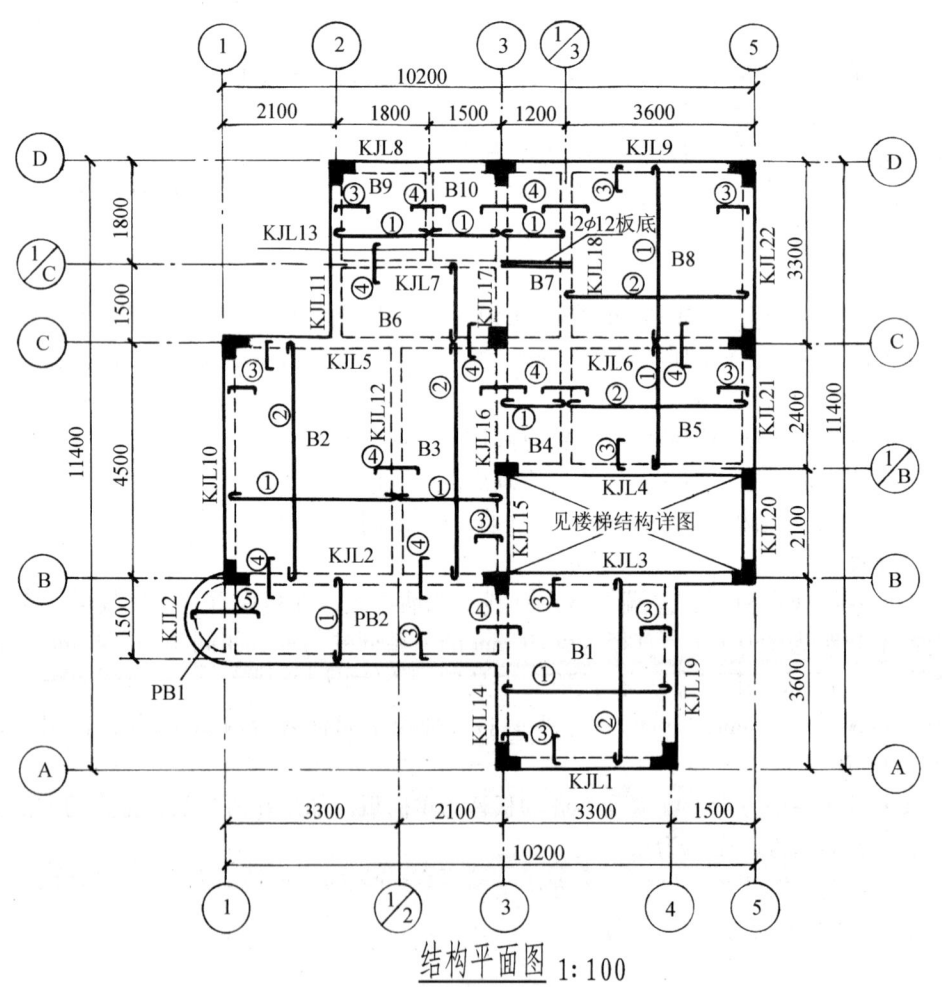

结构平面图 1:100

图 6-27　某独院式框架结构住宅的二层结构平面图

表6-6 钢筋混凝土板表（局部）

单位：mm

板号	板厚	板底受力筋 ①（短向） 直径与间距	曲直	长度	②（长向） 直径与间距	曲直	长度	支座负弯矩受力筋 ③ 直径与间距	伸入板内长度 本板	邻板	④ 直径与间距	伸入板内长度 本板	邻板	⑤ 直径与间距	伸入板内长度 本板	邻板
B1	90	φ10@180	直	3430	φ10@200	直	3575	φ6@200	900		φ6@200	800	800			
PB2	90	φ8@150	直	1565							φ6@200	800	800	φ12@120	900	适量
B2	90	φ10@130	直	3275	φ10@200	直	4565	φ6@200	700		φ6@200	800	800			
⋮																
B8	90	φ8@150	直	3275	φ8@200	直	3575	φ6@200	900		φ6@200	800	800			

说明：
1. 混凝土强度等级C20。
2. 钢筋牌号均为HPB330热轧光圆钢筋。
3. 保护层厚15 mm（受力筋端部至外墙面则为25 mm）。
4. 表内钢筋长度未包括弯钩在内。
5. 双向板板底的短向钢筋应布置在长向钢筋的下边。
6. 支座负弯矩受力筋的长度均从有关支端的轴线算起。
7. 分布筋均用φ6@300，其长度由所在开间决定。

1. B1 板

从图样中找出标示为 B1 的区域，结合表 6-6 可知，该板为双向板，板厚 90 mm；在板底配置了两个方向上的受力筋①号筋和②号筋。其中，短向的①号筋为 $\phi10@180$，长 3430 mm；长向的②号筋为 $\phi10@200$，长 3575 mm。在 B1 板的四周还分别配置了支座负弯矩受力筋③号筋和④号筋，它们均配置在 B1 板的顶层。其中，③号筋为 $\phi6@200$，伸入本板内 900 mm；④号筋也为 $\phi6@200$，但横跨在轴线（支座）上，向两边板内各伸入800 mm。该板的分布筋均为 $\phi6@300$，长度见表 6-6 的说明。

2. PB2 板

从图样中找出标示为 PB2 的区域，结合表 6-6 可知，该板为单向板，只在板底的短向上配置了受力筋①号筋，而板顶的负弯矩受力筋，除了③号筋、④号筋之外还配置了⑤号筋。

对 B2、B8 板请读者自行识读，其余从略。

但在这里还要提请留意的是：

（1）在轴线⑫处的框架梁 KJL12，是专门为了支承该住宅第二层（参阅图 6-14）的主卧室与过厅之间的间墙而设置的。

（2）又由于该住宅第二层东北角的卧室相对于首层厨房的入口来说，其入口的位置做了改变，即在定位轴线③、ⓒ外增设了两道间墙（含房门），致使该处的楼板承受了两个方向上的集中载荷。为了支承这些载荷，从图 6-27 可见，一方面增设了位于附加轴线⑬处的框架梁 KJL18，另一方面又在 B7 板板底相应的位置上增设了两条 $\phi12$ 的受力筋。

从这两个结构处理的例子可以得到启示：如果不是预先增设了框架梁或板底受力筋，而要在该楼层中再作室内装修时，随意移动间墙的位置，即随意在没有框架梁或板底受力筋的地方增加集中载荷，是不适宜的。因为这样做会破坏该楼层结构的安全性。如果实在要变动室内开间的大小而增设间墙，则应采用轻质材料，例如用木龙骨做骨架，外加罩面板材作隔断处理，以免产生过大的集中载荷。

五、用"平法"表示的梁、板结构平面图的识读

"平法"的表达形式是把结构构件的几何尺寸和配筋做法等，整体地直接用注写的方式表达在各类构件的平面图上。采用"平法"绘制施工图时，应将所有梁、板等构件进行编号，以便与前述的《混凝土结构施工图平面整体表示方法制图规则和构造详图》建立对应关系。也就是说，初学者在识图时要结合查阅《混凝土结构施工图平面整体表示方法制图规则和构造详图》，才能把这些施工图真正看懂。

下面简单介绍用"平法"表示的梁、板结构施工图的设计制图方法的一般知识。

1. 梁

图 6-28 所示是某独院式框架结构住宅二层梁的"平法"施工图（即结构平面图），可见它是把各条梁的几何尺寸和配筋做法等，整体地直接用注写的方式表达在该二层平面图上的。采用这样的表达方法，免除了如图 6-24 那样逐一绘制每条梁的施工图的麻烦。

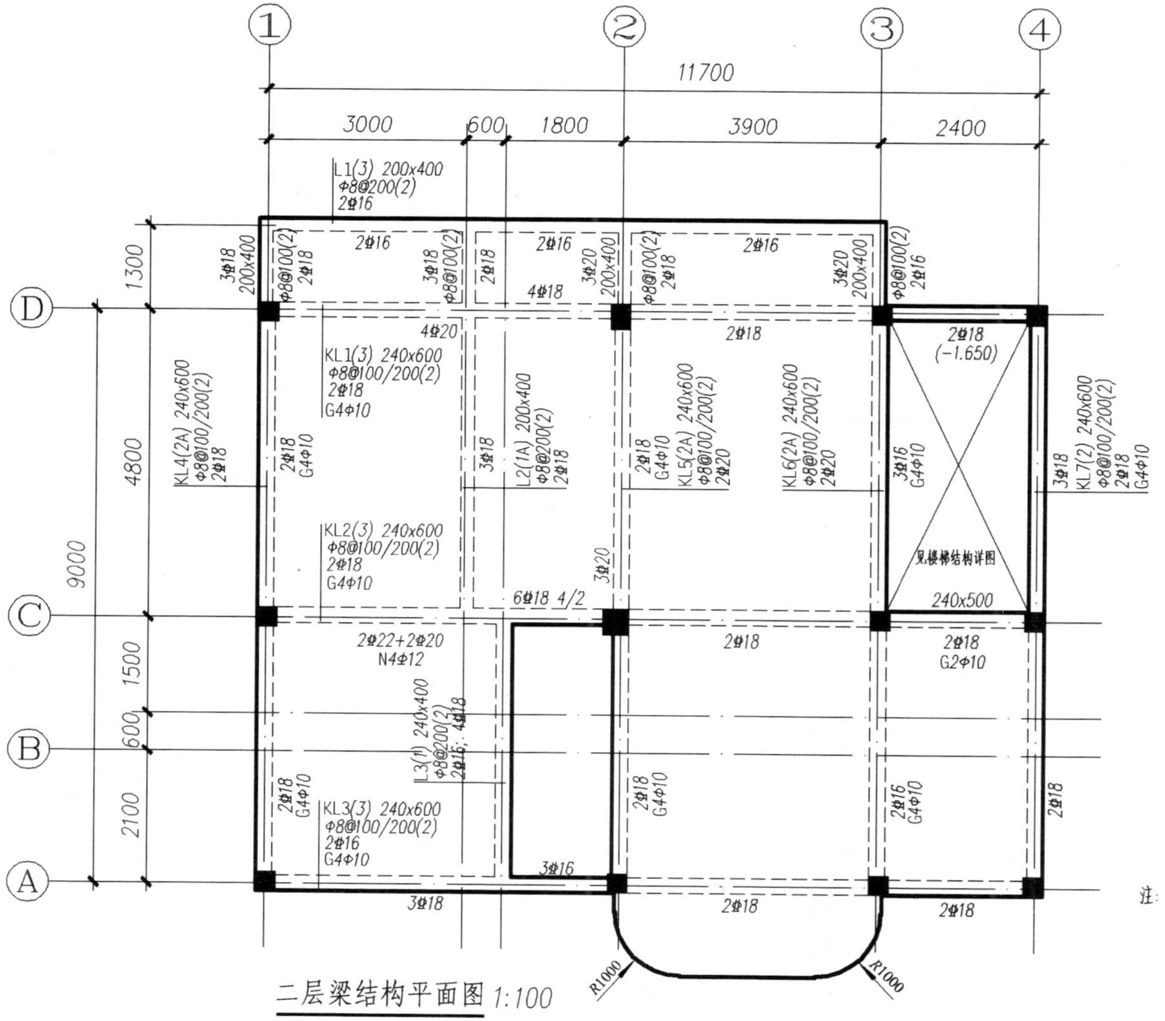

图 6-28 框架结构住宅二层梁"平法"施工图

层号	标高(m)	层高(m)
屋面2	14.900	3.30
屋面1	11.600	3.30
3	8.300	3.30
2	5.000	3.30
1	0.000	3.30

楼层结构标高及层高

注：可在结构层楼面标高、结构层高表中加设混凝土强度等级等项目。

那么，在该图中各条梁的注写是怎样的方式呢？现举例说明如下：

图6-29是图6-28所示的梁"平法"施工图中的现浇梁KL2(3)的平面注写方式。

按"平法"规定，平面注写有集中标注与原位标注两种方式，集中标注表达梁的通用数值，原位标注表达梁的特殊数值。当集中标注中的某项数值不适用于梁的某部位时，则将该项数值原位标注，施工时，原位标注取值优先。

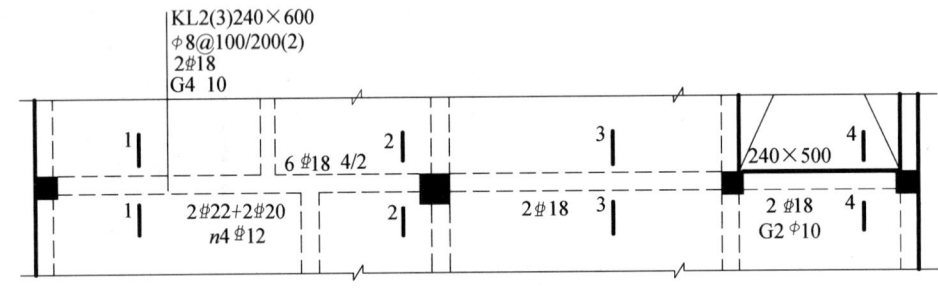

(a) 平面注写方式

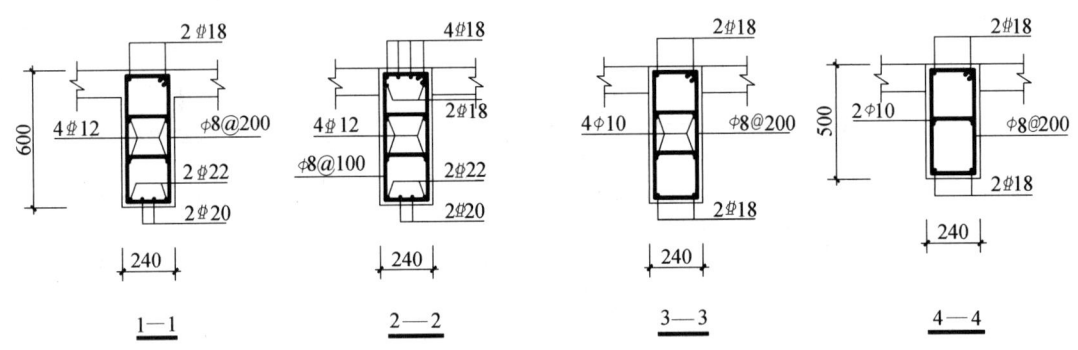

(b) 传统表达方式(断面图)

图6-29 梁的平面注写方式示例

注：本图中的四个断面图系采用传统表达方式绘制的，用于对比按平面注写方式表达的同样内容。实际上采用平面注写方式表达时，不需绘制梁的断面配筋图和图6-29a中的剖切位置线。

(1) 集中标注

梁集中标注的内容，有五项必注值及一项选注值（集中标注可以从梁的任意一跨引出），规定如下：

①梁编号，见表6-7，该项为必注值。如图6-29中集中标注KL2(3)。

表6-7 梁编号

梁类型	代号	序号	跨数及是否带有悬挑
楼层框架梁	KL	××	(××)、(××A) 或 (××B)
屋面框架梁	WKL	××	(××)、(××A) 或 (××B)
非框架梁	L	××	(××)、(××A) 或 (××B)
悬挑梁	XL	××	

注：(××A) 为一端有悬挑，(××B) 为两端有悬挑，悬挑不计入跨数。

②梁截面尺寸，该项为必注值。如图6-29中集中标注240×600所示。

③梁箍筋，包括钢筋级别、直径、加密区与非加密区间距及肢数，该项为必注值。如图6-29中集中标注$\phi 8@100/200(2)$表示箍筋为HPB300钢筋，直径为$\phi 8$，加密区间距为100，非加密区间距为200，两肢箍。

④梁上部通长筋或架立筋配置，该项为必注值。如图6-29中集中标注$2\phi 18$，表示上部通长筋为两根HRB400钢筋，直径为$\phi 18$。

⑤梁侧面纵向构造钢筋或受扭钢筋配置，该项为必注值。当梁侧面需配置纵向构造钢筋时，此项注写值以大写字母G打头；如图6-29中集中标注$G4\phi 10$，表示梁的两个侧面共配置$4\phi 10$的纵向构造钢筋，每侧各配置$2\phi 10$。当梁侧面需配置受扭纵向钢筋时，此项注写值以大写字母N打头。

⑥梁顶面标高高差，该项为选注值。梁顶面标高高差，系指相对于结构层楼面标高的高差值。有高差时，需将其写入括号内，无高差时不注。

注：当某梁的顶面高于所在结构层的楼面标高时，其标高高差为正值，反之为负值。

（2）原位标注

梁原位标注的内容规定如下：

①梁支座上部纵筋。该部位含通长筋在内所有纵筋。如图6-29中原位标注$6\phi 18$ 4/2，表示梁支座上部纵筋一共为$6\phi 18$，上一排纵筋为$4\phi 18$，下一排纵筋为$2\phi 18$，参见断面2—2。

②梁下部纵筋。如图6-29中原位标注$2\phi 22+2\phi 20$，表示梁下部纵筋同排有两种直筋，角部纵筋为$2\phi 22$，中部纵筋为$2\phi 20$，参见断面1—1。

③当在梁上集中标注的内容（即梁截面尺寸、箍筋、上部通长筋或架立筋，梁侧面纵向构造钢筋或受扭纵向钢筋，以及梁顶面标高高差中的某一项或几项数值）不适用于某跨或某悬挑部分时，则将其不同数值原位标注在该跨或该悬挑部位，施工时应按原位标注数值取用。

2. 板

楼盖板"平法"施工图（以下简称板平法施工图），是在楼面板和屋面板布置图上，同梁一样采用平面注写的一种表达方式。板平面注写主要包括板块集中标注和板支座原位标注两种形式。与梁不同的是，为方便设计表达和施工识图，规定结构平面的坐标方向为：当两向轴网正交布置时，图面从左至右为X向，从下至上为Y向；当轴网转折时，局部坐标方向顺轴网转折角度做相应转折；当轴网向心布置时，切向为X向，径向为Y向。

下面以图6-30所示的某住宅二层板平法施工图来说明板块集中标注和板支座原位标注的表示方法。

（1）板块集中标注

板块集中标注的内容为：板块编号、板厚、贯通纵筋，以及当板面标高不同时的标高高差。

①板块编号按表6-8的规定。所有板块应逐一编号，相同编号的板块可择其一做集中标注，其他仅注写置于圆圈内的板编号，以及当板面标高不同时的标高高差。

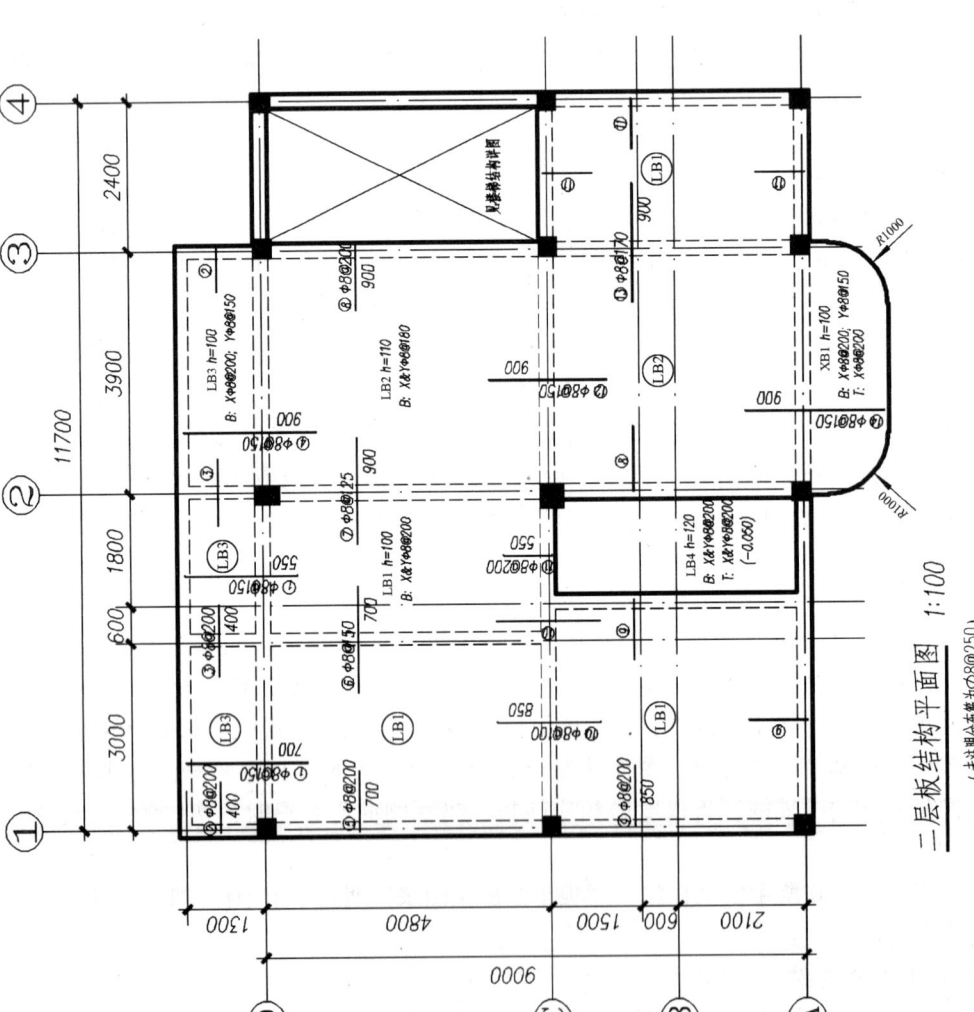

图 6-30 某框架结构住宅二层板"平法"施工图

表6-8 板块编号

板 类 型	代 号	序 号
楼 面 板	LB	××
屋 面 板	WB	××
悬 挑 板	XB	××

②板厚注写为 $h=×××$（为垂直于板面的厚度）；当设计已在图注中统一注明板厚时，此项可不注。

③贯通纵筋按板块的下部和上部分别注写（当板块上部不设贯通纵筋时则不注），并以 B 代表下部，以 T 代表上部，$B\&T$ 代表下部与上部；X 向贯通纵筋以 X 打头，Y 向贯通纵筋以 Y 打头，两向贯通纵筋配置相同时则以 $X\&Y$ 打头。

④板面标高高差，系指相对于结构层楼面标高的高差，应将其注写在括号内，且有高差则注，无高差不注。

例6-1 如图6-30中有一楼面板块注写为：LB1　$h=100$
$$B：X\&Y\phi8@200$$

它表示1号楼面板，板厚100，板下部配置的贯通纵筋 X 向为 $\phi8@200$，Y 向为 $\phi8@200$；板上部未配置贯通纵筋。

例6-2 如图6-30中有一楼面板块注写为：LB3　$h=100$
$$B：X\phi8@200；Y\phi8@150$$

它表示3号楼面板，板厚100，板下部配置的贯通纵筋 X 向为 $\phi8@200$，Y 向为 $\phi8@150$；板上部未配置贯通纵筋。

例6-3 如图6-30中有一楼面板块注写为：LB4　$h=120$
$$B：X\&Y\phi8@200\quad T：X\&Y\phi8@200$$
$$(-0.050)$$

它表示4号楼面板，板厚120，板下部配置的两向贯通纵筋为 $\phi8@200$，板上部配置的两向贯通纵筋亦为 $\phi8@200$，板面标高高差为 -0.050。

同一编号板块的类型、板厚和贯通纵筋均应相同，但板面标高、跨高、平面形状以及板支座上部非贯通纵筋可以不同，如同一编号板块的平面形状可为矩形、多边形及其他形状等。

（2）板支座原位标注

板支座原位标注的内容为：板支座上部非贯通纵筋和悬挑板上部受力钢筋。

①板支座上部非贯通筋的布置一般有以下两种情况：

一是纵筋自支座中线向跨内伸出，可在线段下方标注伸出长度（图6-31a）。

二是中间支座上部非贯通纵筋向支座两侧对称伸出，可在支座一侧线段下方标注伸长长度，另一侧不注（图6-31b）。

②悬挑板上部受力钢筋的布置一般也有以下两种情况：

一是悬挑板与相邻结构层楼面板无标高高差，纵筋贯通全悬挑长度并伸入支座另一侧时，只注明支座另一侧的伸出长度值（图6-32a）。

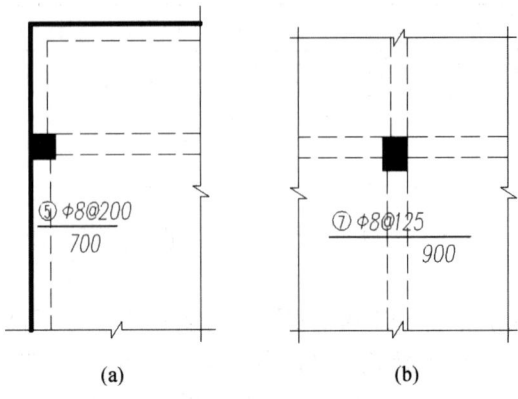

图 6-31 板支座上部非贯通筋

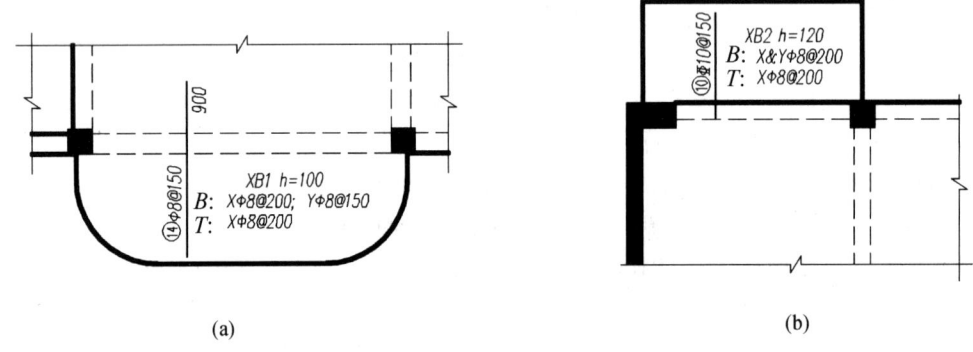

图 6-32 悬挑板上部受力钢筋

二是悬挑板与相邻结构层楼面板有标高高差，纵筋仅能贯通悬挑长度时，则不需注明长度值（图 6-32b）。

在板平面布置图中，不同部位的板支座上部非贯通纵筋及悬挑板上部受力钢筋，可仅在一个部位注写，对其他相同者则仅需在代表钢筋的线段上注写编号即可。

第7章 室内装修施工图

7.1 室内平面布置图

建筑是技术与艺术相结合的产物,建筑物的空间组合是建筑艺术构图的基础,而建筑平面及其布置则是最能反映建筑功能方面问题的场所。无论是建筑设计还是室内设计,通常都是从建筑平面设计或平面布置的分析入手。

作室内平面布置分析和绘制室内平面布置图时,一般在已有建筑平面图(建筑施工图)的基础上进行。如果没有现成的建筑平面图,这时就必须对现场进行测绘,弄清楚该现场的主要使用面积、辅助使用面积和交通联系部分的面积。即要在弄清楚该建筑物在水平方向上各个部分的组合关系之后,才能进一步绘制其室内平面布置图。[①]

室内平面布置图(以及其他装修施工图)的画法,目前在我国尚未制定有专门的统一标准,因此不同地区不同部门对这类图样的画法往往有所不同。不过其图示方法仍然都是采用直接正投影法,且绝大多数都是套用现行的建筑制图国家标准。

室内平面布置图的主要内容,是从建筑功能分区和装饰艺术创新且富于个性的角度出发,提出对室内空间的合理利用,明确各组成部分内的铺装、陈设、家具、灯饰、绿化和设备等的形式及其摆放位置和要求。

图7-1所示为第6章所述的某独院式住宅的首层平面布置图。对比图6-13该住宅的首层平面图可知:这两张图在轴线编号、内外墙体、门窗位置等方面的画法是完全相同的。但图7-1省略了建筑施工用的详细尺寸、地面标高和门窗编号,而用图例清晰形象地表示出各组成部分内所布置的各种物品和设施。这样做的目的是使人们在识图时能较直观地觉察到该室内平面布置设计的优缺点,从而认定该设计方案是否合理和可行。

室内平面布置图中用以表示各种陈设品和设备的图例目前也没有统一的规定,制图时可根据各种陈设品和设备的外观形象及尺寸大小,用细实线按比例大致画出它们的投影轮廓即可。其中,对于形象比较逼真的图例可不必加注说明;对形象特征不明显的图例最好用引出线标注出它们所表示对象的名称。

为了表明后面的图7-8"客厅C向立面图"与图7-1"平面布置图"之间的投影对应关系,在图7-1的客厅处还画入了一个指明投射方向及编号的内视符号。我国制图标准规定的内视符号有单面、双面和四面三种。符号中的圆圈用细实线绘制,其直径为8～12 mm,如图7-2所示。

注:①在这种情况下绘制的室内平面布置图,无须(也无从)像图7-1那样标注出各墙体的轴线编号和轴间尺寸,这时可改为标注各开间的净长、净宽尺寸,如图7-20所示。

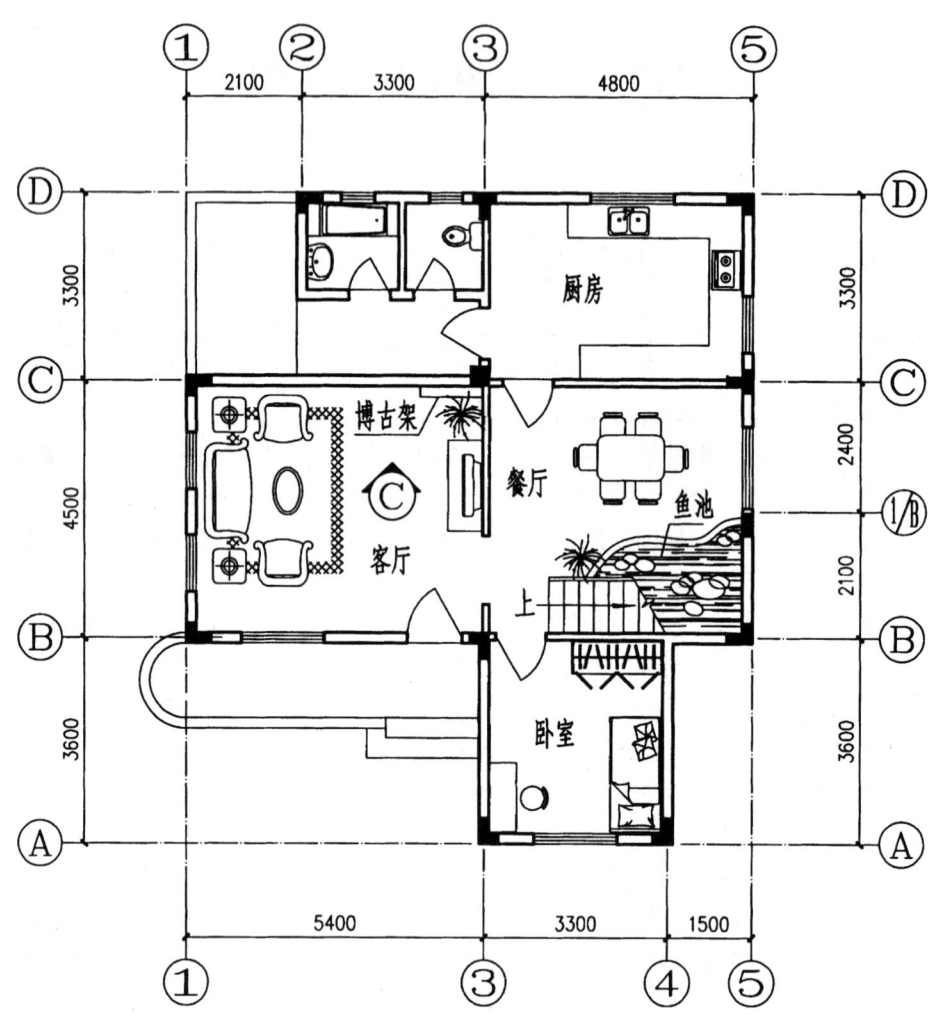

首层平面布置图 1:100

图 7-1 首层平面布置图

单面内视符号　　双面内视符号　　四面内视符号

图 7-2 内视符号

图7-3所示是上述同一幢住宅的二层平面布置图,其画法与图7-1基本相同。

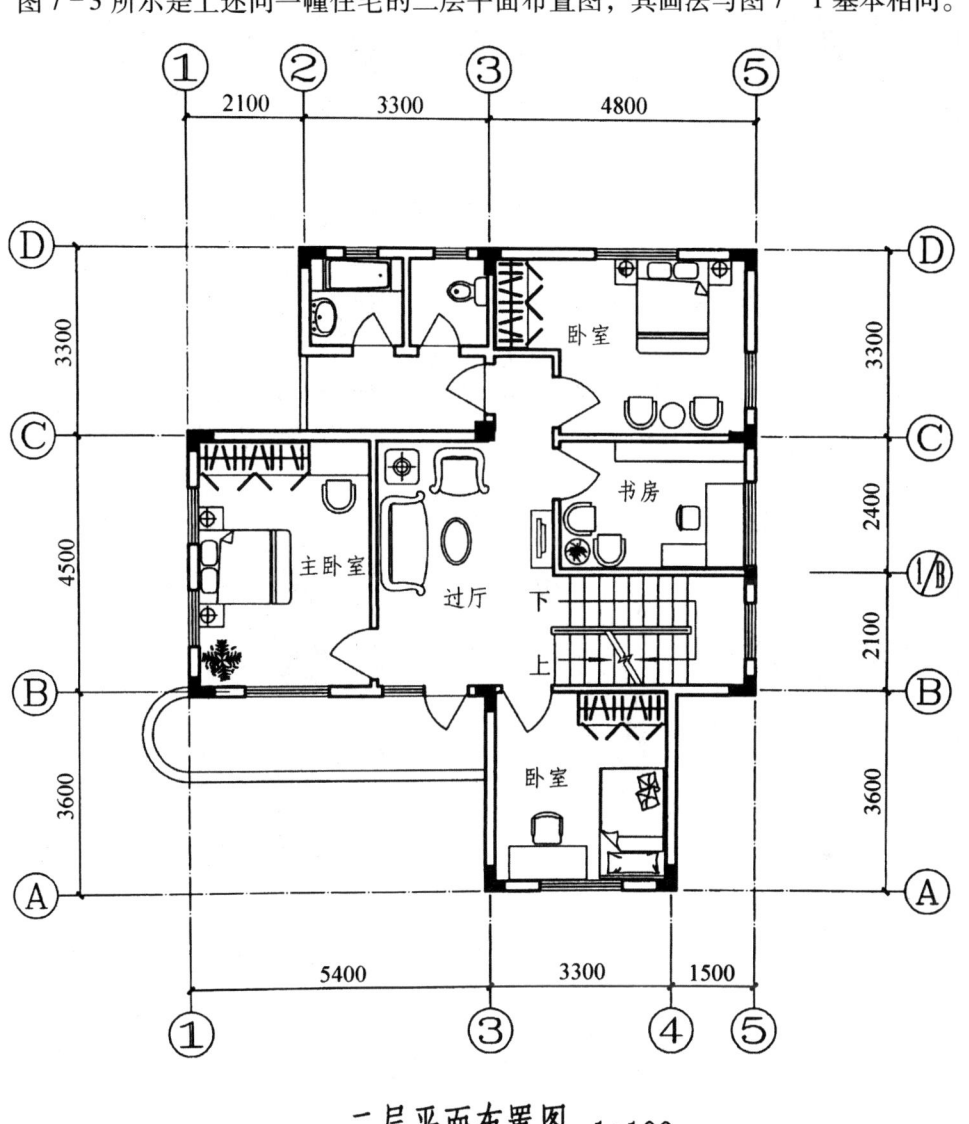

图7-3 二层平面布置图

在日常生活中人们的每个"行为"都要占有一定的空间。我们把完成每个行为时"人体动作""家具大小""附加空间"三者所占有的空间范围称为"行为单元"。作室内平面布置设计时,必须注意到有关"行为单元"所占有空间范围的大小。如果达不到这个范围大小就会使人觉得空间狭窄和环境不舒适。图7-4、图7-5所示分别是起居的行为单元和进餐的行为单元所占空间大小的尺度要求。有关这方面的知识,本书不作系统阐述,读者可参阅《人机工程学》或《室内设计》等专业书籍中的相关内容。

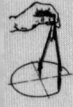

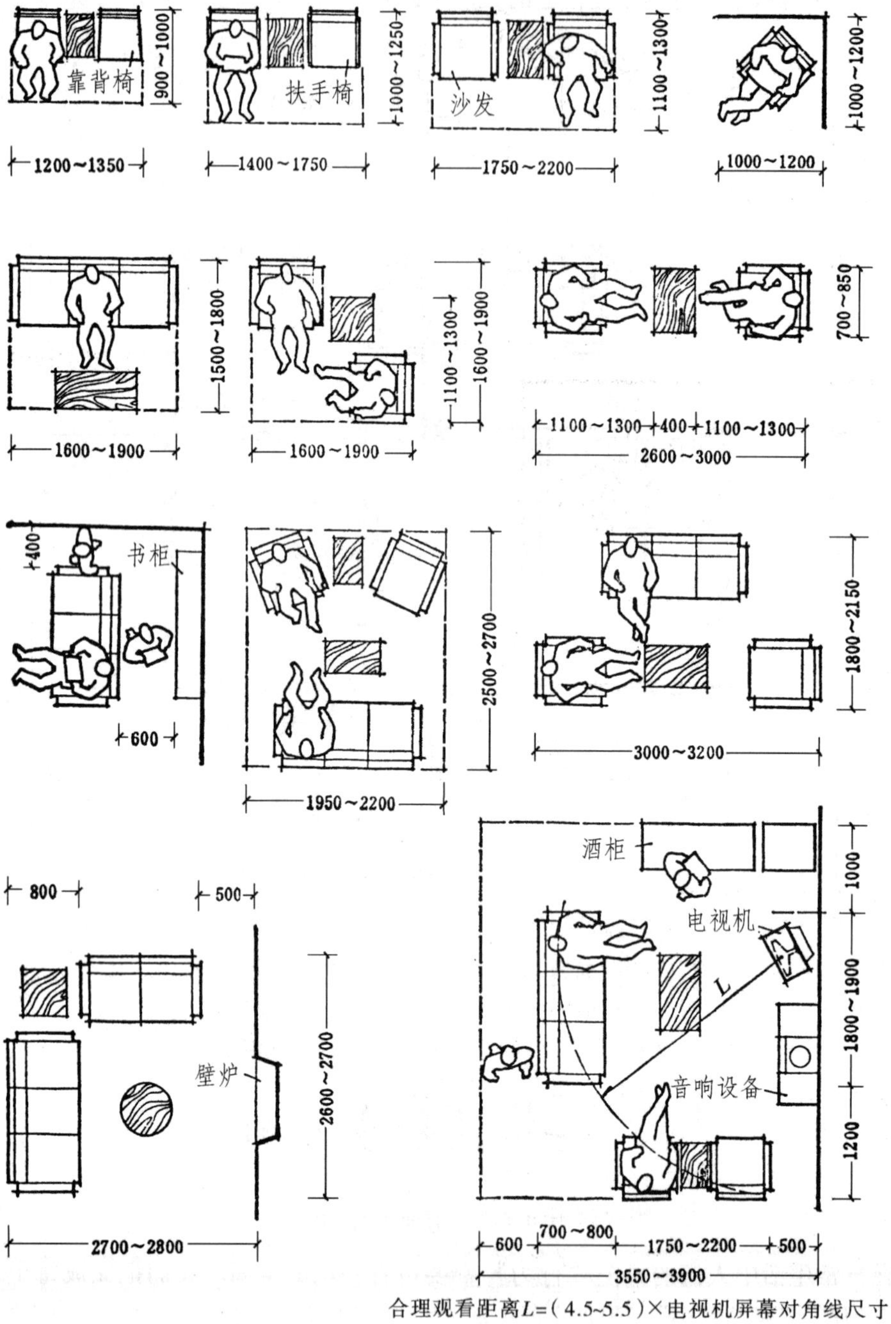

靠背椅
900～1000
1200～1350
扶手椅
1000～1250
1400～1750
沙发
1100～1300
1750～2200
1000～1200
1000～1200
1500～1800
1600～1900
1100～1300
1600～1900
1600～1900
700～850
1100～1300
400
1100～1300
2600～3000
400
书柜
600
2500～2700
1950～2200
1800～2150
3000～3200
800
500
壁炉
2600～2700
2700～2800
酒柜
电视机
L
音响设备
1000
1800～1900
1200
600
700～800
1750～2200
500
3550～3900
合理观看距离L=（4.5~5.5）×电视机屏幕对角线尺寸

图7－4　起居的行为单元

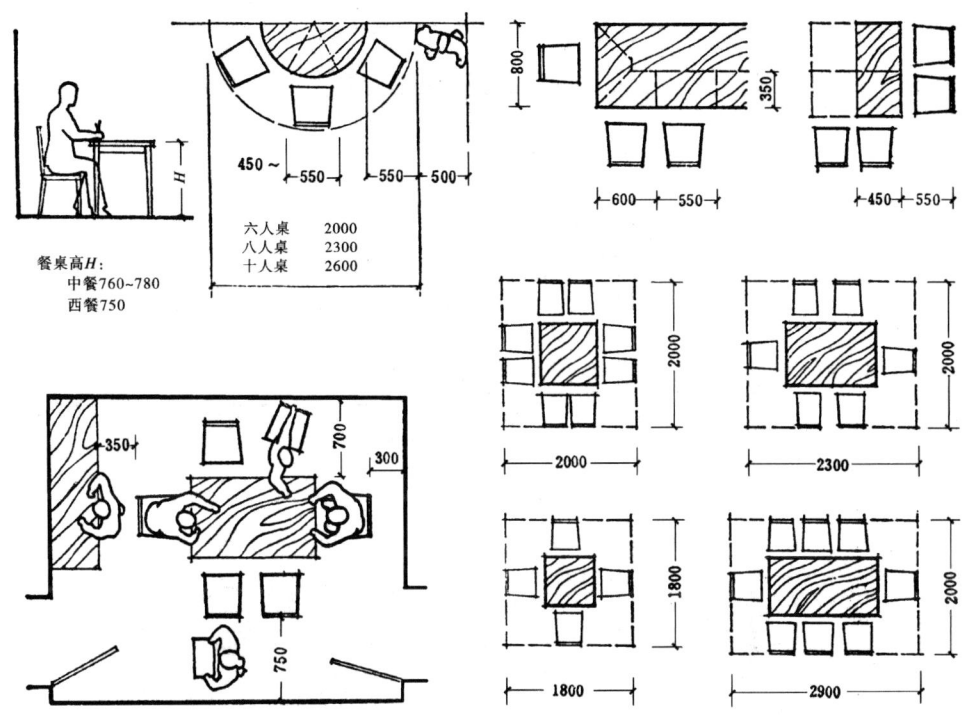

图7-5 进餐的行为单元

7.2 楼地面铺装图

楼地面铺装图的主要内容是根据建筑功能和平面布置设计提出的需要，明确地表示出楼地面各个部位所铺的材料及铺装后所达到的要求。对于由块材铺装的地面，应用细实线画出块材的分格线，以表示施工时的铺装方向（非整块时应安排在周边或较隐蔽的地方）。对于拼花造型的地面（例如花岗石拼花、木地板拼花）应表示出造型图案的式样，标注出它们的尺寸大小以及材料、色彩的名称等。

图7-6为上述住宅的"首层地面铺装图"。对照图6-13"首层平面图"可以看出，它是将该首层平面图省略了一些与地面铺装施工无关的内容，而加入了该层地面铺装材料的投影，并标注出相应材料的名称、规格而形成的。

图中各处地面的标高尺寸是装修完工后的尺寸。用引出线注写的"深色抛光耐磨砖波打线"的意义是：在客厅、餐厅的周边，要求用深色抛光耐磨砖铺装一条边框。"波打"是英语 border（边缘、边框）的音译。

此外，图中还在轴线 Ⓑ 和 ⑯ 之间画入了一个鱼池的图例，是为了充分利用楼梯底的空间，增加餐厅环境的一点情趣。由于此鱼池的边线为不规则曲线，不便于绘出具体的放样尺寸，故图中没有明确表示该部分的施工要求，可在施工时由有关人员现场商定处理。如果一定要将该不规则的曲线加以限定，可按图7-19中详图⑤所示的方法即坐标网格法绘制出它的详图。

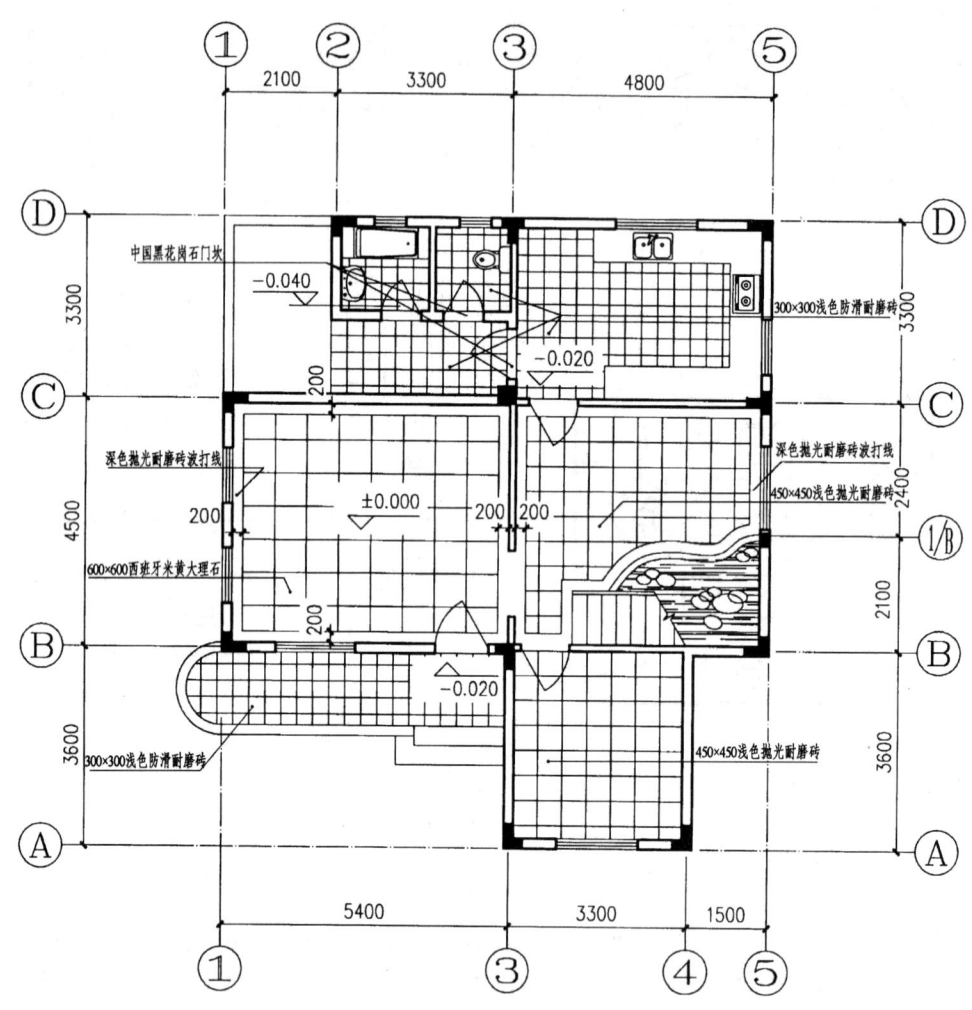

图 7-6 地面铺装图

7.3 顶棚装修图

顶棚又称天花,是指楼板层最下层的构造。顶棚的装修一般要求表面光洁、美观,且能起一定的反射光线的作用。

顶棚大都为水平式,也可做成弧形、高低形、折线形等。依其构造方式的不同,可有直接式顶棚和悬吊式顶棚之分。

直接式顶棚是指直接在钢筋混凝土楼板下表面喷、刷、粘贴装修材料的一种构造方式。一般建筑中没有特殊要求的顶棚大都采用直接式抹灰装修(做法之一见第 6 章第 6.2 节中的建筑施工总说明)。

悬吊式顶棚是借预埋于楼板内的吊筋将龙骨悬吊固定在某一高度的位置上，然后在龙骨底面铺设装饰面板或铺钉木板条后抹灰而形成。

顶棚装修图实质上是楼板层最底层的构造装修图。成套的顶棚装修图通常包括：顶棚平面图、节点构造详图和装饰详图等，详见有关专业书籍。下面仅介绍顶棚平面图的画法。

像地面铺装图一样，顶棚平面图也是利用该层的平面图改画而成的。不过顶棚平面图所采用的是镜像投影法（原理见第5章图5-2）。

图7-7为上述住宅的"首层顶棚平面图"。对照图6-13"首层平面图"可以看出，它是在该层平面图的基础上，加入了顶棚的镜像投影，省去了房间名称、门窗、房屋施工用的详细尺寸，而注出了顶棚材料和各装饰件的名称、规格、尺寸以及顶棚底面的标高而形成的。

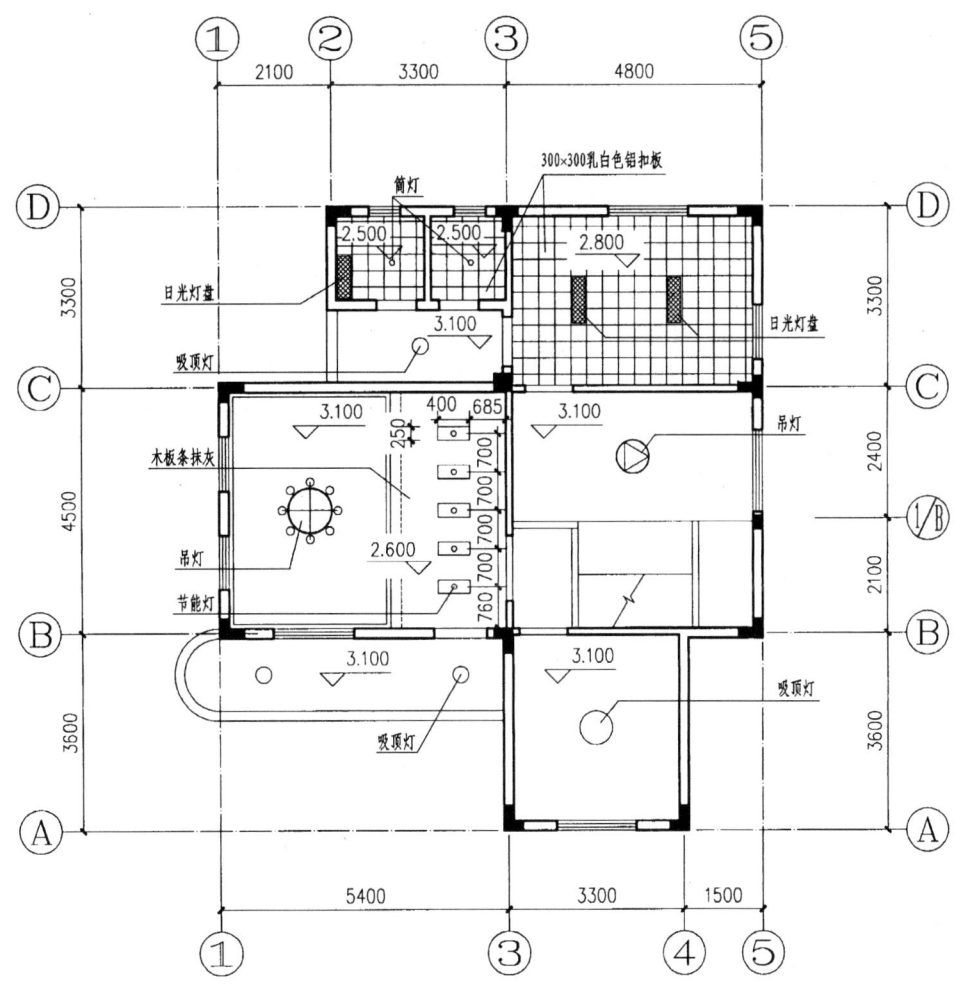

首层顶棚平面图（镜像） 1:100

图7-7 顶棚装修图

从图7-7可知，该层厨房、浴厕采用了悬吊式顶棚，装饰面板为"300×300乳白色铝扣板"；在顶棚上嵌以日光灯盘或筒灯，板底标高分别是2.800 m、2.500 m。而客厅的顶棚则被分成两部分：一部分为直接式顶棚，采用抹灰装修（参阅第6章中的施工总说明），底面标高为3.100 m；另一部分为悬吊式顶棚，底面采用木板条抹灰（标高2.600 m），使整个客厅的顶棚取得协调统一的效果，以避免明显地现出那条不雅观的横梁。

7.4 室内立面装修图

室内立面装修图主要用来表达室内四周竖直立面的装修、装饰做法。一般包括该室内的四个立面图及有关文字说明。

室内立面装修图以"×向"命名。首先根据实际情况的需要，确定出需画立面装修图的数目，然后按它（或它们）所处的方位，在相应的室内平面布置图中画入一个按国家标准规定的内视符号（图7-2）。例如，对上述住宅的客厅的立面装修，由于只需对它的C向立面作特殊处理，其余仍按"建筑施工总说明"中相应的条款装修，故在图7-1的客厅平面布置图中画入的是一个单面内视符号并注明C向，而相应地仅画出了一面"客厅C向立面图"（图7-8）。

内视符号也可画在相应的地面铺装图中。立面装修图中的"装修"二字也可省去不写。

立面装修图有两种表现形式：用剖面图的形式表现及用立面图的形式表现。

7.4.1 用剖面图的形式表现

此时，由于室内顶棚的构造也被剖切到，所以，这种表现形式可同时兼作表达顶棚的装修做法使用。为了使该立面装修图所表现的内容更丰富、更完整，通常在图中还适当地将位于该室内立面前方的家具和陈设物的投影画出。

如图7-8中用比例1:50绘制的客厅C向立面图所示，它实质上是以平行于V面的剖切平面将客厅剖开后向其后方投射所得的剖面图。但其画法与通常的建筑剖面图有所不同，主要是它不必画出客厅本身之外的投影，即只按比例大于或等于1:50时的规定用粗实线表示出该客厅周边结构层的内缘，和用细实线表示出结构层外表面的粉刷层，以及用加粗的粗实线表示出地面线（习惯上将两端画出图形之外少许）便可，而不必画入墙体和周边结构构件的材料图例（本例因左边为带窗口的外墙，在窗头上设置有窗帘盒和悬挂有窗帘，故画出此外墙的厚度也无妨，这样做还可收到更加丰富立面图表现内容的效果）。

识图时结合图7-7可知，客厅左半部的上方为直接式顶棚，悬挂有一座吊灯；右半部的上方则为悬吊式顶棚，其做法为木板条抹灰，底面标高为2.600 m，与梁底面平齐，并在其间嵌入了五盏吸顶灯。

再结合图7-1还可知，客厅正面左半部的墙面，在图中没有作其他附加说明，

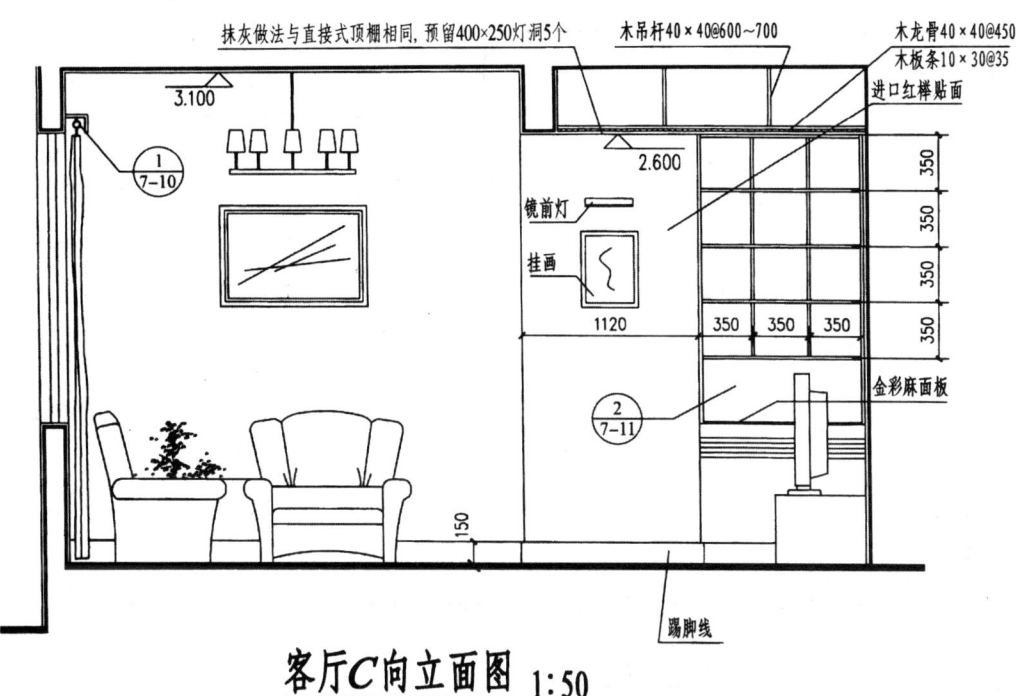

图 7-8 室内立面装修图（一）

即意为仍按"建筑施工总说明"中的相应条款装修，但在其上挂有一幅艺术品；客厅正面右半部的墙面有一部分采用进口红榉胶合板贴面，上挂镜前灯和挂画；另一部分则为陈列装饰品用的博古架。整个客厅的地面上布置有沙发、电视机及机柜等家具。

7.4.2 用立面图的形式表现

此时，就像建筑立面图那样，用粗实线表示该室内立面周边可见的边界，用加粗的粗实线表示地面线（仍将两端画出图形之外少许），图 7-9 所示为用立面图形式表现的上述客厅的 C 向立面图。从该图可见，为了突出主题，该表现形式仅表达出属于该室内立面的装修、装饰做法。对位于该室内立面前方的构件（含吊顶构造和窗帘盒等）、家具和其他陈设物，一律省去不画。即是说，用这种形式表现的立面图，要比用剖面图形式表现的立面图简洁许多，但此时，位于立面前方的构件的表达问题，则须另行设法解决。

具体设计制图时，采用哪一种表现形式为佳，不能一概而论。不过，由于用立面图表现的形式相对简洁，又由于许多装修构造及其做法都有通用标准规定，且为装修工人所熟知。所以，在大多数情况下，用立面图表现的形式比较常用。图 7-15～图 7-18 是某宾馆餐饮部 2# 包厢的四个立面的装修图，可见它们都是用立面图的形式表现的。

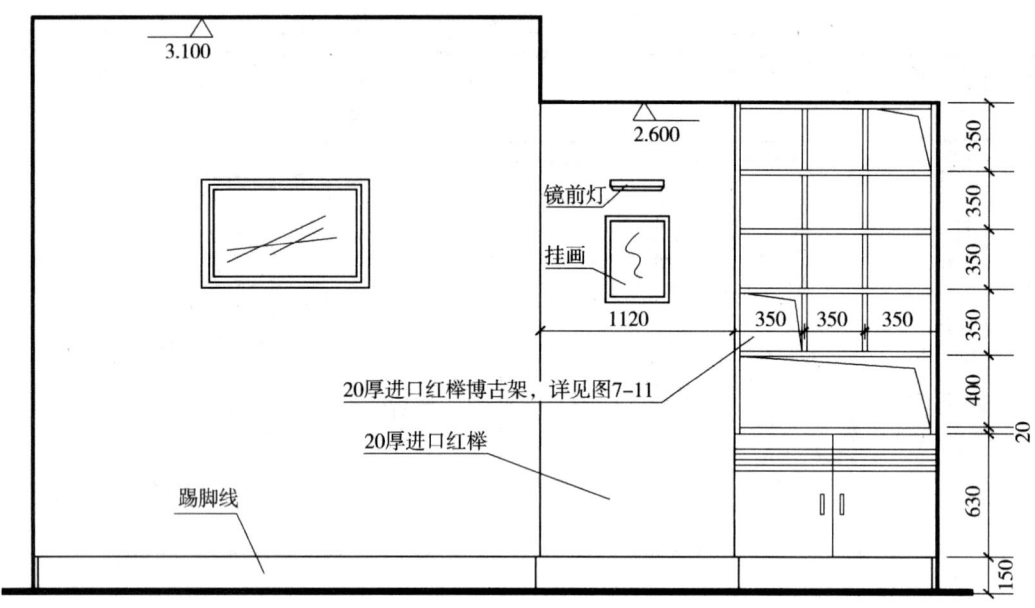

图7-9 室内立面装修图(二)

7.5 构件节点详图

构件节点详图是指某些构件细部装修做法的局部放大图、剖面图或断面图等。

在美化居室环境时,虽然许多构件的做法在标准图册中有所定型,但由于装修材料、工艺做法不断推陈出新,以及业主的个人爱好和设计师的创新,所以构件节点详图在整套装修施工图中往往占有相当的分量。

图7-10为上述住宅"客厅C向立面图"(图7-8)中所示的窗帘盒的节点详图。图中用详细的图形和尺寸说明了该窗帘盒的构造做法,其中的①②用轴测图表示。

图7-11所示则为该客厅中博古架的详图。架高2600 mm、宽1050 mm、深320 mm,用进口红榉制作,制成后固定在墙面上。表面除指明为金彩麻面板者外,其余涂清漆,保留原木的天然纹理。

详图的画法与一般的建筑详图的要求相同。其中,主体结构的轮廓用粗实线表示;主要构件的轮廓用中实线表示;次要的细部轮廓用细实线表示。标注方法也可沿用建筑详图的索引符号和详图符号来表示,如图7-19中总服务台的正立面图、背立面图及其剖面图、断面图和局部放大图所示。

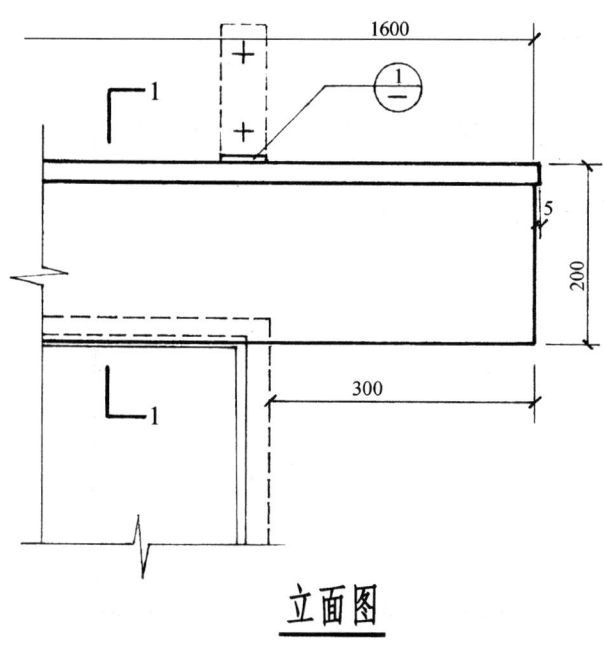
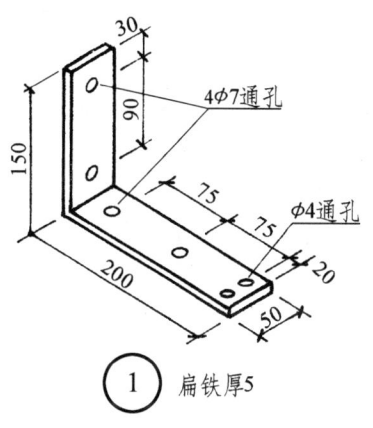
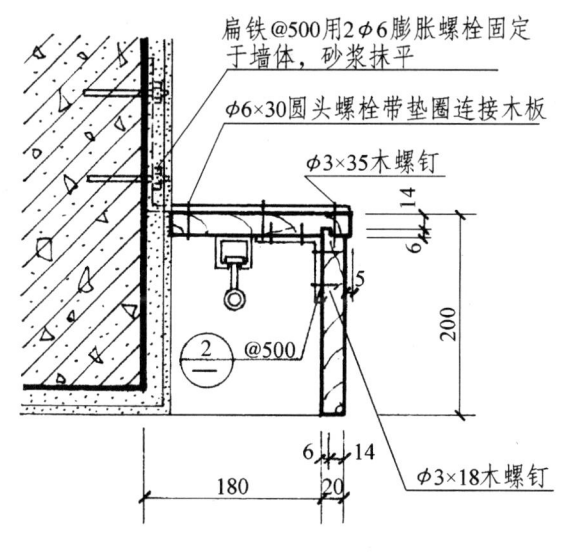
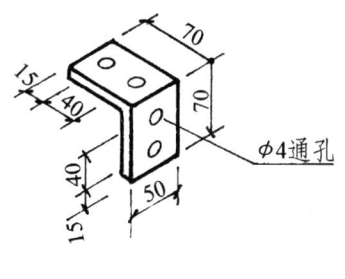

说明：
1. 木材用20厚进口红榉，涂清漆。
2. 窗帘轮、轨扣、滚子采用成品。

注：本图例旨在探讨各种表达方式，而不是推介这种已经淘汰了的装修做法。

图7-10 窗帘盒详图

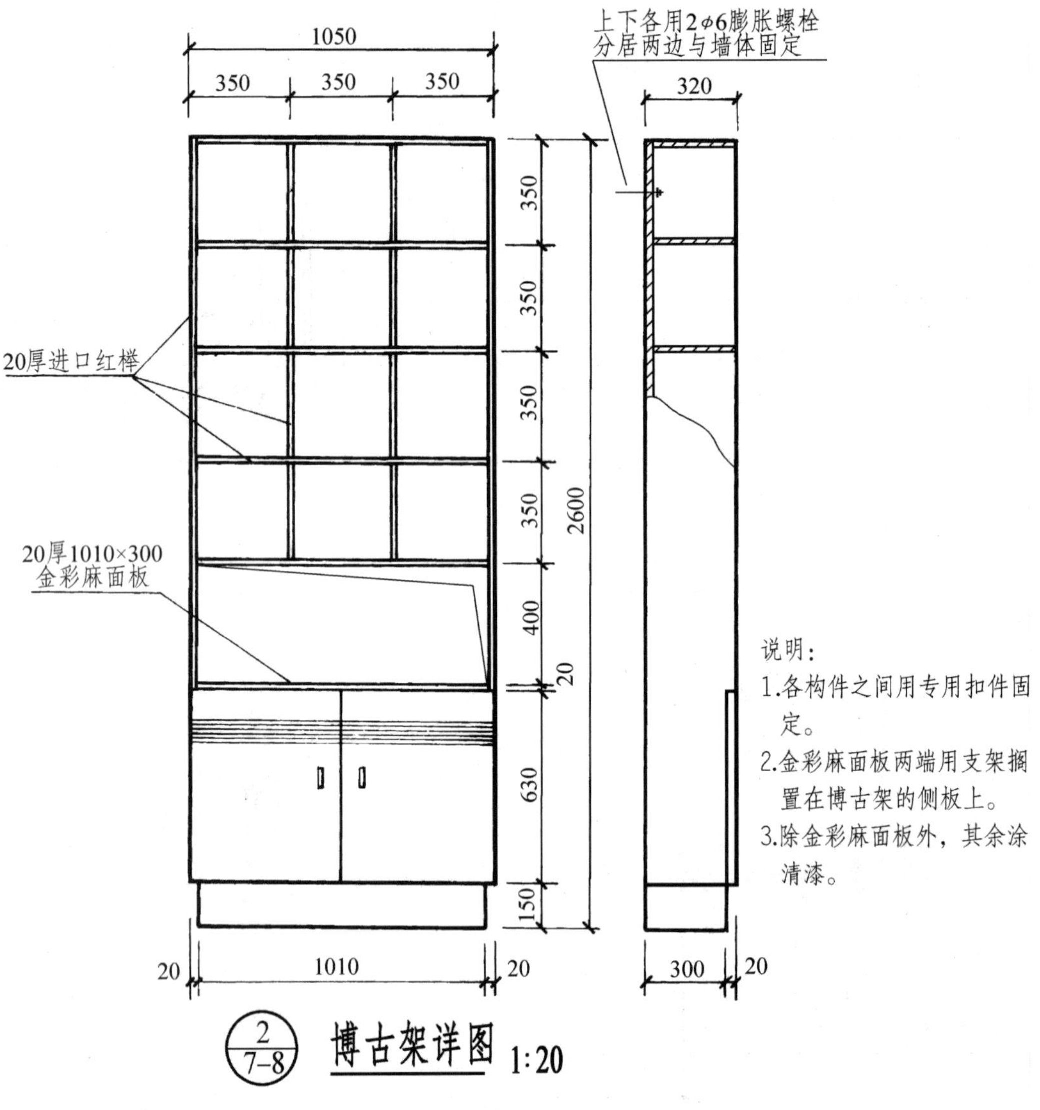

图 7-11 博古架详图

7.6 装修施工图实例

图 7-12～图 7-18 是某宾馆餐饮部的装修施工图的一部分；图 7-19 则是某宾馆服务大厅总服务台的制作详图；图 7-20～图 7-23 分别是某套间的平面布置图、顶棚平面图、电控布置图和客厅 D 向立面图（这几个图是不同地区的图纸，画法略有不同）；供读者自学，以提高识图能力。

第7章 室内装修施工图

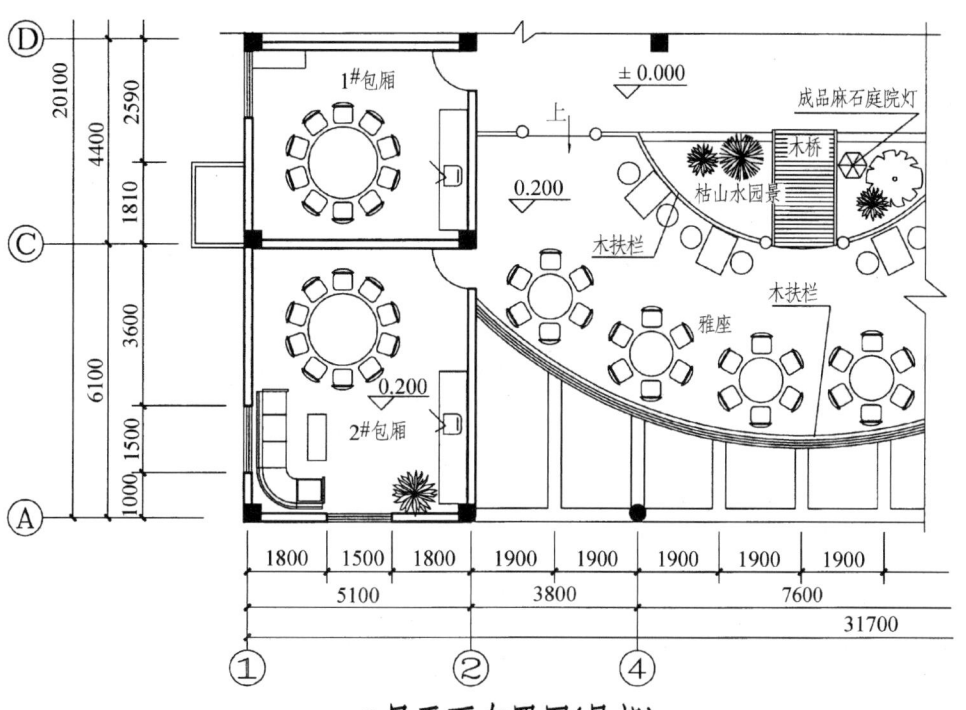

图 7-12　某宾馆餐饮部二层平面布置图

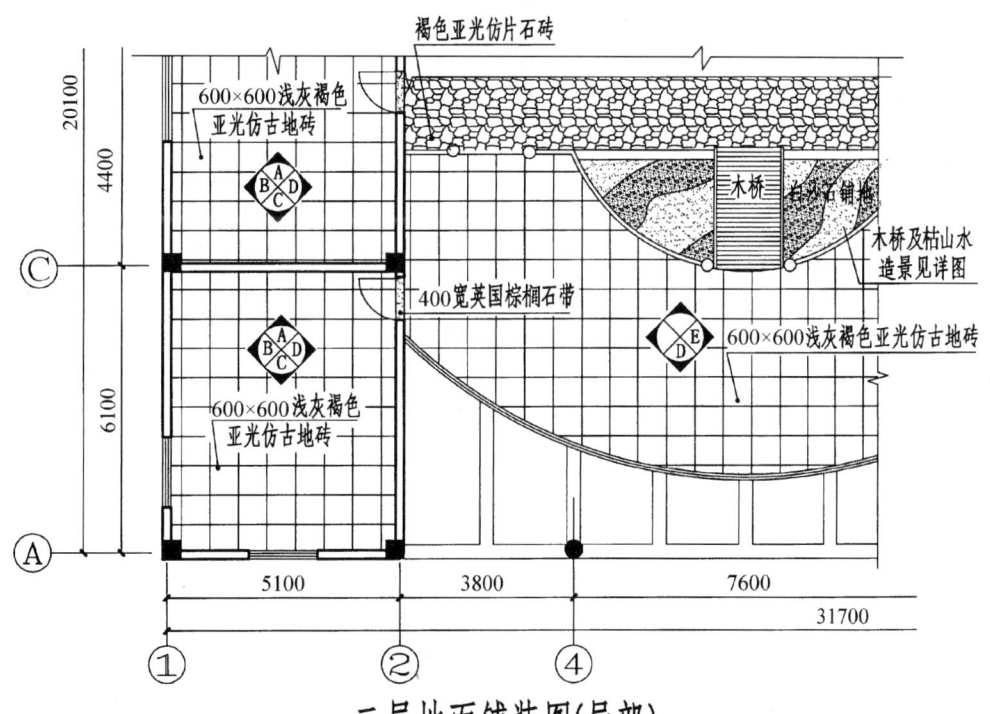

图 7-13　某宾馆餐饮部二层地面铺装图

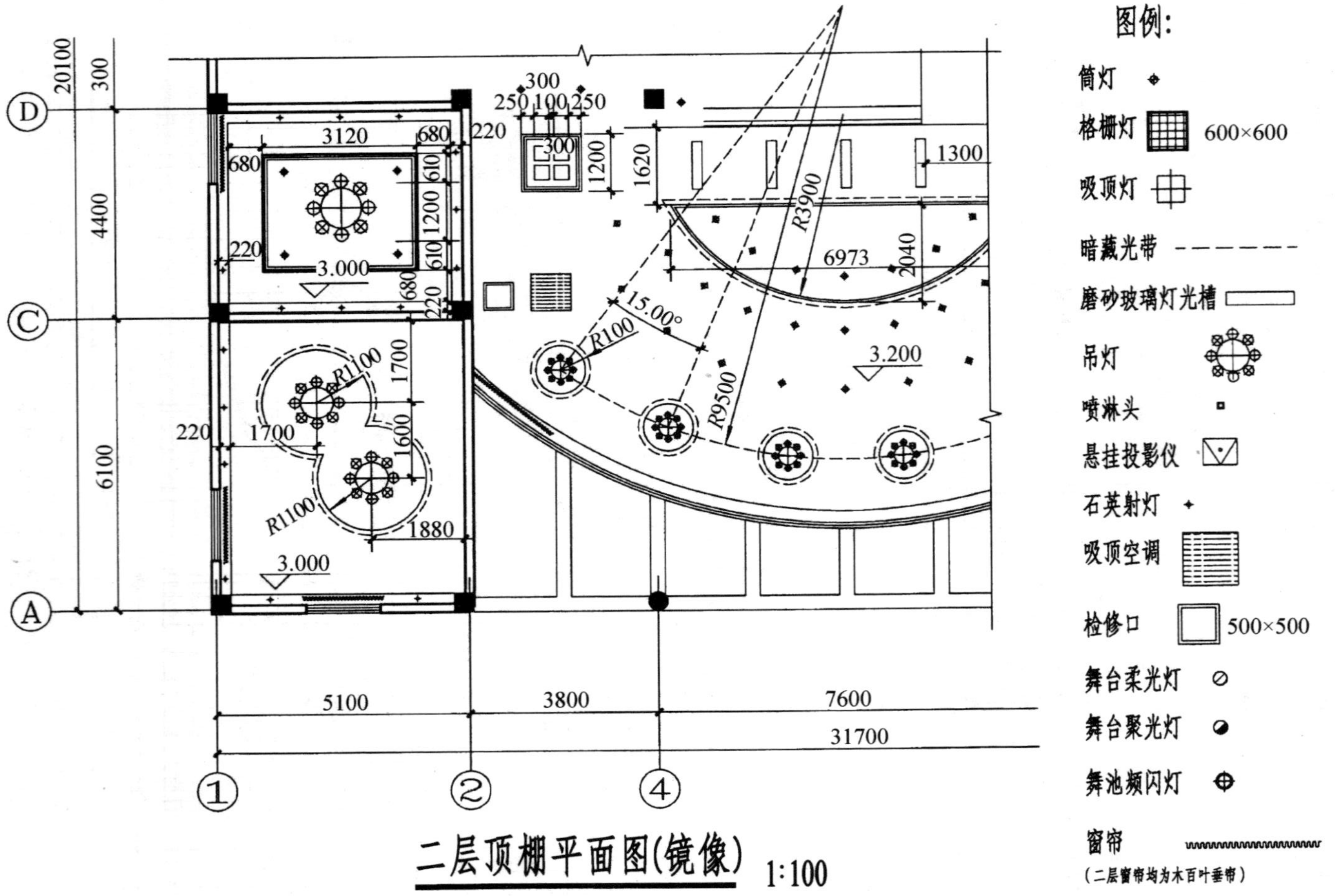

图 7-14 某宾馆餐饮部二层顶棚平面图

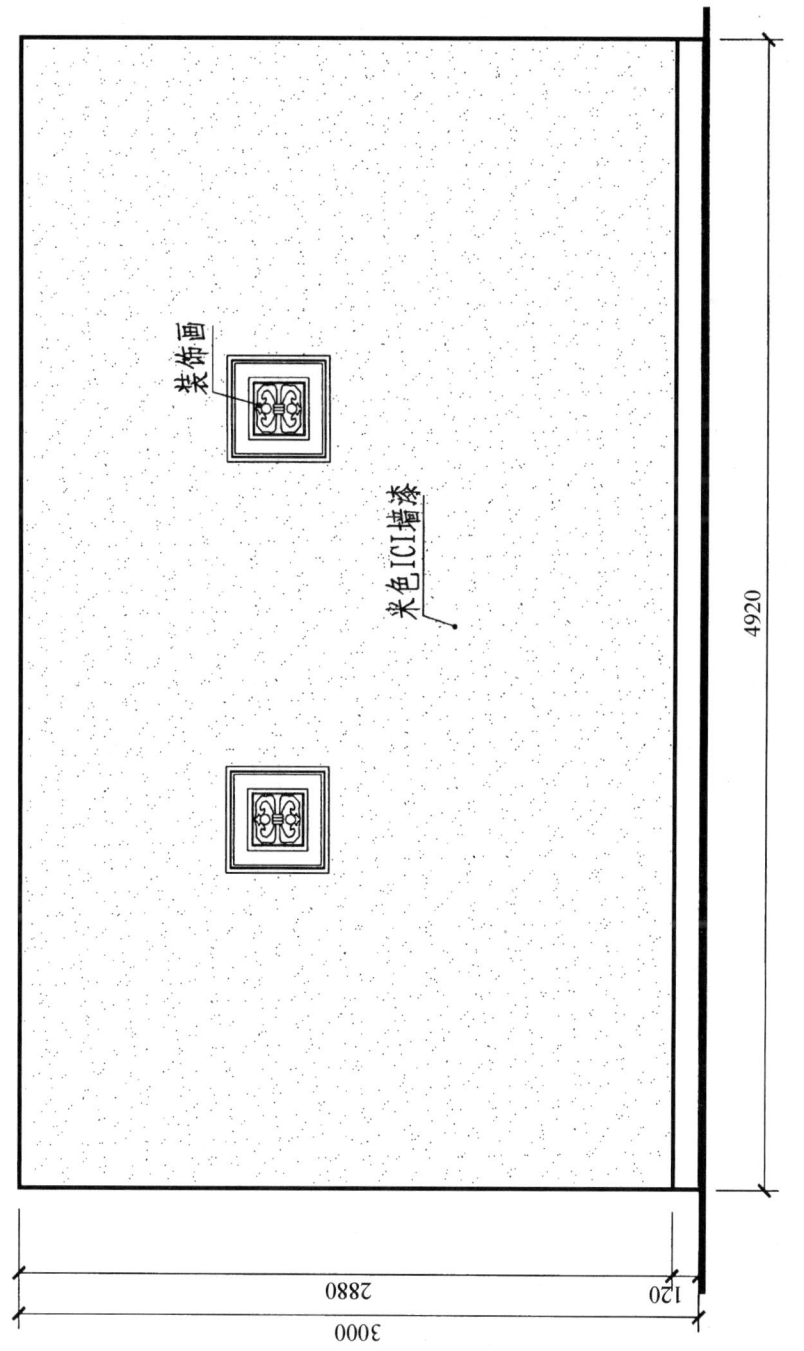

图 7-15 某宾馆餐饮部2#包厢A向立面图

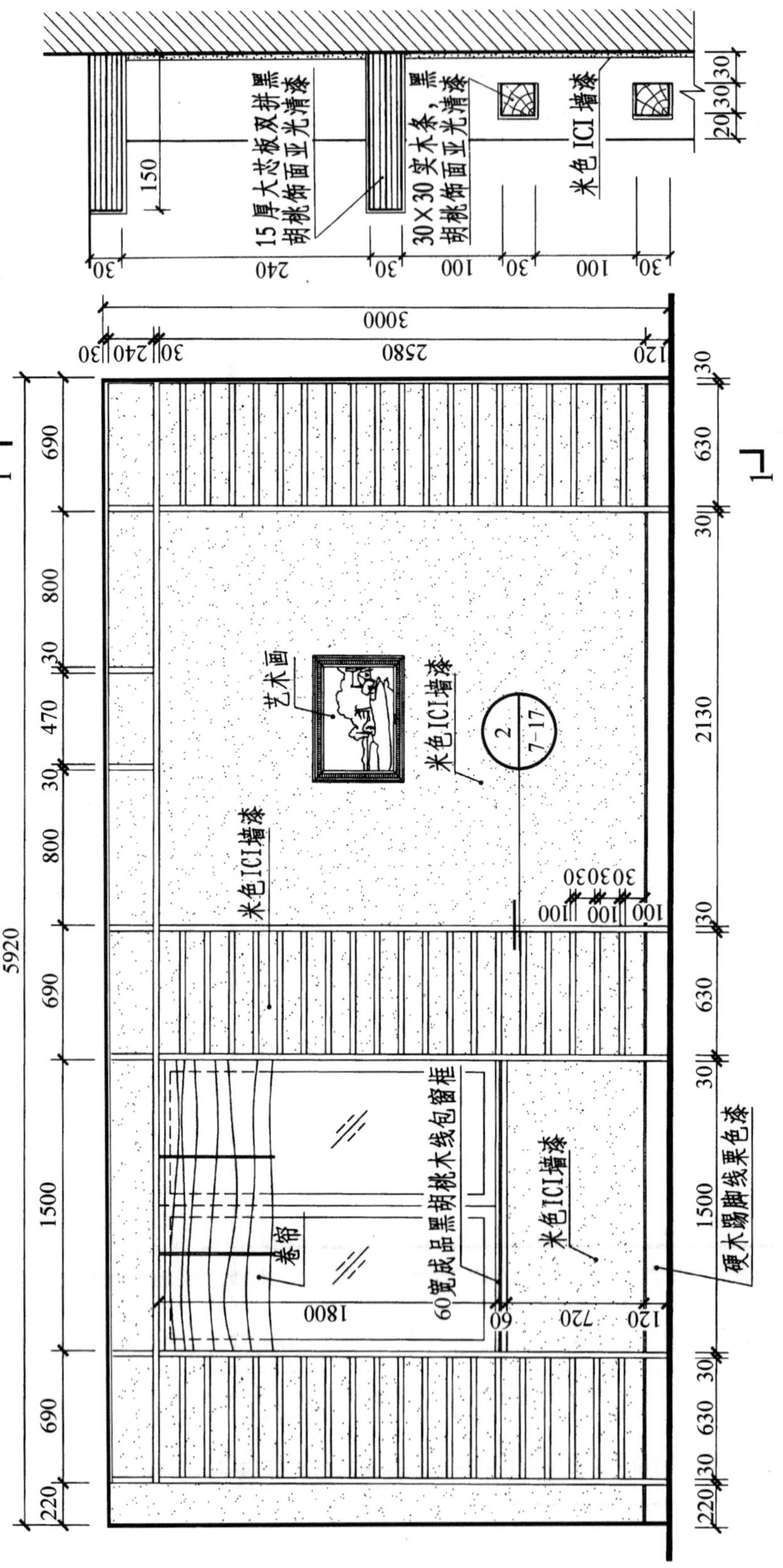

图 7-16 某宾馆餐饮部2#包厢B向立面图

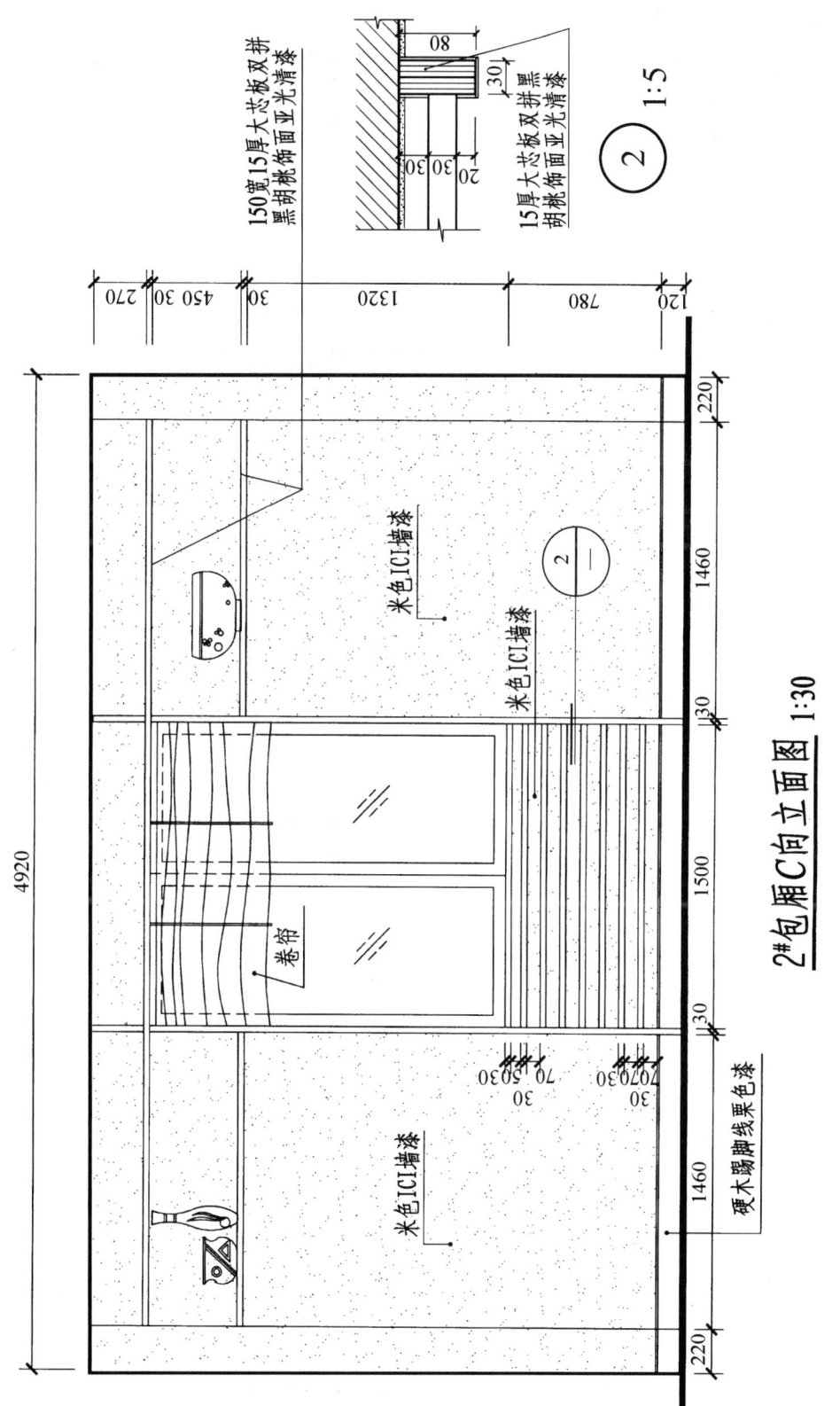

图7-17 某宾馆餐饮部2#包厢C向立面图

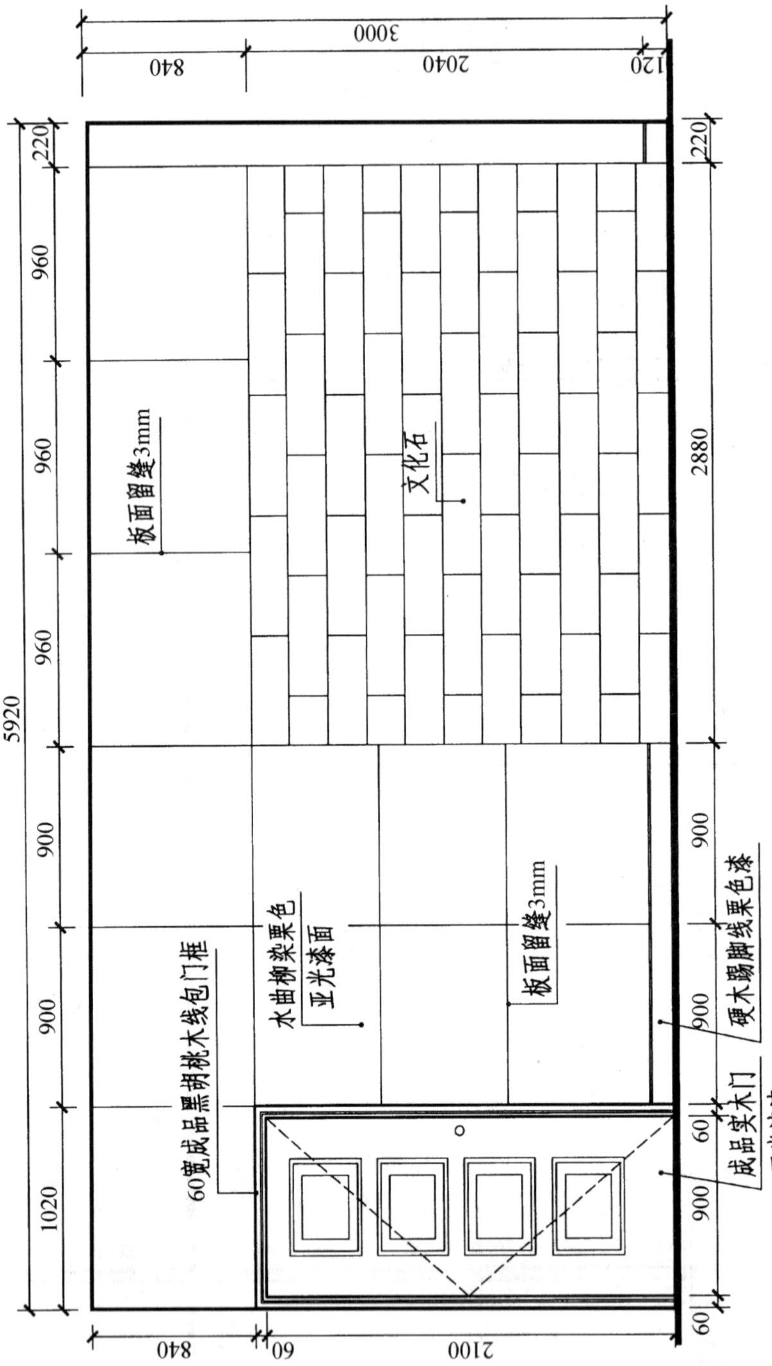

图 7-18 某宾馆餐饮部2#包厢D向立面图

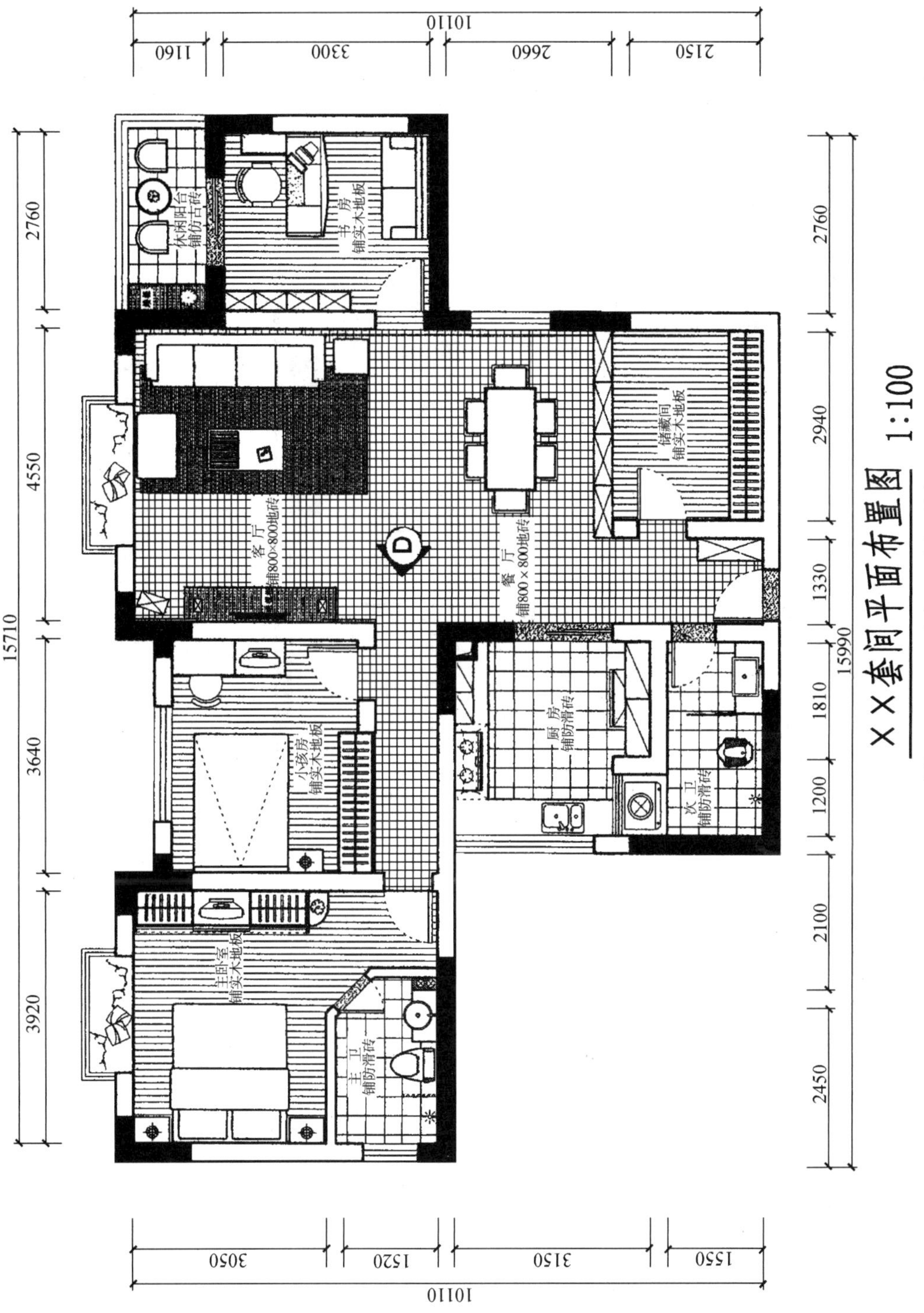

第7章 室内装修施工图

图 7-20　××套间平面布置图

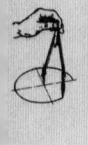

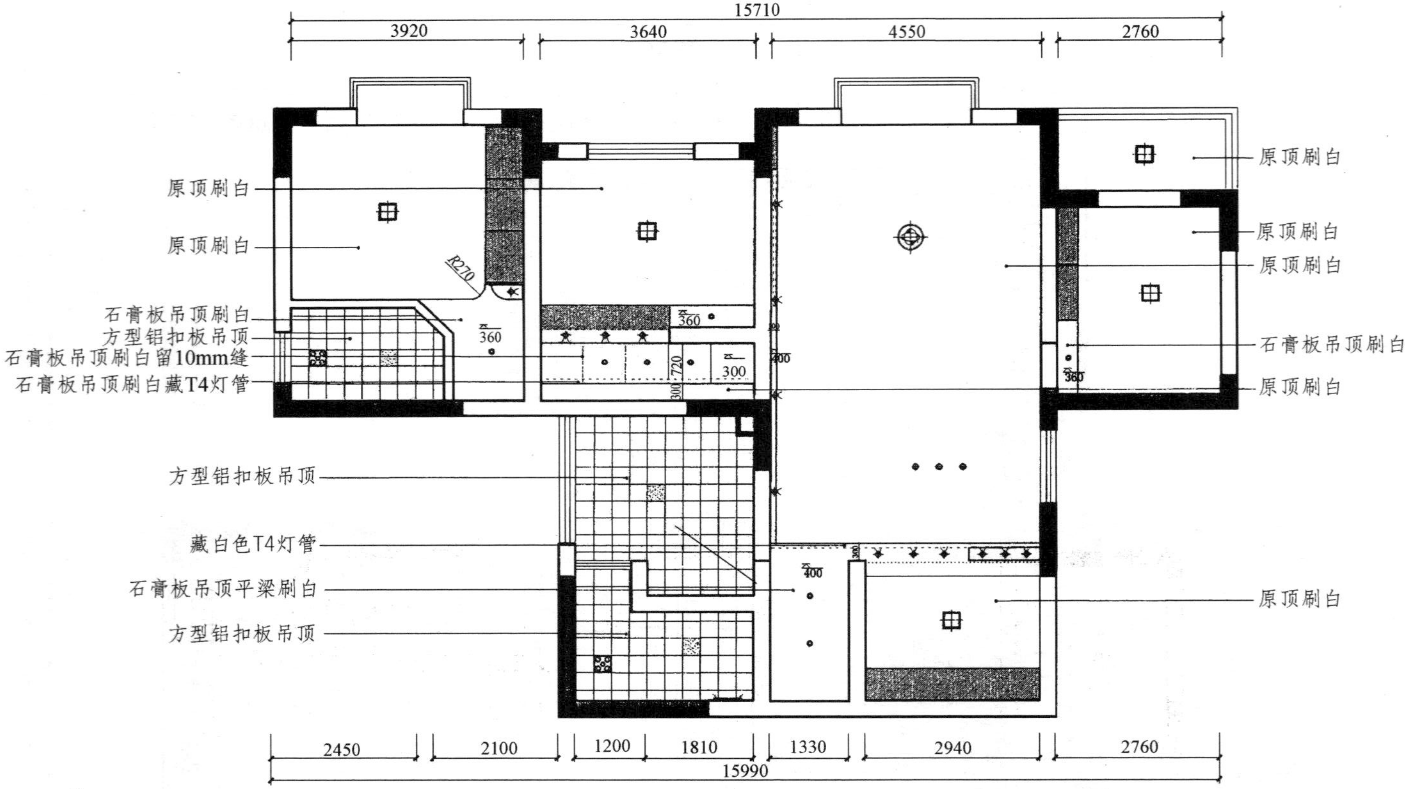

注：

数值表示从原顶面下降高度，可根据现场顶面的坡度调整

灯带 暗藏小型T4灯管或灯带

留缝 ———— 留缝一般留10mm

原梁 - - - - - - -

说明	圆形筒灯	T4日光灯管	镜前灯	餐厅吊灯	射灯	吸顶灯	吸顶灯	防水吸顶灯	浴霸
图例									

××套间顶棚平面图(镜像) 1:100

图 7-21 ××套间顶棚（天花）平面图

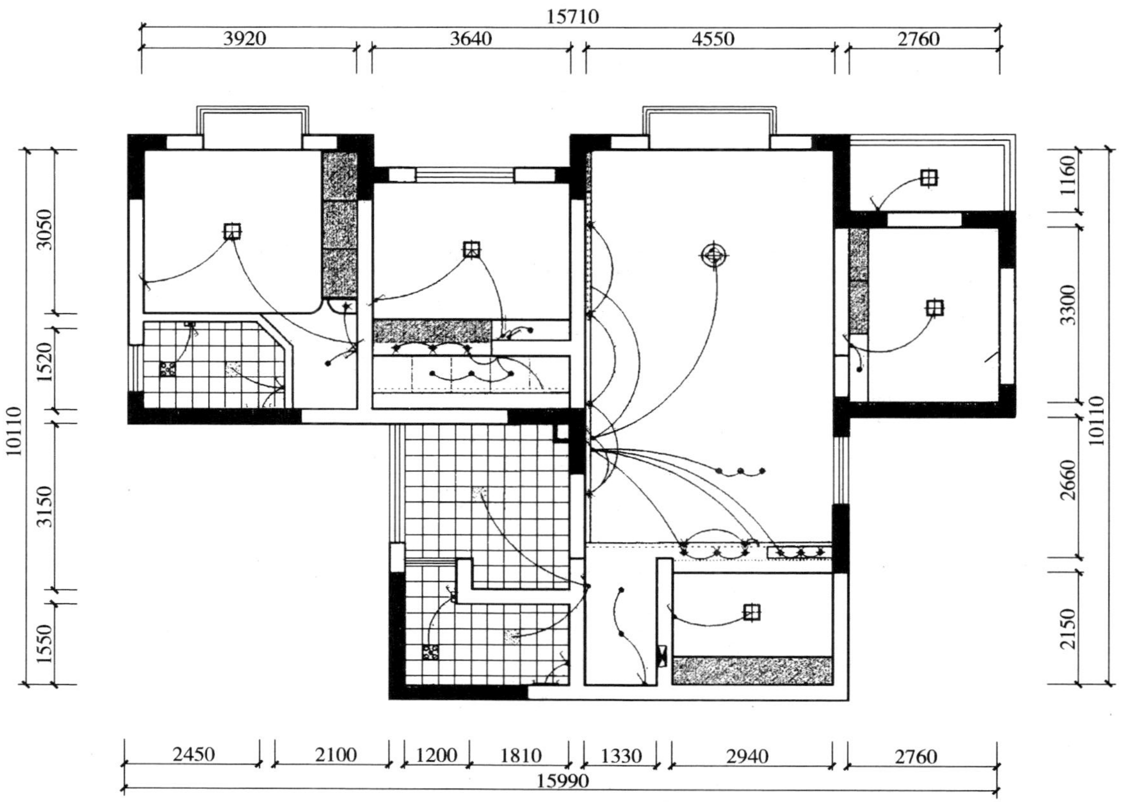

第7章 室内装修施工图

图 7-22 ××套间电控布置图

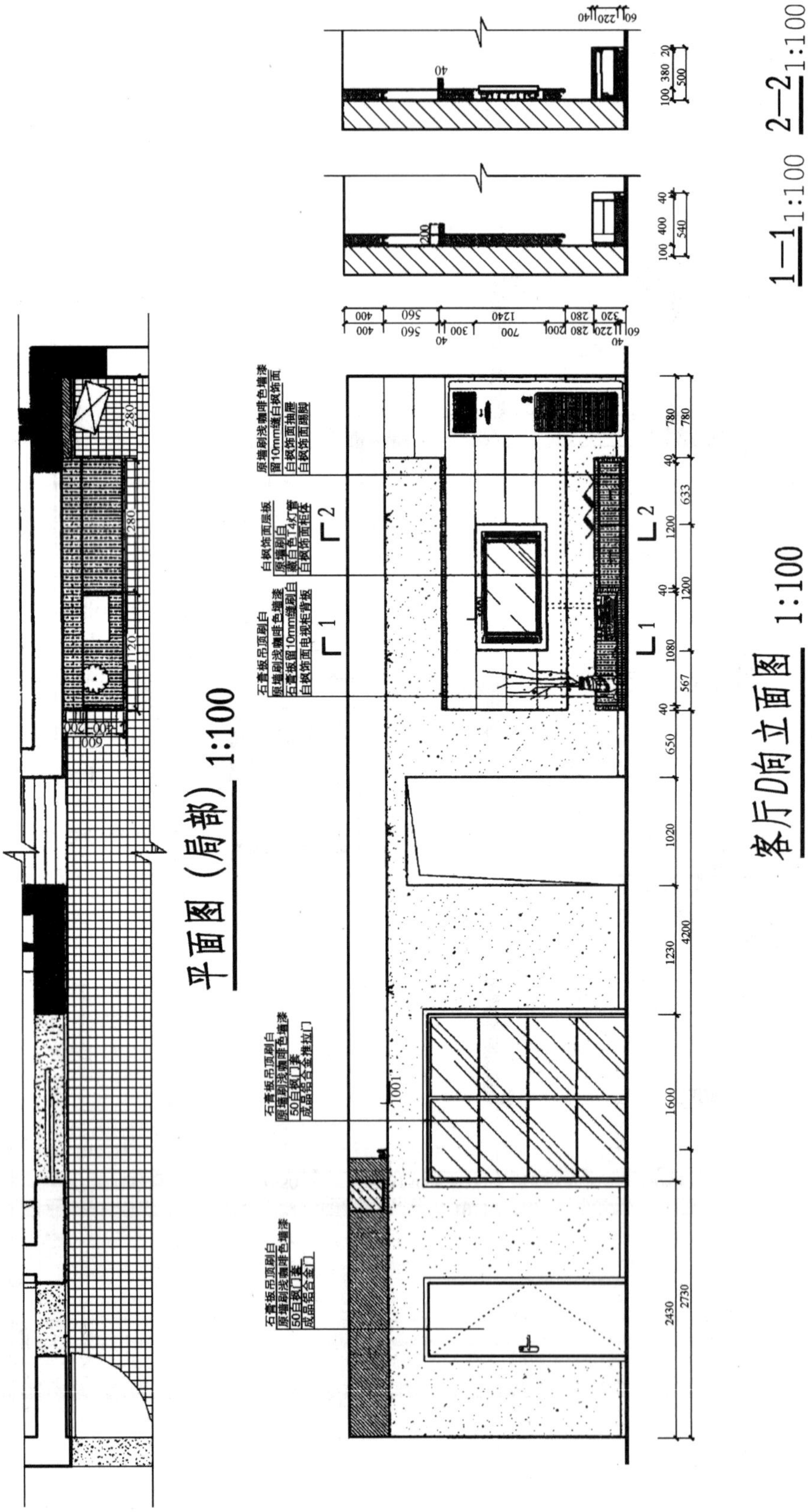

图 7-23 ××套间客厅D向立面图

第8章 轴测图

8.1 概 述

正投影图的优点是能够完整、准确地表达出形体的形状和大小,而且作图简便。但它缺乏立体感,有关人员要经过一定技术培训才能看懂。因此,在工程上有时也采用一种仍然是用平行投影法绘制的,但能同时反映出形体长、宽、高三个方向上的形状即富有立体感的单面投影,作为辅助图样来表达设计人员的技术思想意图。由于绘制这种投影图时是沿着长、宽、高三个直角坐标轴的方向进行测量作图的,所以称之为轴测投影或轴测图。

8.1.1 轴测图的形成

在平行投影法中,要在一个投影面上能同时反映出空间形体长、宽、高三个方向上的形状,其方法有二:

(1)将形体连同所选定的直角坐标轴 $O\text{-}XYZ$ 一起,向与之倾斜的轴测投影面 P 用正投影法进行投射(图 8-1,$S \perp P$),于是在 P 面上便可获得能同时反映出轴测坐标轴 $O_1\text{-}X_1Y_1Z_1$ 的富有立体感的图形。

(2)将形体连同所选定的直角坐标轴 $O\text{-}XYZ$ 一起,向与形体任一坐标面平行的轴

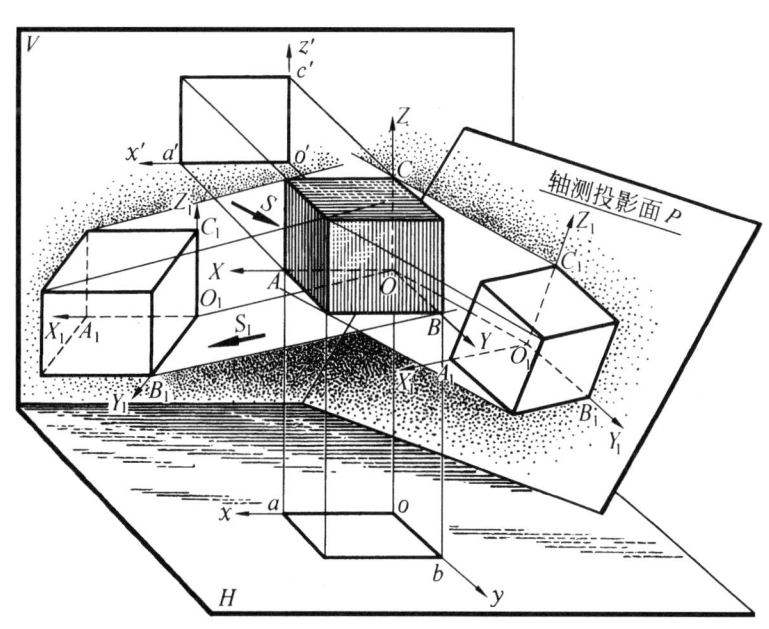

图 8-1 轴测图的形成

测投影面例如 V 面用斜投影法进行投射（图 8-1，S_1 不垂直于轴测投影面 V），这样在 V 面上也可获得能同时反映出轴测坐标轴 $O_1 - X_1 Y_1 Z_1$ 的富有立体感的图形。

8.1.2 轴向伸缩系数和轴间角

1. 轴向伸缩系数

从图 8-1 可以看出，空间形体的直角坐标轴上任一单位长度，经投射到轴测投影面相应的轴测坐标轴上之后，其长度发生了变化。我们把两者之间的比值，分别称之为 X、Y、Z 轴的轴向伸缩系数，并依次用 p、q、r 表示。于是有：

X 轴的轴向伸缩系数：$p = O_1 A_1 / OA$

Y 轴的轴向伸缩系数：$q = O_1 B_1 / OB$

Z 轴的轴向伸缩系数：$r = O_1 C_1 / OC$

2. 轴间角

从图 8-1 还可以看出，空间直角坐标轴投射到轴测投影面上所得的位于轴测投影面上的轴测坐标轴，它们两两之间的夹角大小也相应地形成了某种角度。我们把它们两两之间的夹角称为轴间角；三个轴间角的总和为 360°。

8.1.3 轴测图的分类

根据投射方向与轴测投影面的相对位置，以及轴向伸缩系数的不同，轴测图可有如下的分类：

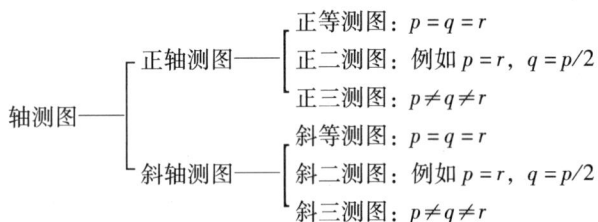

画轴测图时，不管是哪一类，形体上互相平行的轮廓线，它们在轴测图中必定仍然是互相平行的。

8.2 正轴测图

8.2.1 正等测图

正等测图是正轴测图中唯一的一种特殊情况。在这种情况下，形体上所选定的三根直角坐标轴对轴测投影面的倾角都相等，此时通过数学运算可得出：

(1) 轴向伸缩系数　$p_1 = q_1 = r_1 = 0.82$

(2) 轴间角　$\angle X_1 O_1 Z_1 = \angle X_1 O_1 Y_1 = \angle Y_1 O_1 Z_1 = 120°$

画正等测图时，通常将 $O_1 Z_1$ 轴置于竖直的位置，而将 $O_1 X_1$、$O_1 Y_1$ 轴分别画成与水平线成 30°角的斜线，如图 8-2 所示。

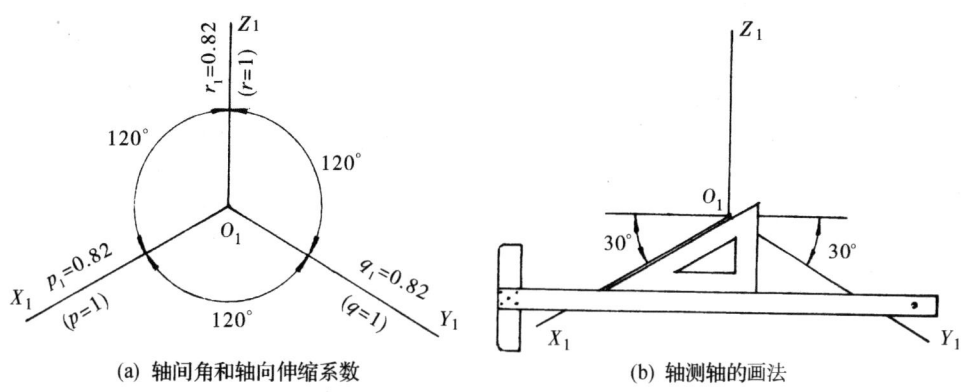

图 8-2 正等测图的轴测轴及其画法

画图时要将空间形体上每一个坐标尺寸或主向轮廓线的长度，都乘以轴向伸缩系数 0.82 之后再来度量，这样会很不方便。若将轴向伸缩系数简化为 $p=q=r=1$，作图就方便多了。这样所获得的轴测图比没有简化的轴测图在每一个轴向尺寸上都放大了 $1/0.82=1.22$ 倍，但整个图形的形象没有变化，如图 8-3 所示。图 8-3a、b、c、d 为根据高低柜的两面投影和按简化系数 $p=q=r=1$ 画出它的正等测图的过程。而图 8-3e 则为按 $p_1=q_1=r_1=0.82$ 时作图的结果。在实际工程中应用的轴测图一般都采用简化系数作图。

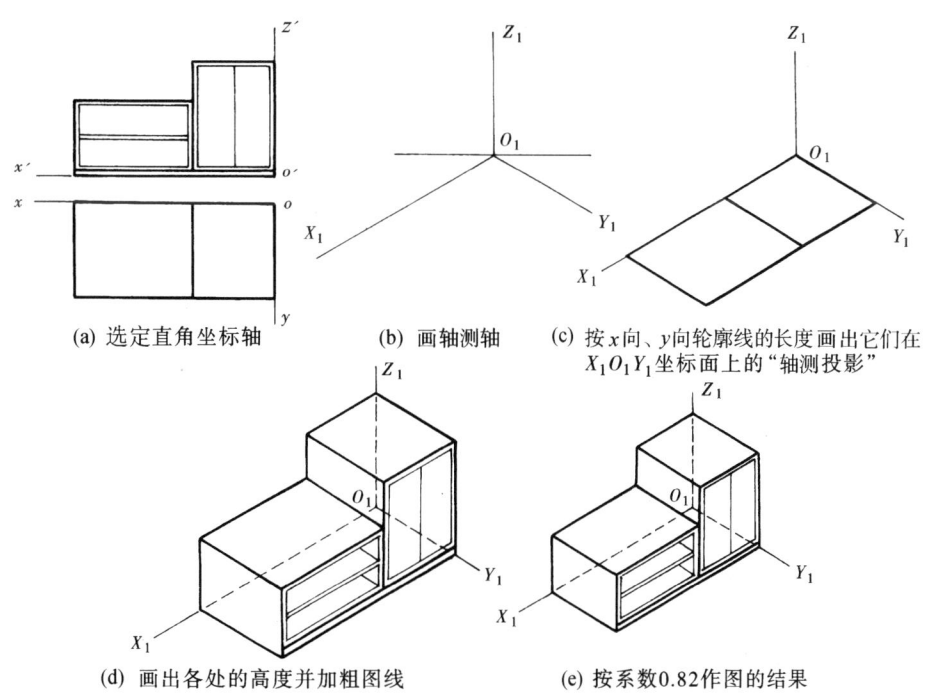

图 8-3 高低柜的正等测图

例 8-1 根据六棱柱的两面投影画正等测图(图 8-4)。

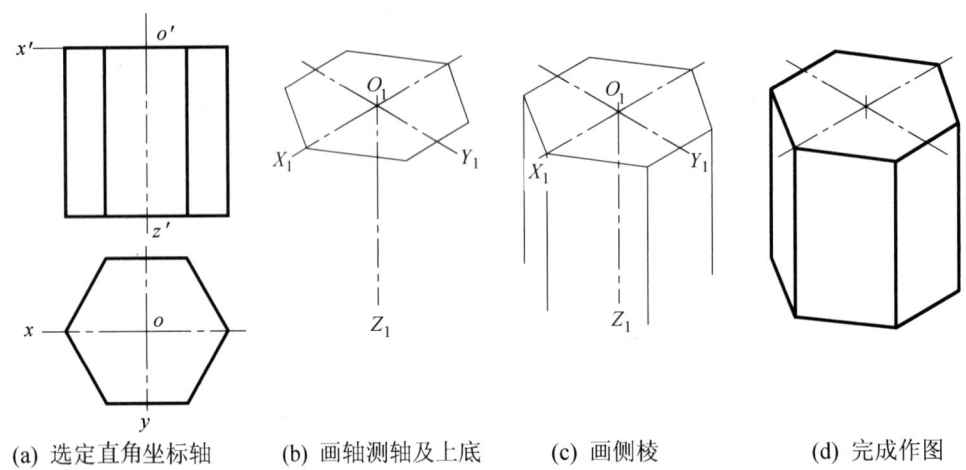

(a) 选定直角坐标轴　　(b) 画轴测轴及上底　　(c) 画侧棱　　(d) 完成作图

图 8-4　用坐标法作六棱柱的正等测图

分析　六棱柱的上、下底为正六边形，前后、左右对称，故选定其直角坐标轴(以下简称坐标轴)的位置如图 8-4a 所示，以便度量。画图步骤宜由上而下，以减少不必要的作图线。作图时，形体各顶点按其坐标值(或轴向线段的实长)画出，这样的方法称为坐标法。

作图

(1) 画出轴测轴，然后在 O_1X_1 轴上以 O_1 为原点按实长量取上底正六边形左、右两个顶点，再在 O_1Y_1 轴上量取 O_1 到前、后边线的距离，并画出前、后边线；此前后边线平行于 O_1X_1 轴，长度等于正六边形的边长；将所得六个顶点用直线依次连接，便得上底的正等测图(图 8-4b)。

(2) 从各顶点向下引 O_1Z_1 轴的平行线(只画可见部分即可)，截取棱线的实长(图 8-4c)。

(3) 将下底各端点依次用直线相连，加深图线后便完成作图(图 8-4d)。

例 8-2　根据柱基础的两面投影，画它的正等测图(图 8-5)。

分析　这个柱基础由三个四棱柱上下叠加而成，前后、左右对称排列，下大上小，故宜选定其坐标轴的位置如图 8-5a 所示，并自下而上逐一画出，这样作轴测图的方法称叠加法。画图时注意及时擦去不必要的作图线，以保持图面清晰。

作图　如图所示。其中图 8-5d、图 8-5e 中作度量用的轴测原点和轴测轴为逐一自底面先后上移一个棱柱 A、B 的高度。

例 8-3　根据截割型形体的两面投影，画它的正等测图(图 8-6)。

分析　该形体的外形为四棱柱，其坐标尺寸分别为 30，8，20，…由于该形体前后、左右、上下均不对称，故宜选定其坐标轴的位置如图所示，并先画出完整的外形，然后逐一画出被截割去的部分。这样作轴测图的方法称截割法。画图时及时擦去被截割部分的图线，最后整理全图并加深可见的轮廓线便完成作图。

作图　如图所示。

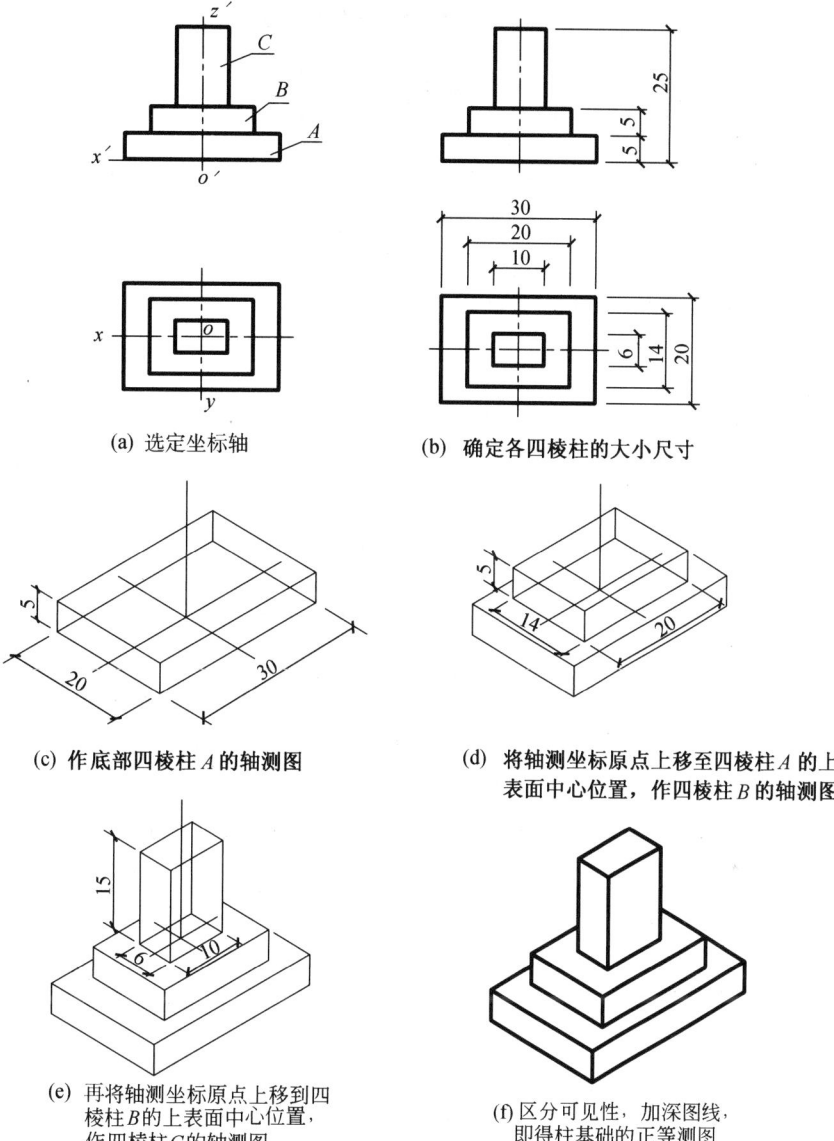

图 8-5 用叠加法画柱基础的正等测图

例 8-4 根据沙发的三面投影，画它的正等测图（图 8-7）。

分析 画沙发的轴测图时，也可选定它的直角坐标原点 O 的位置处在沙发底面的左前方，这时画出正等测图的三根轴测轴，如图 8-7b 所示。

作图 依次测量沙发的 x、y 坐标方向上各条线段的长度，便可画出沙发在 $X_1O_1Y_1$ 坐标面上的次投影[①]（图 8-7c）；最后逐一画出沙发各个部位的高度，加深可见轮廓线，即得沙发的正等测图如图 8-7d 所示。这样画轴测图的方法称次投影法。

注：①根据正投影图画轴测图时，仅利用其中某一面投影在相应的坐标面上派生出的仍然只反映两度空间的"轴测投影"，这个"轴测投影"通称"次投影"。

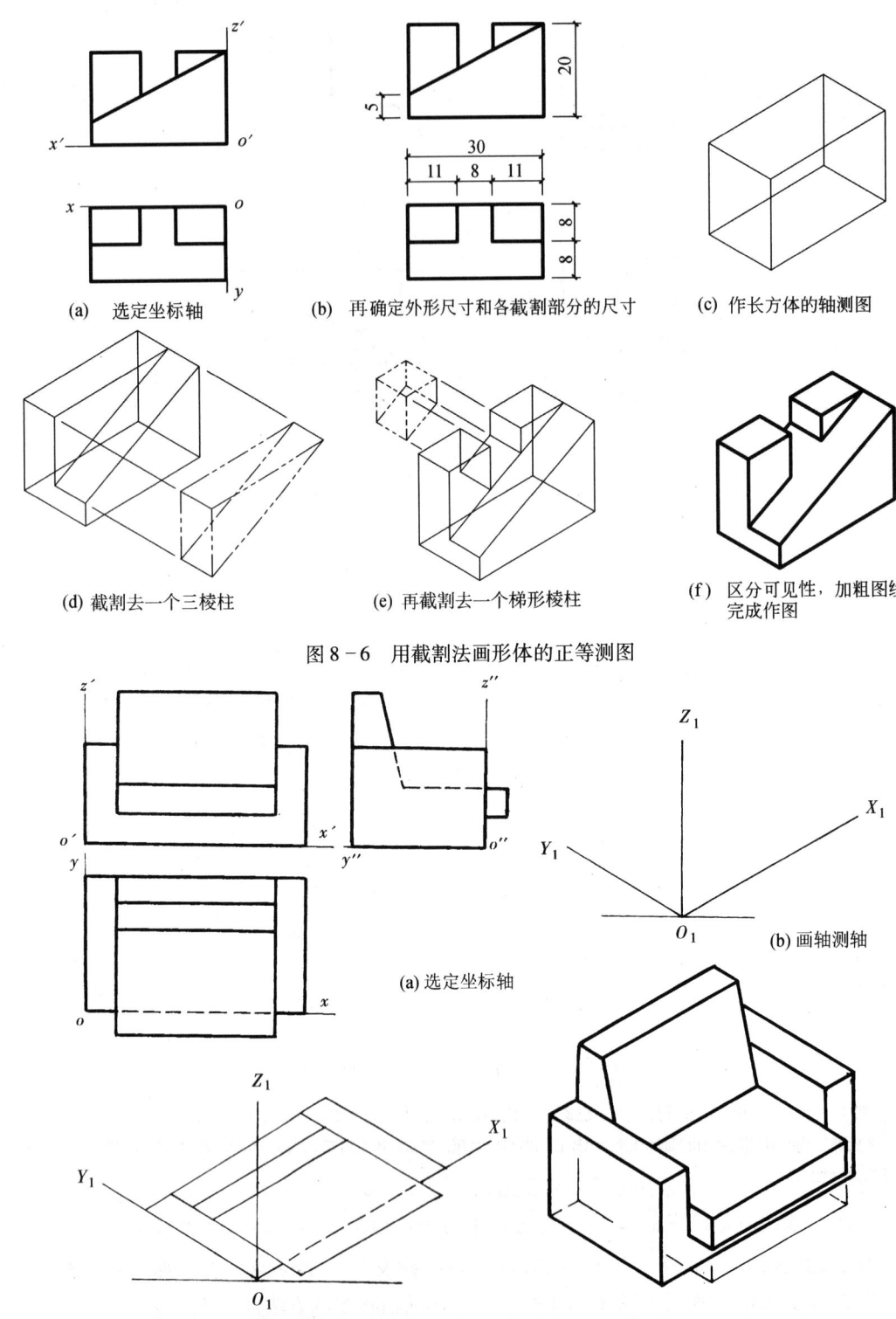

图 8-6 用截割法画形体的正等测图

图 8-7 用次投影法画沙发的正等测图

图8-8、图8-9所示分别是书桌和某住宅餐厅厨房的正等测图。

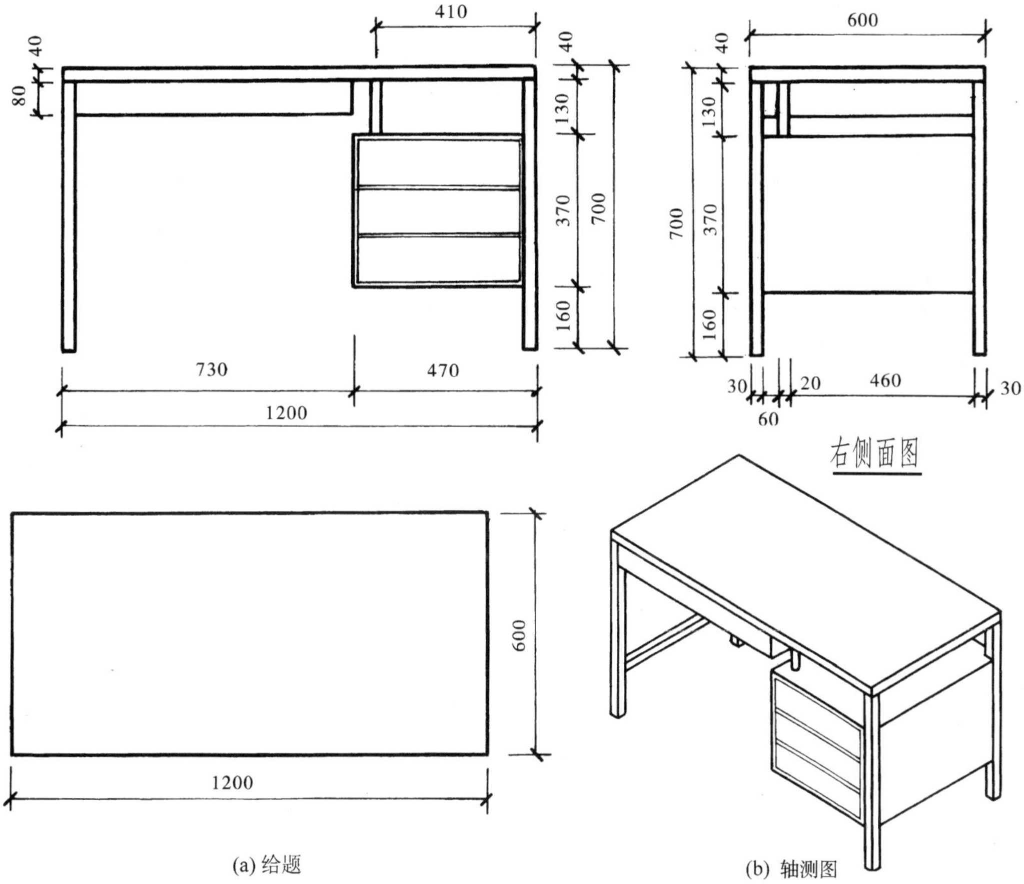

(a) 给题　　　　　　　　　　　　(b) 轴测图

图8-8　书桌的正等测图

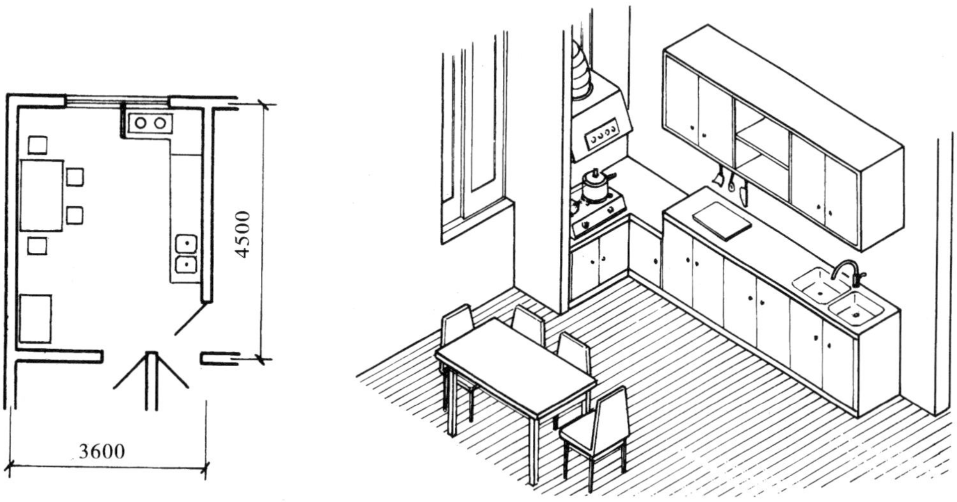

(a) 给题（平面图）　　　　　　　　(b) 轴测图

图8-9　餐厅厨房的正等测图

8.2.2 正二测图

当形体上所选定的三根直角坐标轴中仅有两根对轴测投影面的倾角相等而与第三根的倾角不相等时，所形成的正二测图可有无限多种情况。但如果再限定轴向伸缩系数，例如令 $p=r$、$q=p/2$（也可令 $q=r$、$p=q/2$，或 $p=q$、$r=p/2$）时，空间形体及其直角坐标轴相对于轴测投影面的倾斜角度也可以唯一确定了。此时通过数学运算可得出该正二测图的轴间角及轴向伸缩系数，如图 8-10a 所示。

如同正等测图那样，在实际工作中一般都采用简化系数作图，例如令 $p=r=1$，$q=0.5$，此时所得的图形只不过在每一个轴向尺寸上都放大了 $1/0.94=1.06$ 倍而已。

又由于正二测图的轴间角非特殊角，而且恰好 $\tan 7°10' \approx 1/8$、$\tan 41°25' \approx 7/8$，故该正二测图的轴测轴常采用如图 8-10b 所示的方法绘画。

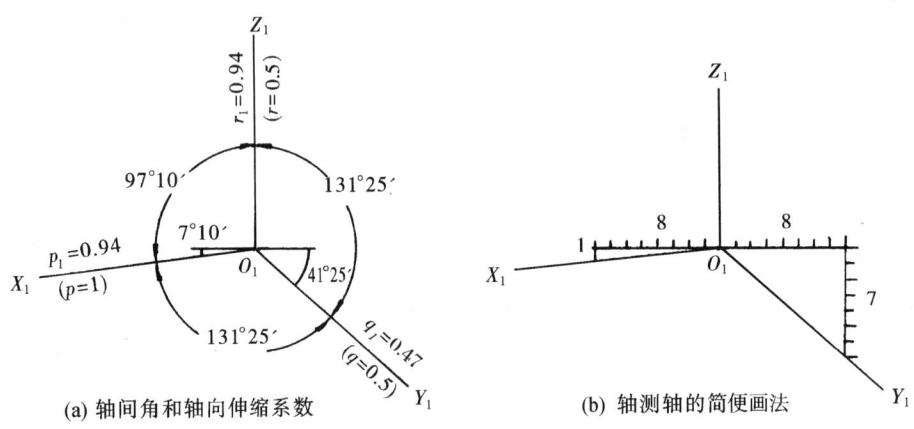

(a) 轴间角和轴向伸缩系数　　(b) 轴测轴的简便画法

图 8-10　常用正二测图的轴测轴及其画法

图 8-11 为以正方体为例的五种不同投射方向的正二测图。其中，图 a、b 为一般情况下所采用。图 c 具有俯视效果，图 d、e 则具有仰视效果。

图 8-12 所示为根据托架的三面投影画正二测图的例子。图中设定矩形板的前左下角为直角坐标原点 O，这样可给作图带来某些方便。

图 8-13 所示为某组合家具的投影图和正二测图。

8.2.3 正三测图

当形体上所选定的三根直角坐标轴对轴测投影面倾斜的角度都不相等时，所形成的正轴测图称为正三测图。此时三个轴向的伸缩系数和三个轴间角的大小都各不相同，虽然仍能用数学的方法计算出它们之间的组合关系，但度量作图却十分麻烦，所以在实际工程中一般很少采用，只有在某些特殊情况下才用到它。例如第4章中的图 4-4d 所示为正三测图。

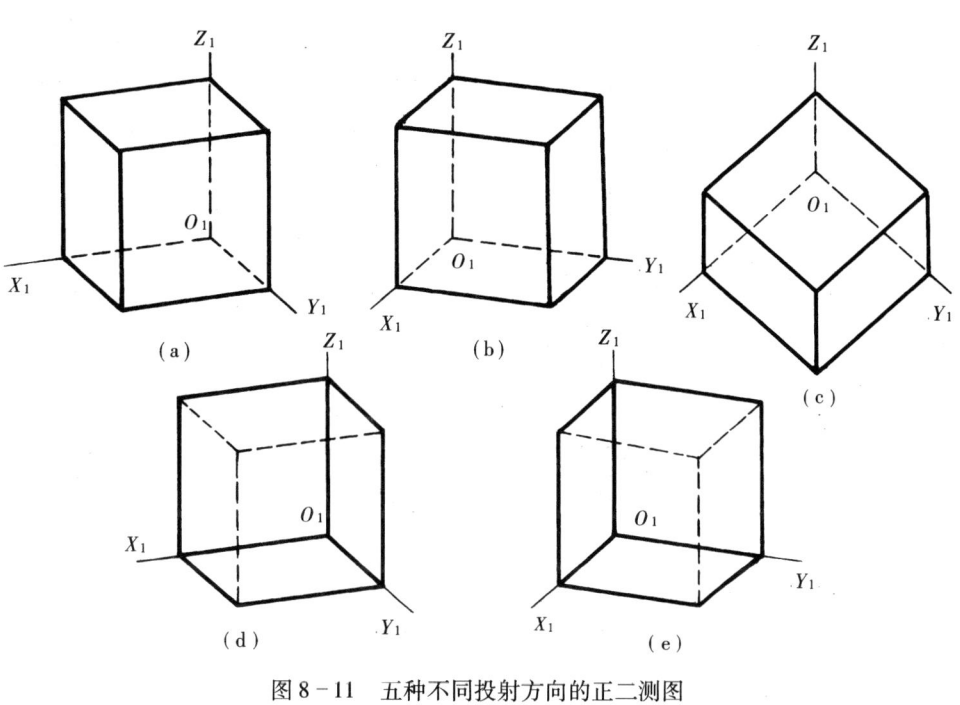

图 8-11 五种不同投射方向的正二测图

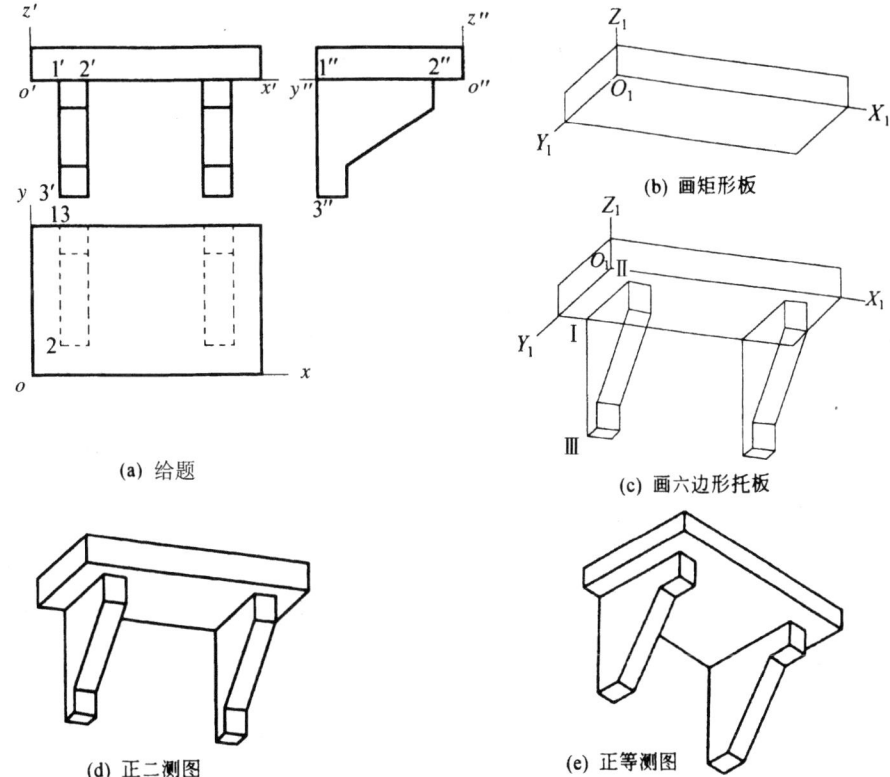

图 8-12 托架的正二测图(仰视)及与其正等测图的比较

131

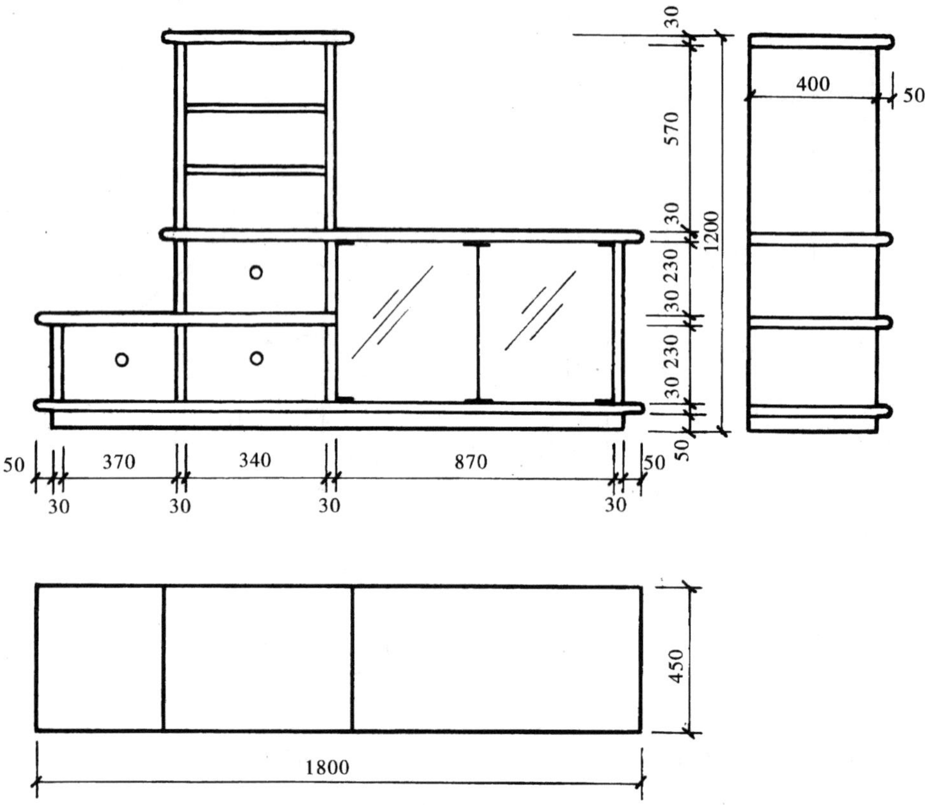

(a) 给题

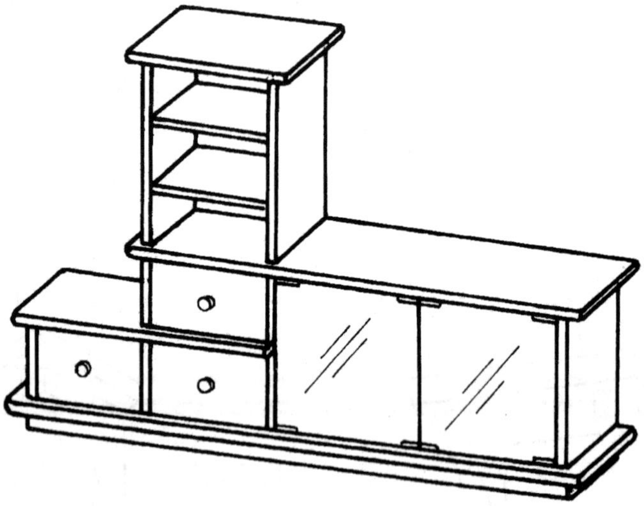

(b) 轴测图

图 8-13 组合家具的投影图和正二测图

8.3 斜轴测图

8.3.1 正面斜等测图（简称斜等测图）

从图 8-1 也可以看出，当形体上的坐标面 XOZ 平行于 V 面并按投射方向 S_1 进行斜投影时，形体上位于或平行于坐标面 XOZ 的表面，在 V 面上的投影形状不改变。于是有：$\angle X_1 O_1 Z_1 = 90°$，$O_1 X_1$ 的轴向伸缩系数 p 及 $O_1 Z_1$ 的轴向伸缩系数 r 均等于 1。

从图 8-1 还可以看出，若 S_1 的投射方向和对投影面的倾角不加限定，则 $O_1 Y_1$ 在投影面 V 上的倾斜方向既可以是任意的，其轴向伸缩系数也可以有无限多。从作图方便考虑，常令 $O_1 Y_1$ 轴对水平线的倾斜角度为 45°（或 30°、60°），并常取轴向伸缩系数 $q = 1$（或 0.5）；该倾斜角度与伸缩系数之间没有因果关系。

按上述特点并按 $p = q = r = 1$ 画出的斜轴测图称为斜等测图。

图 8-14 为根据台阶的三面投影画正面斜等测图的例子。

作图时，因台阶的侧面投影能较好地体现出台阶的形状特征，故选择这个面作为画斜轴测图的正面。

具体作图的第一步仍然是先选定坐标轴，画出相应的轴测轴 $O_1 - X_1 Y_1 Z_1$（图 8-14a、b），然后在 $Y_1 O_1 Z_1$ 面上画出与台阶侧面投影形状完全相同的图形。第二步是沿 $O_1 X_1$ 轴方向画一系列平行线，并按 $p = 1$ 截取台阶的实长（8-14c）。最后画出台阶后表面的可见轮廓，加深图线，完成作图，如图 8-14d 所示。

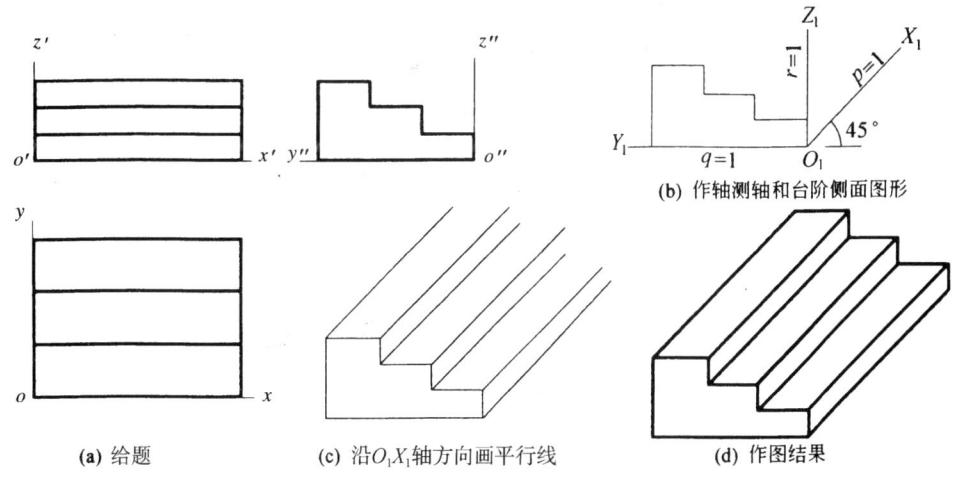

图 8-14 台阶的斜等测图

8.3.2 正面斜二测图（简称斜二测图）

从图 8-14d 可见，台阶的斜等测图在视觉上使人觉得台阶的长度要比由三面投影给定的实际长度长得多。因此，在实际工程中常采用斜二测图，即令相应轴测轴的轴向伸缩系数为 0.5（或小于 1 的适当数值）。图 8-15 为上述台阶的斜二测图，可见其视觉效果比较好一些。

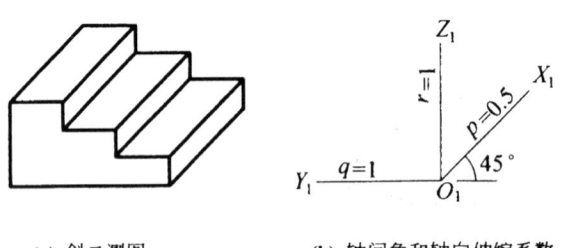

(a) 斜二测图　　　　(b) 轴间角和轴向伸缩系数

图 8-15　台阶的斜二测图

由于斜轴测图有如此特点，所以对于只有一面形状比较复杂的形体一般采用以该面为正面的斜二测图去表现，如图 8-16 所示。

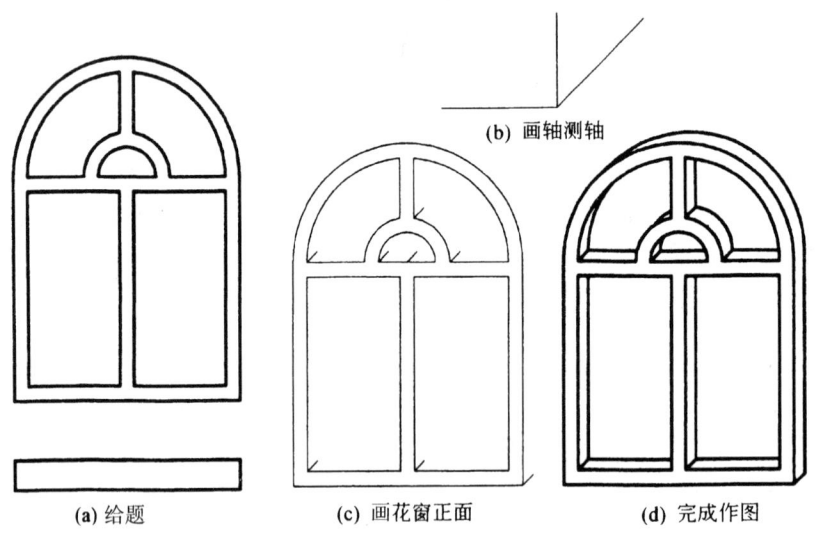

(a) 给题　　　(c) 画花窗正面　　　(d) 完成作图

(b) 画轴测轴

图 8-16　花窗的斜二测图

8.3.3　水平斜轴测图（鸟瞰图）

如图 8-17 所示，当形体上的坐标面 XOY 平行于轴测投影面 P，且采用斜投影法（投射方向 S_1）进行投射时，在 P 面上所得的投影为水平斜轴测图。水平斜轴测图常用的轴间角及轴向伸缩系数见图 8-18。

当取 $p=q=r=1$ 时，所得为水平斜等测图。

例如，要画图 8-19a 所示建筑形体的水平斜等测图，选定其坐标轴后就可按图 8-19b、c、d 的过程逐步完成。

水平斜轴测图适用于表现水平面上具有较复杂形状的形体、建筑群体或室内布置图等。图 8-20 所示为某餐厅的平面布置设计效果图。这种图也可称之为鸟瞰图。

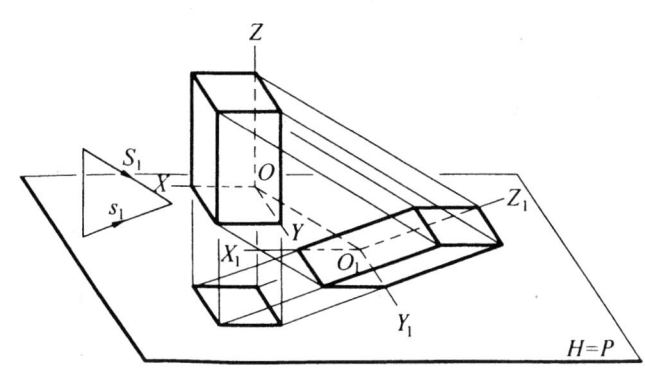

图 8-17 水平斜轴测图的形成   图 8-18 水平斜轴测图的轴间角及轴向伸缩系数

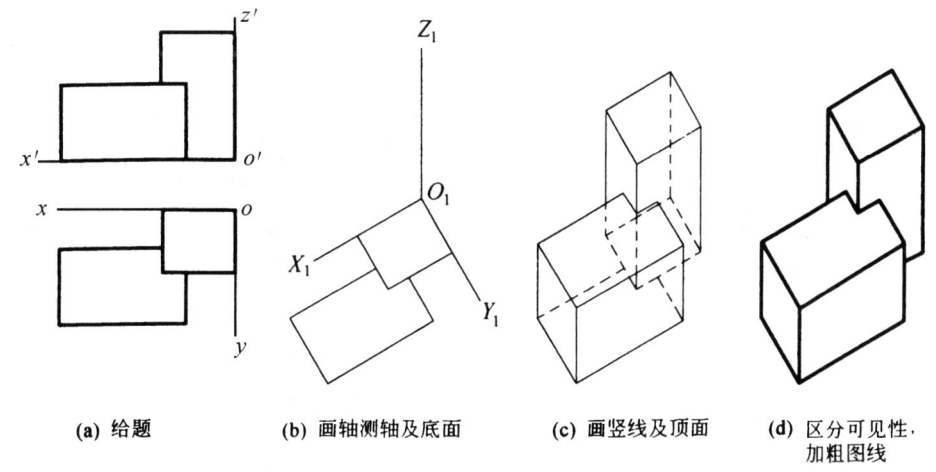

(a) 给题   (b) 画轴测轴及底面   (c) 画竖线及顶面   (d) 区分可见性，加粗图线

图 8-19 建筑形体的水平斜等测图

8.3.4 斜三测图

要使斜轴测图中三根轴测轴的轴向伸缩系数都不相等，就必须使空间形体上的三根直角坐标轴对轴测投影面倾斜的角度都不相等。可想而知，此时的轴间角和轴向伸缩系数势必出现十分复杂的局面。故此，斜三测图在实际工程中没有使用价值。

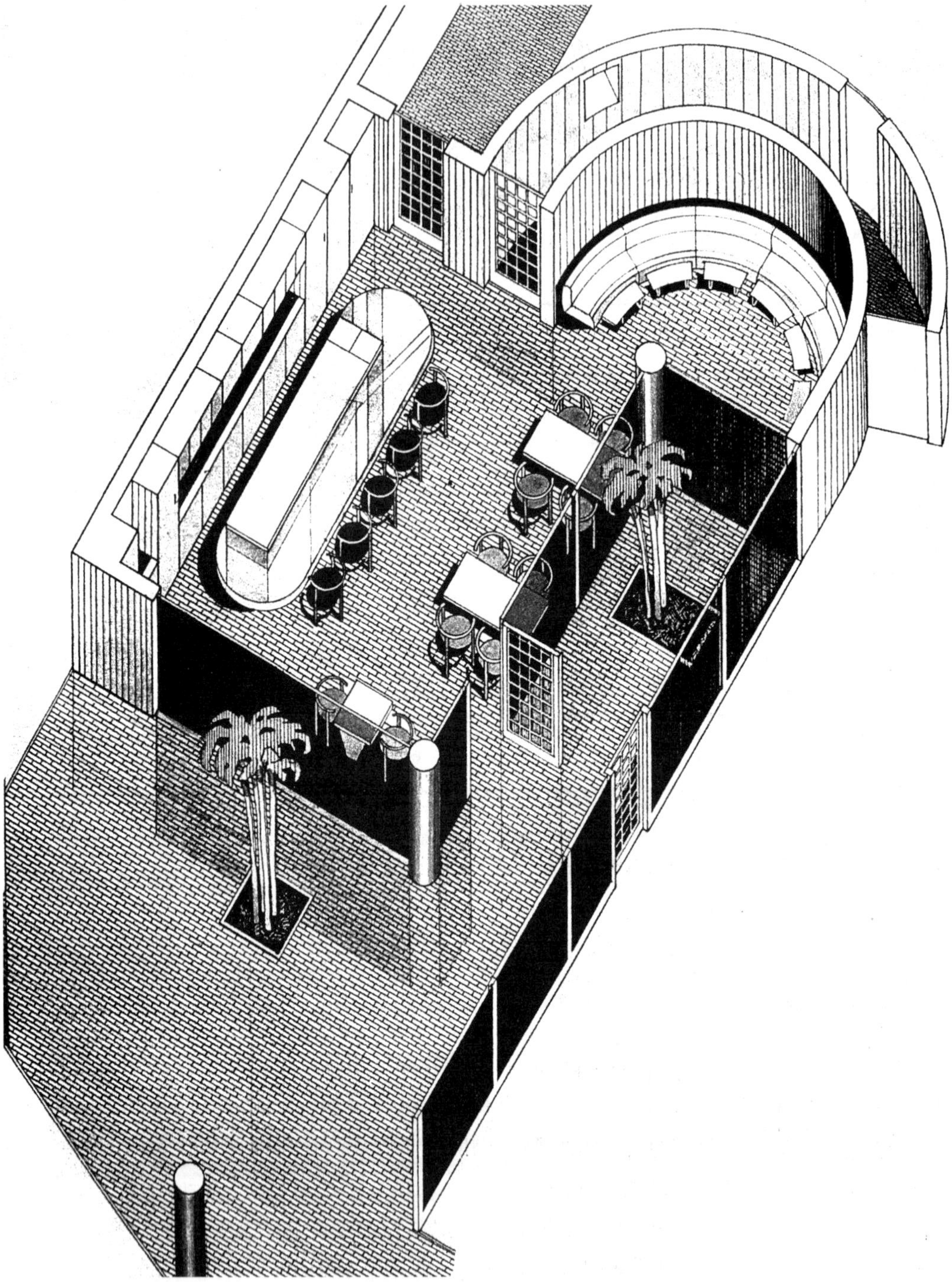

图 8-20 某餐厅的平面布置设计鸟瞰图

第9章 透视图

9.1 概述

透视图是用中心投影法作出的单面投影。建筑透视图通常是根据已知的建筑平、立、剖面图，运用一定的透视作图原理与方法绘制而成的。作图的要点是如何选择好视点 S 和画面 P 的位置及画面 P 与建筑物主立面之间的相对角度，以及如何解决好有关的度量问题等。

由于透视图具有较强的直观性，故在实际工作中常用它作为方案设计的效果图。

9.1.1 基本术语和符号

为了便于说明，使读者易于理解和掌握透视原理，下面先根据《GB/T 16948—1997 投影法术语》介绍有关透视图的基本术语和符号（图9-1，另有声明者除外）。

(1) 画面 P ——绘画透视图的平面。

(2) 基面 H ——放置空间形体的水平面，也可将绘有平面图的投影面 H 理解为基面。

(3) 基线 $p—p$ 或 $g—g$ ——画面与基面的交线。在基面上用 $p—p$ 表示画面的位置；在画面上则用 $g—g$ 表示基线的位置。

(4) 视点 S ——投射中心（相当于人的眼睛），从视点出发的投射线称为视线。

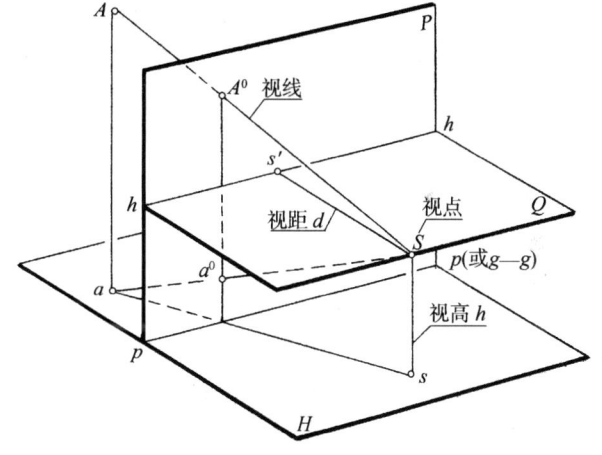

图9-1 透视的基本术语、符号

(5) 站点 s ——视点在基面上的投影（相当于人站立的位置）。

(6) 主点 s' ——视点在画面上的投影，即过视点所作的主视线 Ss' 在画面上的垂足。

(7) 视平线 $h—h$ ——过视点 S 的视平面 Q 与画面的交线，即过主点 s' 所作的水平线。

(8) 视距 d ——视点到画面的距离，即主视线 Ss' 的实长。

(9) 视高 h ——视点到基面的距离，即 $h = Ss$（相当于人眼离地平面的高度）。

(10) 灭点 F ——直线上无穷远点的透视称为灭点。它可由过视点作平行于该直线的视线与画面相交而求得。当空间直线为水平线时，其灭点在视平线上。例如图9-2a中长度方向上的直线的灭点为 s'；又如图9-3a中长度和宽度方向上的直线的灭点分别为 F_X、F_Y。

(11)点的透视——通过任一空间点的视线与画面的交点。例如点 A 的透视为 A^0。[①]

(12)基透视——空间几何元素或形体的水平投影的透视。例如点 A 的水平投影 a 的基透视为 a^0。

9.1.2 建筑透视图的分类

根据视点、建筑形体、画面三者之间相对位置的不同，建筑形体的透视形象也就有所不同。建筑设计、室内设计经常使用的透视图大致可分为一点透视、两点透视、三点透视（或平行透视、成角透视、斜透视）三类。

1. 一点透视

当画面 P 垂直于基面 H，建筑形体有一主立面平行于画面而视点位于画面的前方时，所得的透视图因为只在长度（进深）的方向上有一个灭点，所以称之为一点透视（或因形体有一个主立面与画面平行而又称之为平行透视），如图 9-2 所示。

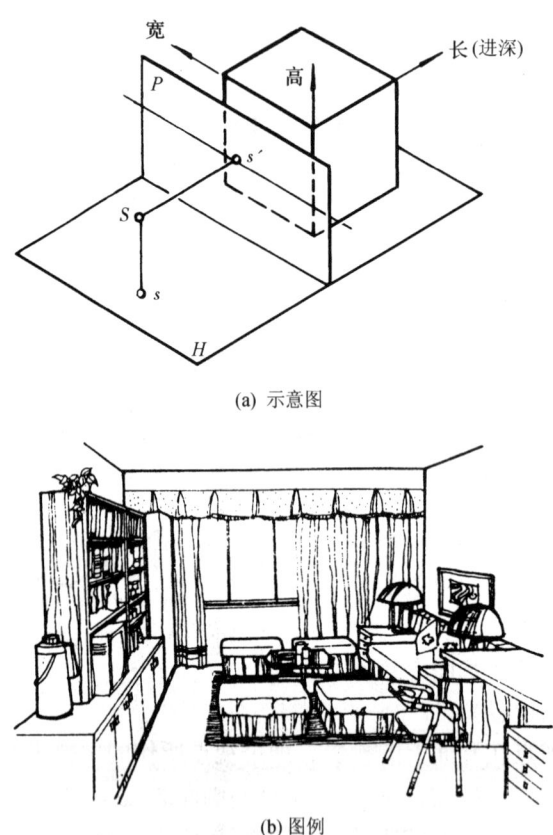

(a) 示意图

(b) 图例

图 9-2 一点透视

注：①在本书中，点的透视用与该点相同的字母加上标"0"标记，当不引起误解时，有时把上标"0"省略。

一点透视的特点是建筑形体的主立面不变形,作图相对简易,能同时显示出室内正面及其上、下、左、右共五个界面,纵深感强,适合于表现庄重、严肃的室内空间。缺点是比较呆板,不太符合人的一般视觉习惯。

2. 两点透视

当画面 P 垂直于基面 H,建筑形体的两个相邻主立面与画面倾斜成某种角度而视点位于画面的前方时,所得的透视图因为在长度和宽度两个方向上各有一个灭点,所以称之为两点透视(或因形体有两个主立面与画面倾斜成某个角度而又称之为成角透视),如图 9-3 所示。

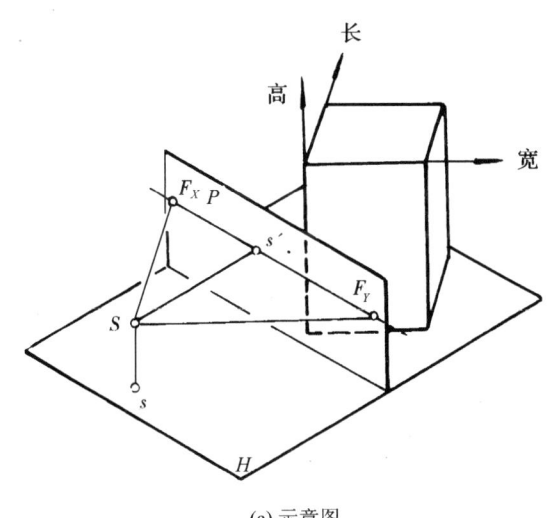

(a) 示意图

(b) 图例

图 9-3 两点透视

两点透视的特点是图面效果较活泼、自由，比较接近人的一般视觉习惯，所以在建筑设计、室内设计中获得广泛应用；但作图相对一点透视麻烦些，而且一般只显示出室内的四个界面。

3. 三点透视

当画面 P 倾斜于基面 H，建筑物的主立面与画面倾斜而视点位于画面的前方时，所得的透视图因为在长、宽、高三个方向上各有一个灭点，所以称之为三点透视（或因形体的三个主要面都与画面倾斜而又称之为斜透视）。

三点透视的表现效果更活泼、自由，更符合人的一般视觉印象；但作图相对更为复杂，在室内设计工作中只有在想取得某种特殊效果时才采用，本书对此不作介绍。

9.1.3 视点的选择

为了获得表现效果满意的透视图，在动笔之前必须先根据建筑形体的特点和表现要求，考虑好采用哪一种透视图，然后再根据实际情况选择好视点的空间位置。

视点空间位置的选择，实际上体现为站点的位置和视高的选择（参阅图 9-1）。

1. 站点位置的选择

站点位置的选择一般在平面图中进行，包括视距和站位两个问题。其选择原则是：

（1）当画面（即基线 $p—p$）设定在建筑物的前方时，对所画为整个房间的室内透视来说（图9-4），视距 d 的大小以大致等于或稍大于画幅的宽度 K 为宜。这是因为当人以一只眼睛凝视前方景物时，一般认为视阈清晰范围所对应的水平视角，大致等于54°之故。如果所画为室外透视，视距可取大一些，一般取 $d \approx 1.5K$。

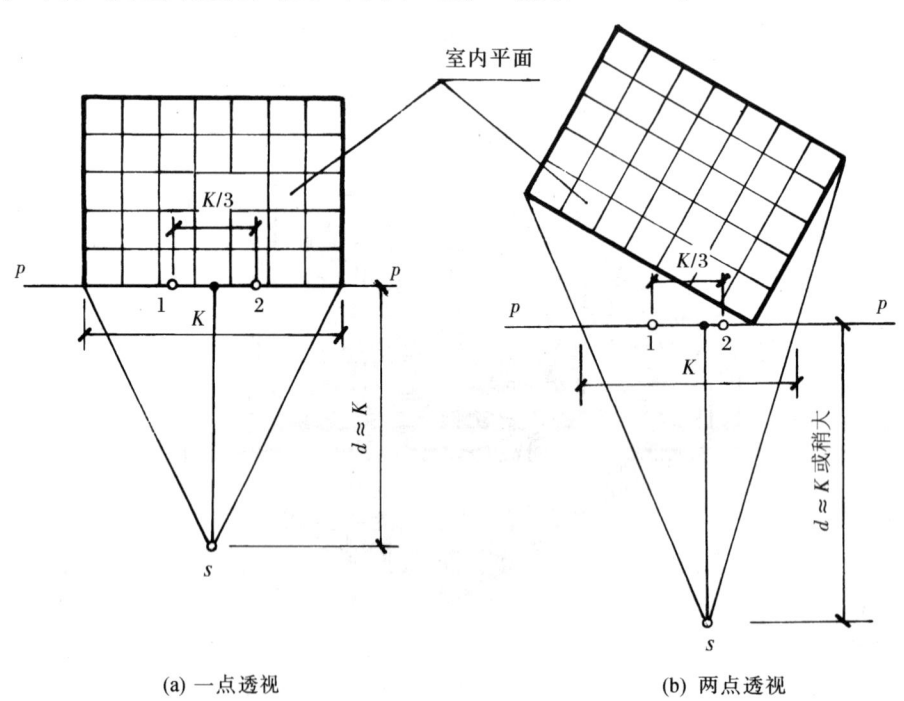

(a) 一点透视　　　　　　　　(b) 两点透视

图9-4　室内透视的站点位置的选择

（2）尽可能使站位落在画幅宽度 K 的中部 1/3 范围内，即尽量使过站点 s 所作的中视线的垂足落在图 9-4 所示基线 p—p 上的点 1 与点 2 之间。

以上是站点位置选择的一般原则。如果为了获得某种特殊效果，也可以突破这个原则。

2. 视高的选择

视高的选择即视平线位置的选择。对绘制室内透视图来说，一般以略高于室内净高的一半，即以离地面大约 1.7m 的高度来确定视高为宜。因为这与人们日常生活中的视觉印象相接近，画面比较自然，很容易被人们接受，如图 9-5a 所示。

在表现宾馆大堂、酒楼大厅等高大空间时，为了显示出顶棚的造型及其装修、装饰的环境气氛，则以选择较低的视平线为宜（图 9-5b），但这时会不利于表现室内的平面布置和进深方面的情况。

相反，采用较高的视平线，就会使画面显示出一定的俯视效果，如图 9-5c 所示。这时一般去掉顶棚，即用鸟瞰的表现手法来体现房间的平面布置。

(a) 一般视平线效果

(b) 降低视平线效果

(c) 提高视平线效果

图 9-5　视高的选择

9.2 透视图的基本画法

9.2.1 建筑师法

运用一系列视线与画面的交点和主向轮廓线的灭点，根据形体的正投影图求作透视图的方法，通称建筑师法。

如图 9-6a 所示，画透视图时为了作图方便，通常令形体的一条棱线（例如 OC）位于画面上，于是这条棱线的透视就是它的本身，我们把这条透视等于本身实长的直线称为真高线。

具体作图如图 9-6b 所示。先将基面 H 与画面 P 分开，画成基面在上、画面在下并互相对齐的形式（此时基面上的基线即画面位置线 $p—p$，画面上的视平线 $h—h$ 和基线 $g—g$ 三者互相平行），然后选定站点 s 的位置并求出主向轮廓线的灭点 F_X、F_Y。于是便可通过站点 s 作一系列视线的投影与 $p—p$ 相交，和运用灭点 F_X、F_Y 来作图了。其过程是：

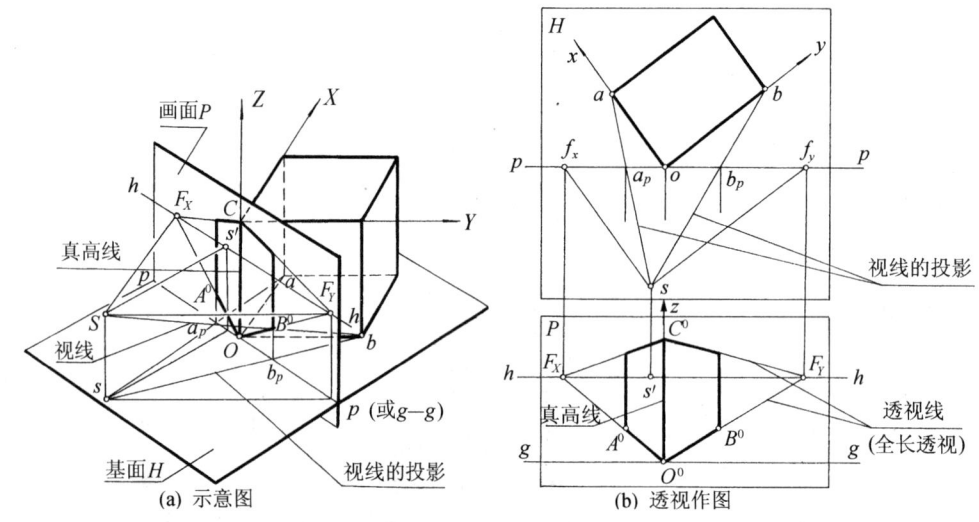

图 9-6 建筑师法

(1) 过站点 s 作 $sf_y /\!/ ob$ 与 $p—p$ 相交于 f_y，再过 f_y 向下引竖直线与 $h—h$ 相交得灭点 F_Y；同理可得另一个灭点 F_X。

(2) 过站点 s 作视线的投影 sb 与 $p—p$ 相交于 b_p，再过 b_p 向下引竖直线与透视线 O^0F_Y 相交于点 B^0，于是得顶点 B 的透视 B^0。同理可得另一顶点 A 的透视 A^0。

(3) 由于题设形体的 C 棱位于画面上，故 C 棱的透视 O^0C^0 与它本身重合，即 O^0C^0 为真高线。再过 C^0 分别作透视线 C^0F_Y、C^0F_X，它们分别与过 B^0、A^0 的竖直线相交，于是分别得 B 棱、A 棱的透视。

(4) 最后，用粗实线加粗所求得的形体的透视轮廓，完成作图。

从上述作图过程可见，基面 H 和画面 P 的边框只起到象征性的意义，对实际作图没有任何作用，故以后求作透视图时均不画边框，只画出 $p—p$、$h—h$、$g—g$ 三条互相平行的直线即可。

例 9-1　已知形体的两面投影（图 9-7a），试用建筑师法画出它的两点透视。

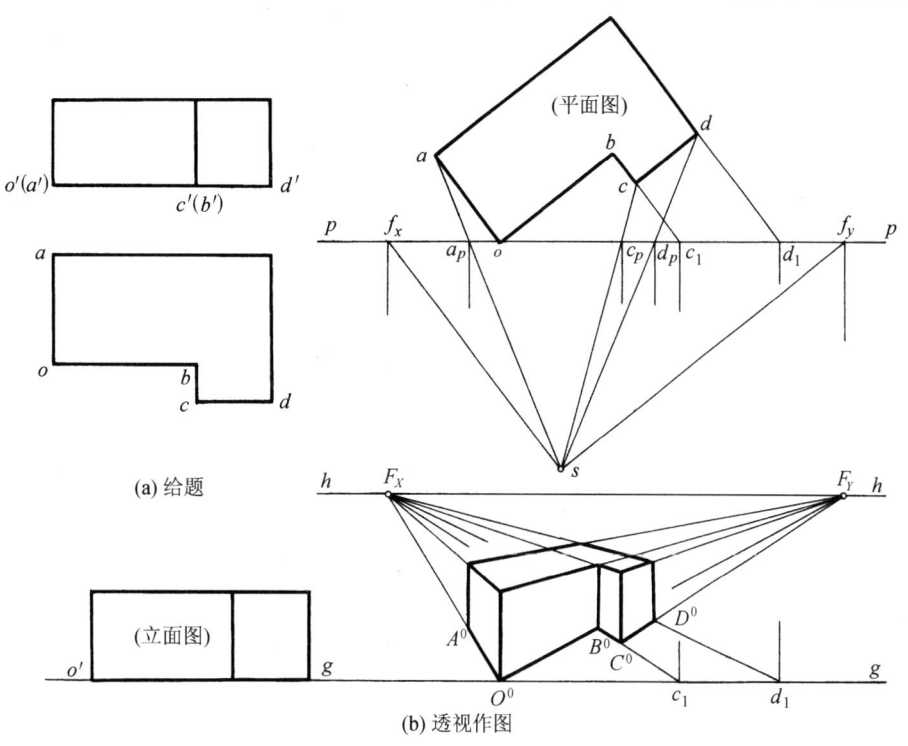

图 9-7　用建筑师法画形体的两点透视

分析　该形体的平面形状呈┐形，其上下底互相平行，即各处棱线的高度相等。

作图　选定画面和站点以及视平线、基线的位置后，即可作图（图 9-7b）。

(1) 分别求出形体两个主向轮廓线的灭点 F_X、F_Y。

(2) 作视线的投影 sa 与 $p—p$ 相交得点 a_p，于是通过 a_p 便可在全长透视 O^0F_X[①] 上定出点 A 的透视 A^0。

(3) 为了能用同样的方法定出点 C 的透视 C^0，图中把 bc 先顺其方向延长与 $p—p$ 相交于 c_1，再据 c_1 在 $g—g$ 上定出 c_1，于是便可在全长透视 c_1F_X 上得出点 C 的透视 C^0。同理可得出透视 D^0。而透视 B^0 则是利用 c_1F_X 与 O^0F_Y 相交的方法求得的。

(4) 由于点 O 在画面上，故通过点 O^0 的棱线为真高线，据此就可运用 F_X、F_Y 逐步求出各处的透视高度。

例 9-2　已知形体的两面投影（图 9-8a），试用建筑师法画出它的一点透视。

分析　该形体由高度不同的 A、B、C 三个四棱柱组成。求作一点透视时，常令画

注：① 空间无限长的直线的透视一般为有限长的线段，通称透视线；有时也称这些从画面上的点开始至某一灭点为止的透视线为全长透视。

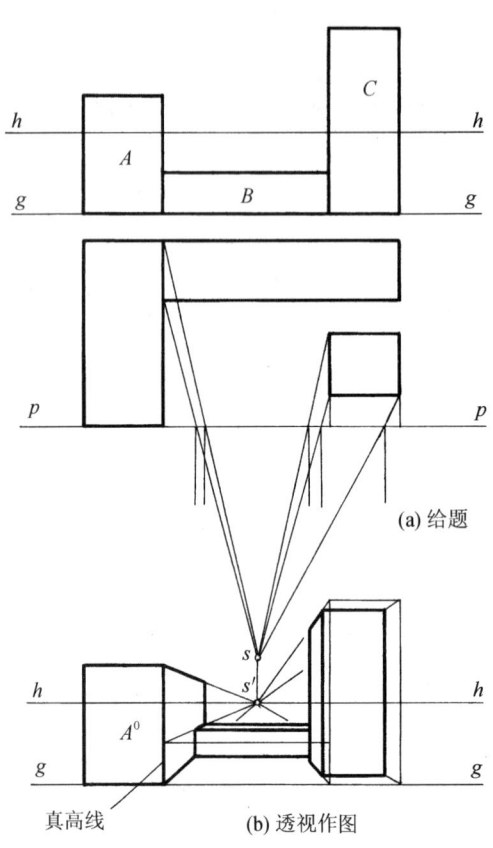

图 9-8 用建筑师法画形体的一点透视

面通过形体的某个表面,即令该表面的透视与本身重合,反映实形。

作图

(1)在 $h—h$ 上定出主点 s',它是形体上垂直于画面的轮廓线的灭点(参阅图 9-2a)。

(2)定出 A、B、C 三个四棱柱的前表面在透视图中的位置。其中,由于画面 P 通过四棱柱 A 的前表面,所以,该棱柱前表面的透视 A^0 与其本身重合,用粗实线表示(图 9-8b);但其余两棱柱的前表面因不在画面上,故在图中仅用细实线表明将它们引至画面上的位置。

(3)过主点 s' 引一系列形体上可见轮廓线的全长透视;同时过站点 s 有选择地作一系列视线的投影与 $p—p$ 相交,于是通过这些交点向下引竖直线,就可在上述的全长透视上分别截取出所求形体的透视轮廓。

(4)最后加粗可见轮廓线,完成作图。

9.2.2 量点法

运用两个方向上的用以解决度量问题的辅助直线的"灭点"和形体上两个主向轮廓线的灭点,根据形体的坐标尺寸(或主向轮廓线的长度)来求作透视图的方法,通称量点法。此种辅助直线的"灭点"通称量点。

如图 9-9a 所示,设形体的棱线 OC 位于画面上,底边 Ob、Oa 分别为 Y 向、X 向轮廓线的长度(相当于坐标尺寸)。在顶点(或称原点)O 的右侧基线上，量取 $Ob_1 = Ob$ 得点 b_1，连接 b_1b，b_1b 即为 Y 向上的辅助直线。过视点 S 作视线 $SM_Y // b_1b$ 而与 $h—h$ 相交得"灭点"M_Y。我们把这个点 M_Y 称之为(解决 Y 向上度量问题的)量点。同理可得(解决 X 向上度量问题的)辅助直线 a_1a 的量点 M_X。

在画面 P 上作透视图时，分别连接全长透视 O^0F_Y、b_1M_Y，O^0F_X、a_1M_X，两组全长透视两两相交的交点 B^0、A^0 即分别为顶点 B、A 的透视。于是便可进一步画出形体的透视。

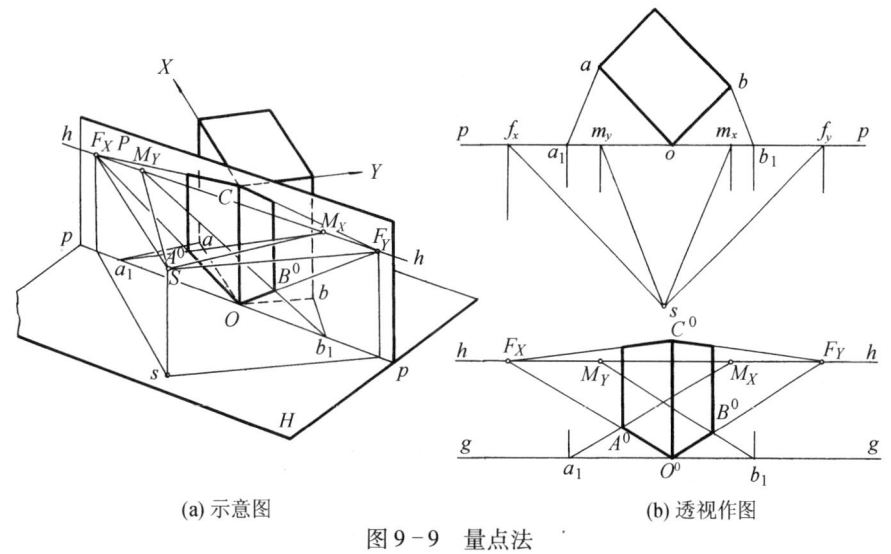

(a) 示意图　　　　　　　　　(b) 透视作图

图 9-9　量点法

图 9-9b 所示为形体透视的具体画法。其过程是：

(1) 先画出三条互相平行的直线 $p—p$、$h—h$、$g—g$，并恰当地定出站点 s。

(2) 过 s 作 $sf_y // ob$ 与 $p—p$ 相交于 f_y，进而在 $h—h$ 上定出 F_Y。在 $p—p$ 上量取 $ob_1 = ob$，连接辅助直线 b_1b，再过 s 作 $sm_y // b_1b$ 与 $p—p$ 相交于 m_y，进而在 $h—h$ 上定出 M_Y。同理，可在 $h—h$ 上定出 F_X 和 M_X。

(3) 按既定的相对位置在 $g—g$ 上定出顶点 O 的透视 O^0 和点 b_1、a_1；分别连接两组全长透视 O^0F_Y，b_1M_Y，O^0F_X，a_1M_X，它们两两相交的交点 B^0、A^0 便分别为顶点 B、A 的透视。

(4) 再利用 C 棱的真高定出 C^0，于是不难画出该形体的透视。

从图 9-9b 可见，由于 $m_xf_x = sf_x$，$m_yf_y = sf_y$，故以后作图时，可改为分别以 f_x、f_y 为圆心，以 sf_x、sf_y 为半径画圆弧与 $p—p$ 相交，即可在 $p—p$ 上求得 m_x、m_y，如图 9-10a 所示。

例 9-3　已知形体的两面投影和基线 $p—p$、站点 s 的相对位置，设视高为 h(图 9-10a)，试用量点法放大一倍画出它的两点透视。

分析　从给题的两面投影可知，该形体由两个大小不同相互咬合的四棱柱组成，大四棱柱为主体，画面通过其前方的棱线即 $p—p$ 通过顶点的水平投影 a。

作图

(1) 画出基线 $g—g$，并按题意将视高 h 放大一倍画出视平线 $h—h$(图9-10b)。

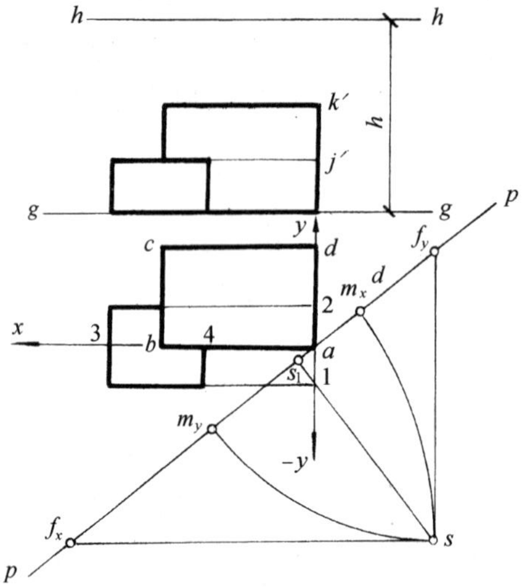

(a) 给题

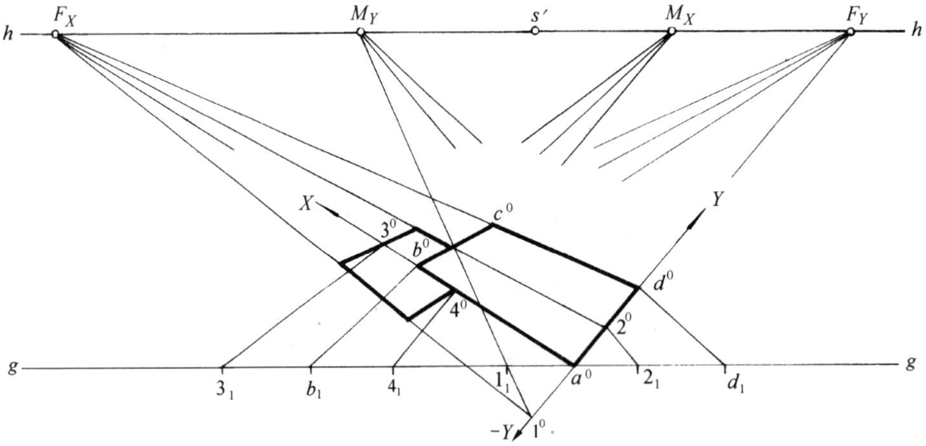

(b) 基透视

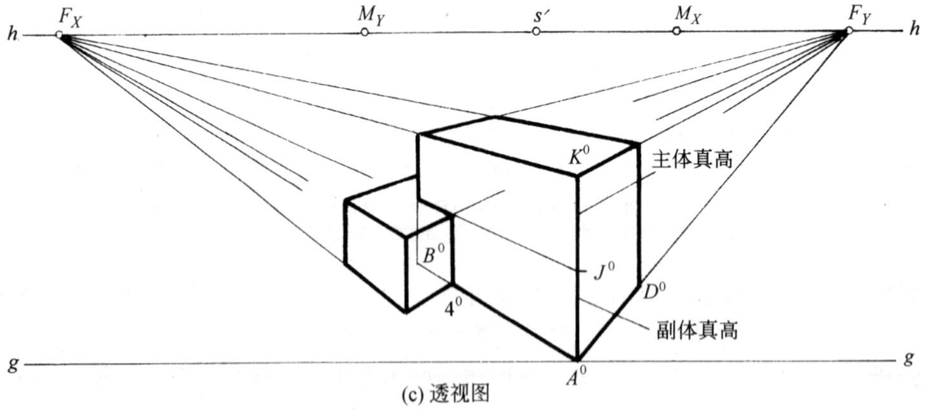

(c) 透视图

图 9-10 用量点法作形体的两点透视

(2)在视平线 h—h 上,根据图 9 - 10a 所求得的 f_x、f_y、m_x、m_y 和 s_1 五个点的相对位置,同样放大一倍定位得 F_X、F_Y、M_X、M_Y 和 s' 五个点。

(3)在基线 g—g 上正对主点 s' 的下方,参照图 9 - 10a 中点 a 相对于 s_1 的距离,同样放大一倍将 a^0 的位置定出。

(4)在图 9 - 10a 中以 a 为原点建立坐标系,ab 为主体 x 方向的边长,ad 为 y 方向的边长。据此便可在图 9 - 10b 中以点 a^0 为原点,在基线 p—p 上向左截取 $a^0b_1 = 2ab$,向右截取 $a^0d_1 = 2ad$,先后得出 b_1、d_1 两点。分别作全长透视 a^0F_X、b_1M_X 和 a^0F_Y、d_1M_Y,它们两两相交得点 b^0、d^0;再分别过 b^0、d^0 向 F_Y、F_X 作透视线相交于 c^0,于是得主体的基透视 $a^0b^0c^0d^0$。

(5)由于用量点法作透视图是以同一坐标系的坐标尺寸(或主向轮廓线的长度)来度量定位的,所以在求作副体部分的基透视时,必须找出它与原有坐标系的关系。如图 9 - 10a 所示,它的四条边分别以 1、2、3、4 四个点在 y 轴、x 轴上定位,其中点 1 在 $-y$ 的方向上,其 y 坐标值为负值。于是在图 9 - 10b 的基线 g—g 上分别按照 1、2、3、4 四个点的坐标值(或主向轮廓线的长度),同样放大一倍依次以 a^0 为坐标原点定出 1_1、2_1、3_1、4_1 四个点(其中点 1_1 落在 a^0 的左侧),将这四个点分别与各自的量点相连,便可在 X 轴上求得 3^0、4^0,在 $-Y$ 轴上求得 1^0,在 Y 轴上求得 2^0。然后再分别过 1^0、2^0、3^0、4^0 各点作透视线,就可得副体部分的基透视。

(6)最后画出该形体的透视高度。其中 A^0K^0 为主体部分的真高,A^0J^0 为副体部分的真高。具体作图见图 9 - 10c,不再赘述。

9.2.3 距点法

运用一个方向上的、与基线成 45°角的辅助直线的"灭点" D,和垂直于画面的主向轮廓线的"灭点"(即主点)s',根据形体的坐标尺寸(或主向轮廓线的长度)求作透视图的方法,通称距点法。

如图 9 - 11a 所示,设形体的前棱面位于画面上,即该棱面的透视是它的本身;底边 Ob 为进深方向上的长度,该进深方向垂直于画面,即 Ob 的灭点为主点 s'。

在顶点 O 的右侧基线上量取 $Ob_1 = Ob$ 得点 b_1,连接 b_1b,于是 b_1b 为与基线成 45°角的辅助直线。过视点 S 作视线 $SD // b_1b$ 而与 h—h 相交得"灭点" D。从该图中可见,由于 SD 与 h—h 的夹角也是 45°,因此有 $Ds' = Ss' = $ 视距 d。所以,在这种情况下称这个"灭点" D 为距点。连接 Os'、b_1D,它们的交点 B^0 即为点 B 的透视,亦即解决了进深方向上的度量问题。

图 9 - 11b 所示为形体透视的具体作法:

(1)在 p—p 上点 o 的右侧量 $ob_1 = ob$ 得点 b_1,亦即得出与基线成 45°角的辅助直线 b_1b。过站点 s 作 $sd // b_1b$ 而与 p—p 相交于 d。

(2)在正下方的 h—h 上相应地定出主点 s' 和距点 D;又在 g—g 上相应地定出点 b_1 和画出该形体前棱面的实形。

（3）连接 O^0s'、b_1D，它们的交点 B^0 即为点 B 的透视。于是可进一步画得该形体的透视。

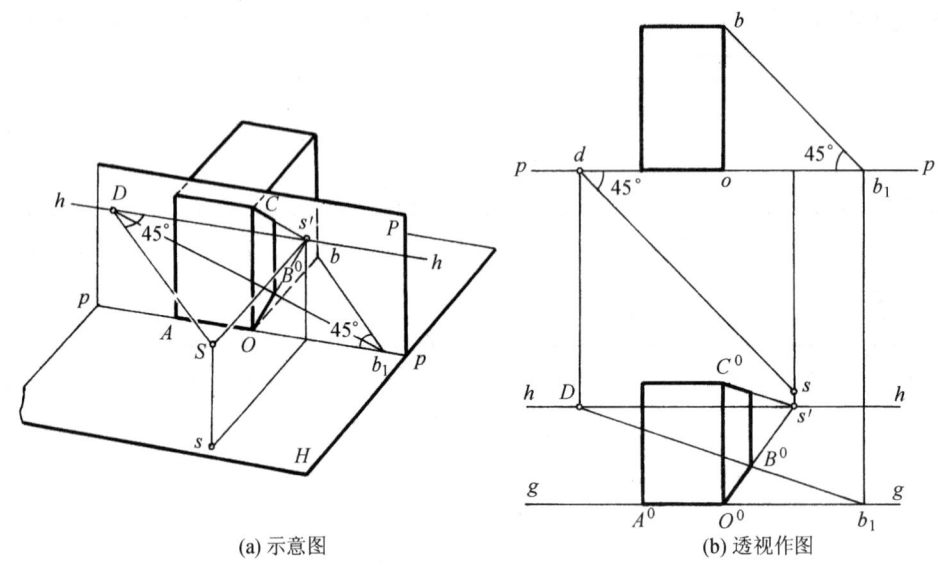

(a) 示意图　　　　　　　　(b) 透视作图

图 9-11　距点法

例 9-4　已知台阶的三面投影（图 9-12a），试用距点法根据投影图画出它的一点透视。

分析　根据该台阶的造型特点，设画面 P 通过其第一级的前踢面；并任设视高为略小于整个台阶高度的两倍，视距 ss_1 等于画幅宽度（台阶全长）的 1.5 倍，站点偏出左侧一个适当的距离。其目的是为了能较好地表现出该台阶的形象。

作图

（1）在已知的平面图中通过第一级台阶踢面画入画面位置线 p—p，再在其左侧按上述分析提出的要求定出站点 s，通过 s 作 45°线在 p—p 上定出距点的投影 d。

（2）按上述分析在图纸上画出基线 g—g，视平线 h—h，并在 h—h 上相应地定出主点 s' 和距点 D。

（3）再在 g—g 上相应地定出 A^0、B^0、c_1^0，并过 A^0、c_1^0 竖真高线，和在点 A^0 的左侧按踏面宽度分别定出点 1、2、3 等。

（4）于是利用距点 D 便可将全长透视 A^0s' 分割出 L^0、M^0、N^0 等点；过这些点作竖直线，与过 A^0 真高线上一系列等分点所作的射线分别相交，就可得该台阶侧面的透视。

（5）最后利用过 c_1^0 所竖的真高线，并通过作图，便可完成整个台阶的一点透视。

9.2.4　网格法

首先在基面（即水平投影面）上画入以某一单位长度为边长的方格网，然后画出该方格网的透视，将平面图中的图形"对号入座"画入该透视网格中，再进一步确定出各处的透视高度，完成透视作图。这种求作透视图的方法，通称网格法。

网格法特别适用于绘画建筑群体、室外环境和室内平面布置的透视图。

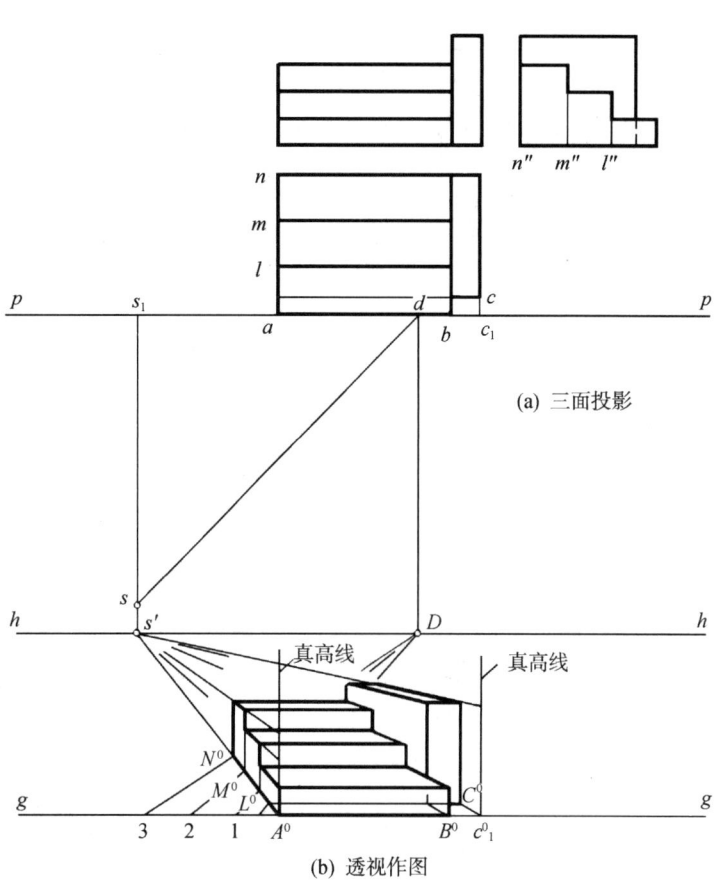

图 9-12 台阶的一点透视

如图 9-13a 所示,在庭院一角的地面上,有弯曲的道路、圆形的石凳(高 0.4 m)和灯柱(高 2 m)等。现采用网格法放大一倍即按比例[1] 1∶50 画它的一点透视。

(1) 在平面图上画入以某一单位长度(该图取 0.5 m)为边长的方格网,并任意设定站点 s 的位置(设在点 5、6 中点的正前方,视距 $d=5.5$ m)以及对方格进行编号。

(2) 在图纸上画入基线 g—g、任设视高 $h=4$ m 画入视平线 h—h,并在其上定出主点 s' 和按 $s'D=d=5.5$ m 定出距点 D(D 在图纸之外),再在 g—g 上亦以点 5、6 的中点为准定出 0,1,2,……,11 各个点,于是利用 OD 与过主点 s' 的一系列线束的交点画得一点透视网格。

(3) "对号入座",画入道路、石凳和灯柱的基透视(图中除顶点 a 外,已省去石凳的基透视)。

(4) 最后用"截距法"确定石凳和灯柱的透视高度,再经整理,例如省去石凳的基透视和加画一些细部后便得该庭院一角的透视,如图 9-13b 所示。

这里所说"截距法"中的"截距",是指用任一水平线去与透视网格中同一方向上的两条网格线相交所得的两个交点之间的距离,如图 9-14 所示。

注:[1] 透视图中的比例,是指在作图过程中对有关线段或尺寸所采用的度量关系。

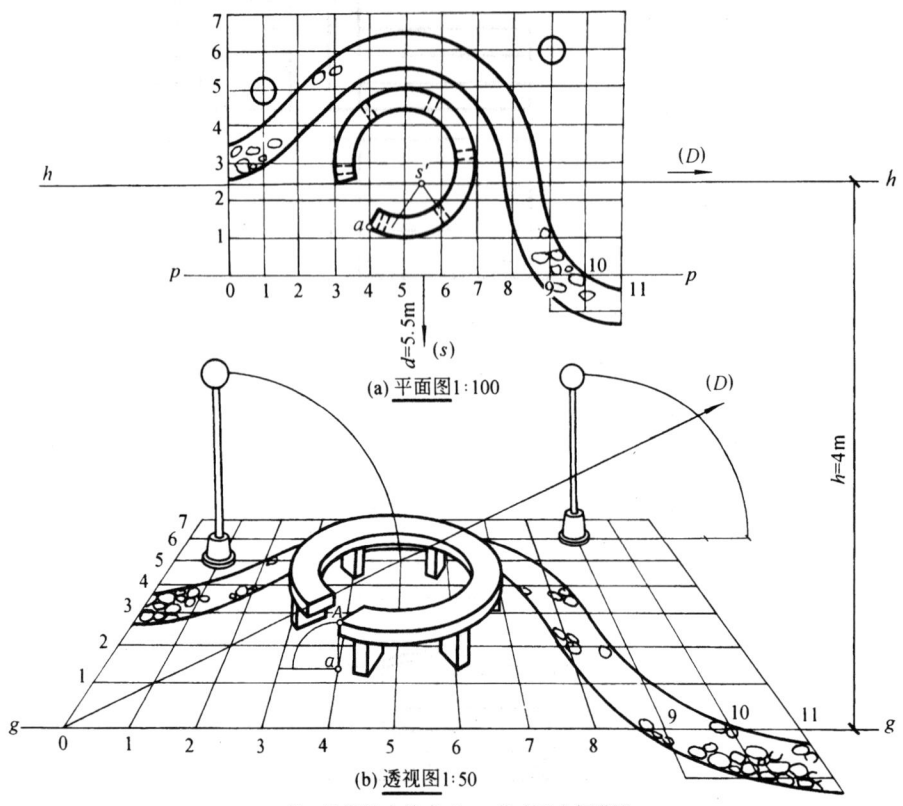

(a) 平面图 1:100

(b) 透视图 1:50

注：透视图中的点 A、a 省略了上标"0"

图 9-13 网格法及其应用

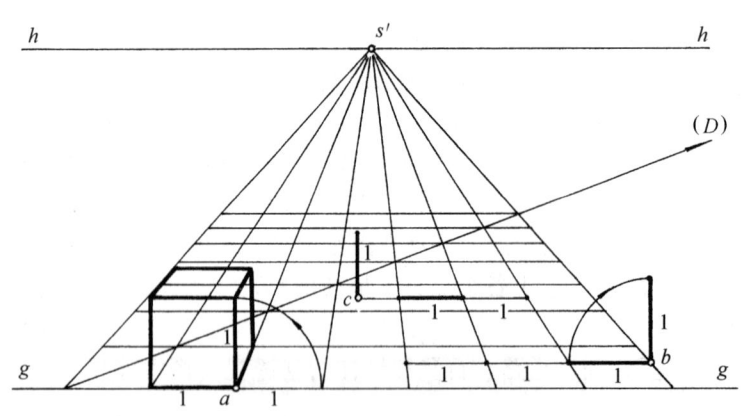

图 9-14 一点透视网格的截距

从该图中可以看出，对一点透视网格来说，无论是过点 a 还是过点 b、c 所作的水平直线，所得的截距都是 1。若把所得的截距就地竖起来，就可求得当地 1 个单位的透视高度或画得以 1 为边长的单位立方体的透视。

实际画图时，对方格网的边长赋以一定的数值，于是就可用它来求出具体景物的透视高度。这种求取景物透视高度的方法通称截距法。图9-13b中石凳和灯柱的透视高度,就是用这个方法求出来的。其中石凳高0.4 m,取略小于1格的长度;灯柱高2 m,则取4格的长度。

一点透视网格也可以用来画景物的两点透视。此外,也可把方格网画成两点透视网格,运用"对号入座"同样可画出景物的基透视。但此时透视高度的度量要麻烦一些,因为两点透视网格的截距不再是1。关于这个问题,留待下一节9.3.2中再作进一步探讨。

9.3 确定透视高度的几种方法

除了如前面的图9-10和图9-12所示的,当形体的某一竖直边恰好处在画面上即处在自基线画起的真高线上时,利用真高线便可直接确定出它的透视高度这种方法外,如果形体所处的是在基面的任一位置上,没有可以直接用来确定其透视高度的真高线,这时可采用下面介绍的三种方法之一求解。

9.3.1 集中真高线法

如图9-15所示,设形体A、B、C分别高10、30、20,已画出它们处在基面任一位置上的基透视。量取它们的透视高度时,可在基线g—g上任取一点o,竖真高线并在其上按同一比例定出高度为10、20、30的三个点;然后在视平线上任取一点F,过F与真高线上各点相连,于是就可利用这些连线通过作图逐一求出各个形体的透视高度。这个方法称为集中真高线法。

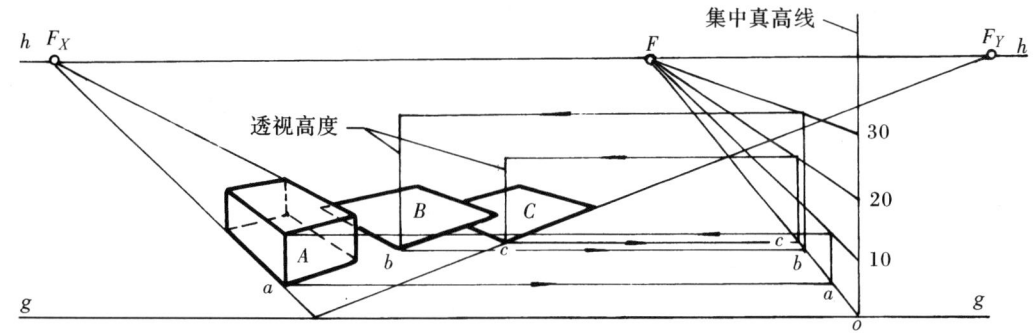

图9-15 集中真高线法

图9-16是集中真高线法的应用实例。其具体作法是:在视平线上任取一点F,再在建筑物尺度明显的地方(图中附在2.4 m高的门扇上)定出一条相当于人体高度(通常取1.7 m)的真高线AB。连接FA、FB并延长之,现要在地平面上的点C处画一个身高为1.7 m的男子,于是过点C作水平线与FA相交,该相交处所反映的FA、FB两线之间的竖直距离,即为所要画的男子的透视高度。如此类推,若要画的是妇女或小孩,适当画低些即可。

图 9-16 集中真高线的应用实例

9.3.2 截距法

在前面 9.2.4 中说过，所谓截距，是指任一水平线与透视网格中同一方向上两条相邻网格线的交点之间的距离。这个距离与方格网的网格线对画面的倾角 θ 有关，即等于该角度 θ 的正弦函数（$\sin\theta$）的倒数。例如，对一点透视来说，由于网格线垂直于画面，即它对画面的倾角 $\theta=90°$，$\dfrac{1}{\sin\theta}=1$，所以，一点透视的截距为 1（图 9-14）。

但对两点透视的网格线来说，如果它对画面的倾角 θ 为任意角度，则截距 $\dfrac{1}{\sin\theta}$ 为任意值，这样对透视高度的确定就比较麻烦了。这时，若设定倾角 θ 为某个特殊角，以后画图也采用这个特殊角，例如设定为 45° 或 30°、60°，如图 9-17a、b 所示，此时通过计算，事先得出 45° 透视网格的截距为 $\dfrac{1}{\sin 45°}=1.4$，30°—60° 透视网格的截距分别为

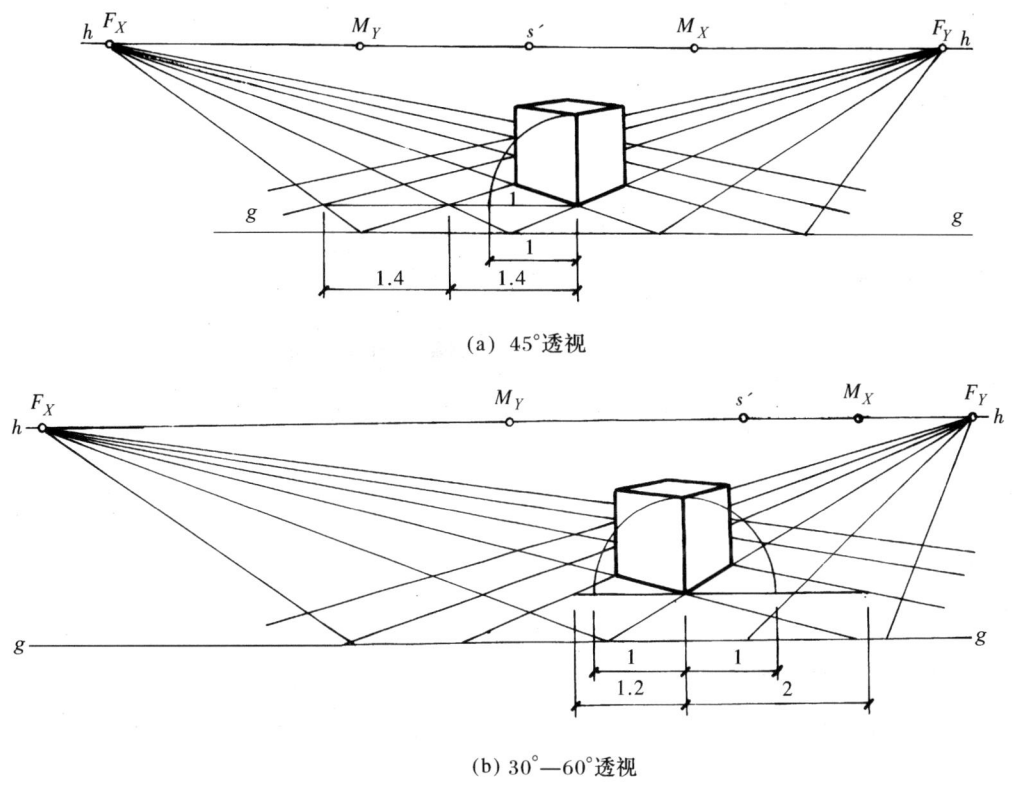

(a) 45°透视

(b) 30°—60°透视

图 9-17 两种特殊角度透视网格的截距

$\frac{1}{\sin 30°}=2$、$\frac{1}{\sin 60°}=1.2$。于是，利用这个既定的关系就可在这种透视网格的任一位置上画出边长为 1 的单位立方体，或按比例确定出形体各个不同部位在所处位置上的透视高度，这样作图就方便多了。

图 9-18 所示是在一点透视中用截距法求家具的透视高度的例子。设图中方格网每一格的边长为 20 cm，所画家具的形状及尺寸大小如图 9-18a 所示。在画出各件家具的基透视之后，就可过各件家具基透视的某些顶点，作水平直线与相邻的透视网格线相交，再根据各件家具的已知高度，按截距=1 截取所需的长度，并就地竖起来，就得所画家具的透视高度，如图 9-18b 所示（由于原有的透视网格范围有限，在求取家具各处的透视高度时，图中采用了将水平直线上的"截距"等距离地加长的方法求解，例如坐凳的透视高度，取原有的一格再加长一格并按目测再多取一点，即图中取 $2\times 20+5=45$（cm）便可。这样做实质上是用此法扩大了透视网格的范围）。

例 9-5 已知某家具的形状及尺寸大小同图 9-18a，并且已画出每格边长为 20 cm 的 30°—60°透视网格和该家具的基透视，试确定该家具的透视高度（图 9-19）。

分析 30°—60°透视网格的截距分别为 1.2、2，见图 9-17b。

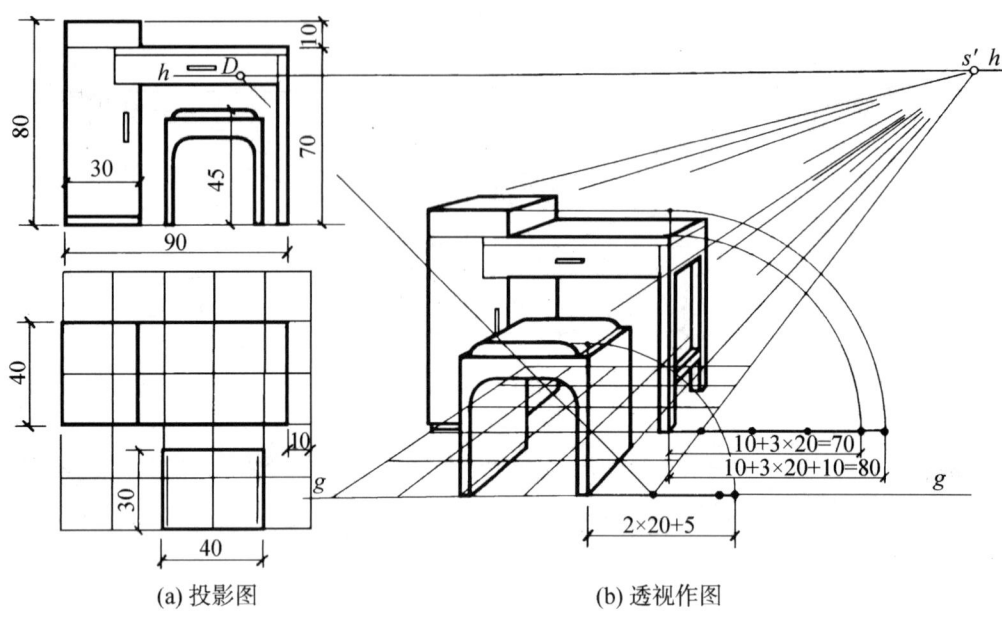

(a) 投影图　　　　　　　　　　(b) 透视作图

图 9-18　截距法的应用（一点透视）（单位：cm）

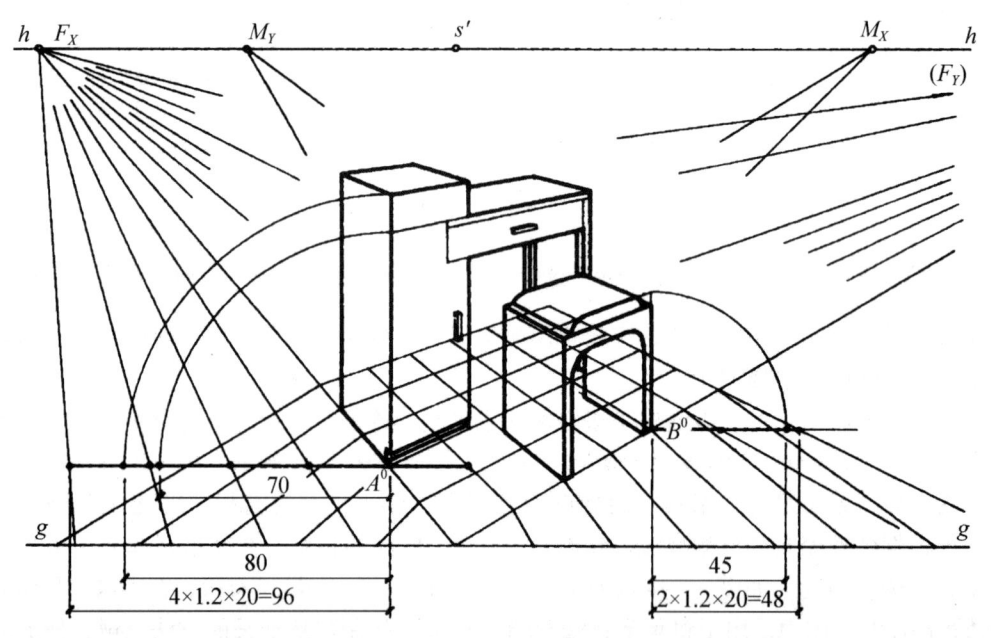

图 9-19　截距法的应用（30°—60°透视）（单位：cm）

作图

（1）过顶点 A^0 作水平直线与 60°方向的 4 条相邻网格线相交，得截距值 $4 \times 1.2 \times 20 = 96$（cm），按目测比例取其中的 80 cm，即为桌子左侧竖直轮廓线的透视高度。再取略小于三格的长度（即取 $3 \times 1.2 \times 20 = 72$（cm）中的 70 cm），即为右侧桌面的透视高度。

（2）同理，过顶点 B^0 作水平直线亦可截得 $2 \times 1.2 \times 20 = 48$（cm），按目测比例取其中的 45 cm，即得坐凳的透视高度。

9.3.3 比例控制法

比例控制法是指在竖直线上按一定的比例截取所画景物的透视高度的方法。在一点透视和两点透视中，其竖直线没有灭点，即它们都是可以按一定的比例关系度量或分割的。例如在图 9-20a 中，设视高为 1.7 m，只要将人头画得接近于视平线，而脚部又落在地面上时，其身高都会视为 1.7 m；即所配人物的高度与视高之比为 1∶1。又如在图 9-20b 中，设视高为 1.0 m，亦可利用比例关系控制任一位置上所站立的人物的透视高度。

（a）视高为1.7 m时人物的配置

（b）视高为1.0 m时人物的配置

图 9-20　比例控制法

9.4　室内一点透视

绘制室内一点透视最常用的方法有网格法和距点法两种。

9.4.1　用网格法绘制

例 9-6　已知某起居室的平面布置图及其开间尺寸（图 9-21），试用网格法画出它的一点透视。设该起居室净高 2.8 m，家具的基本尺寸参照常用家具（图 9-22）。

分析　该起居室的平面为 4 m×5.5 m 的矩形，为了突出靠后边的组合柜和沙发的造型，可考虑将画面（即基线 p—p）选择在略为靠后的位置上，如图 9-21a 所示，并设

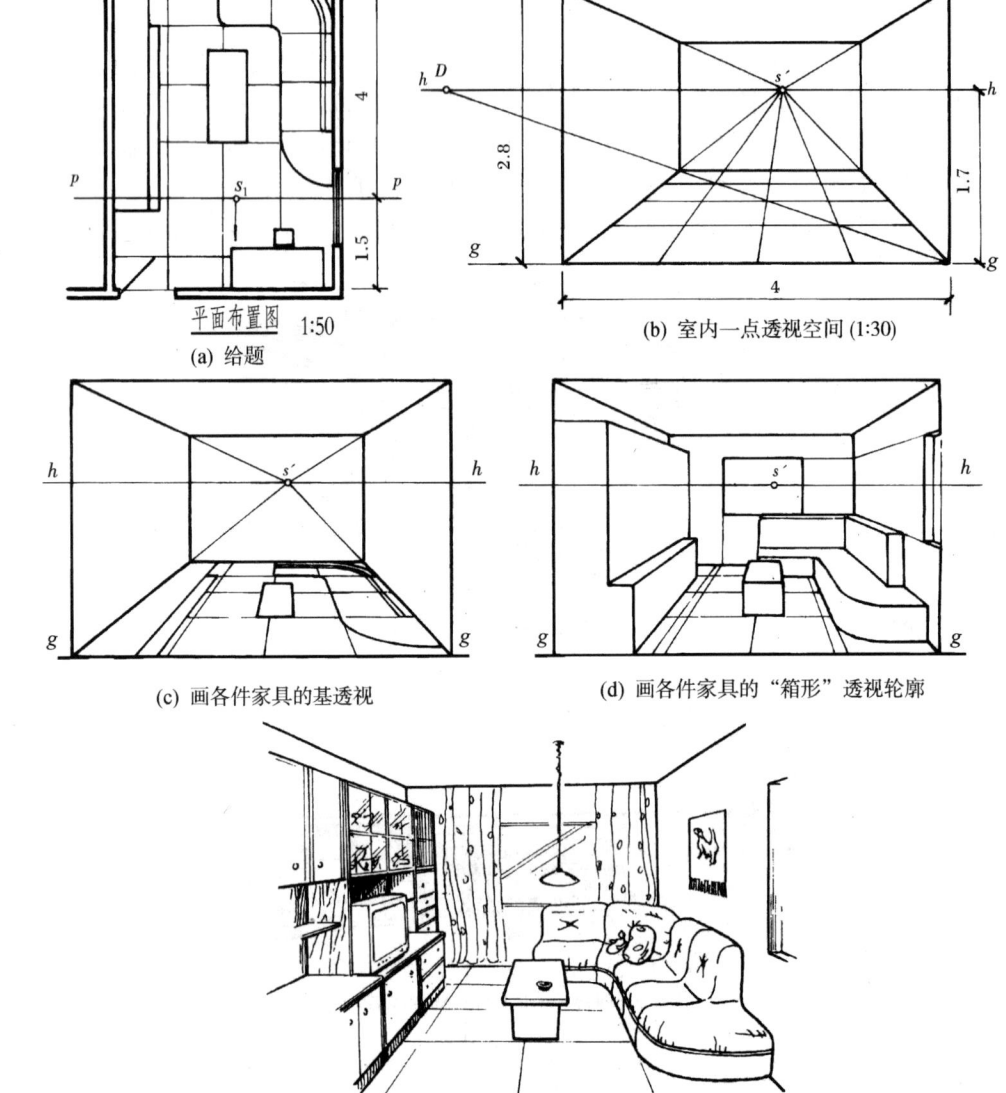

图 9-21 某起居室的一点透视

视距 $d \approx 4$ m。

作图

（1）根据上述分析，将基线 $p—p$ 设定在距后墙面 4 m 处（图 9-21a），并设定画图的比例。

（2）设视高 $h = 1.7$ m，视距 $d = Ds'$ 略小于 4 m，在图纸上画出基线 $g—g$ 和视平线

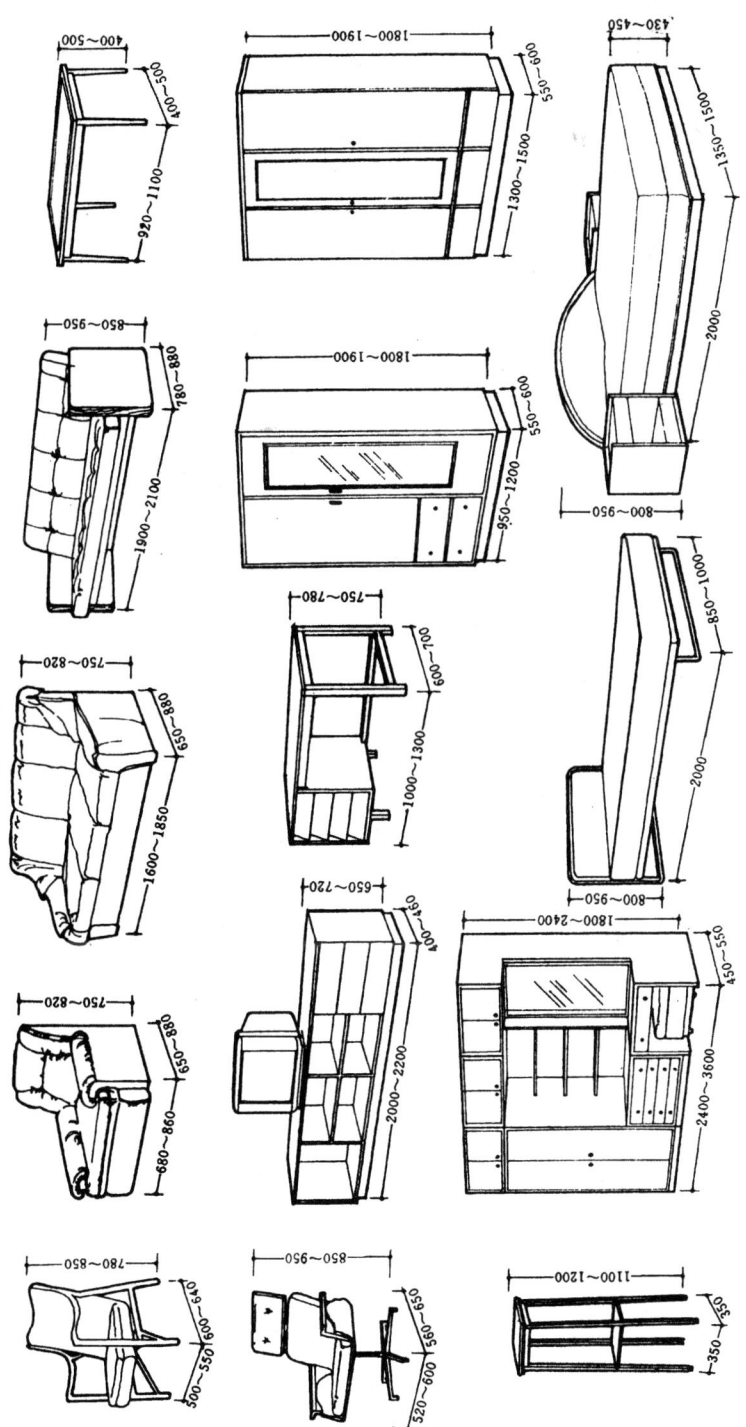

图9-22 常用家具的基本尺寸

$h-h$，并在 $h-h$ 上定出主点 s' 和距点 D。

（3）参照前面图 9-4a 所示的一般原则，即令主点 s' 落在画幅宽度的中部 1/3 范围内，于是便可根据室宽 4 m、进深 4 m、净高 2.8 m 画出该起居室的带透视网格的一点透视空间（图 9-21b）。

（4）根据平面布置图"对号入座"，画入各件家具的基透视（图 9-21c）。

（5）以各件家具的基透视为基础，参照常用家具的高度尺寸，按截距=1 确定它们在各个位置上的透视高度，画出它们的"箱形"透视轮廓（图 9-21d）。

（6）最后，根据经验和创意，准确地描绘各件家具的造型，再添画一些陈设等细节，便可完成作图，如图 9-21e 所示。

9.4.2 用距点法绘制

如果室内的平面形状不是简单的矩形，其空间造型也不是简单的长方体，此时，采用距点法画它的透视图比较适宜。

例 9-7 已知某室内的平面图（局部）、1—1 剖面图和 2—2 断面图（图 9-23a），试放大一倍画出它的一点透视。设选定画面（即基线 $p-p$）、视平线 $h-h$、基线 $g-g$ 及站点 s 的位置如图 9-23b 所示。

分析 从给题可知，该室内由过厅、走廊和过道三部分组成。右边走廊有一条立柱，其上、下方分别是矩形的纵梁和护栏；左边过道的顶棚端面不与过厅的墙面平齐，且高度也略低一些。

作图 （为了便于理解，本例采用将平面图放大一倍并置于图纸的下方之后绘制）

（1）设以基线 $p-p$ 与墙脚线 ab 的交点 o 为原点，于是可在基线 $g-g$ 上定出原点的透视 O^0。再设墙脚线 ab 为进深方向上的直角坐标轴，并把右边走廊立柱的足点 c 平移到 ab 上得点 c_1。

（2）过站点 s 作 45°斜线与 $p-p$ 相交得距点的投影 d；同理，过点 a、c_1、b 分别作 45°斜线可在 $p-p$ 上得出三个点 a_p、c_p、b_p。于是，便可在 $h-h$ 上定出距点 D，和在 $g-g$ 上定出解决进深透视度量问题用的点 a_g、c_g、b_g。

（3）用直线分别连接 Da_g、Dc_g、Db_g，它们与透视线 $s'O^0$ 及其延长线的交点便分别是上述三点的基透视 a^0、c^0、b^0。

（4）再过原点 O^0 竖真高线，并利用该真高线画入位于画面上的各处的实形，又再过主点 s' 作一系列与这些实形有关的透视线，便可逐步画得该室内透视空间的轮廓线。至于过道上方的顶棚，也是利用过 O^0 所竖的真高线和通过平面图中的虚线求出的。

（5）画过厅右边走廊的透视时，先画出立柱的前表面，然后画出走廊上、下方的矩形纵梁和护栏的透视，在进深方向上立柱柱脚顶点的透视 C^0，则是由已求得的点 c^0 平移过来而得的（图9-23b）。

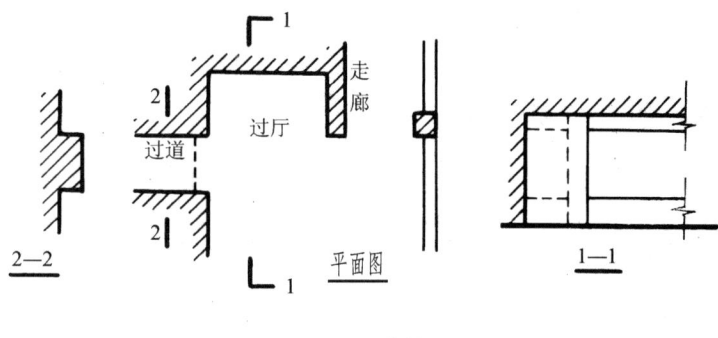

(a) 给题

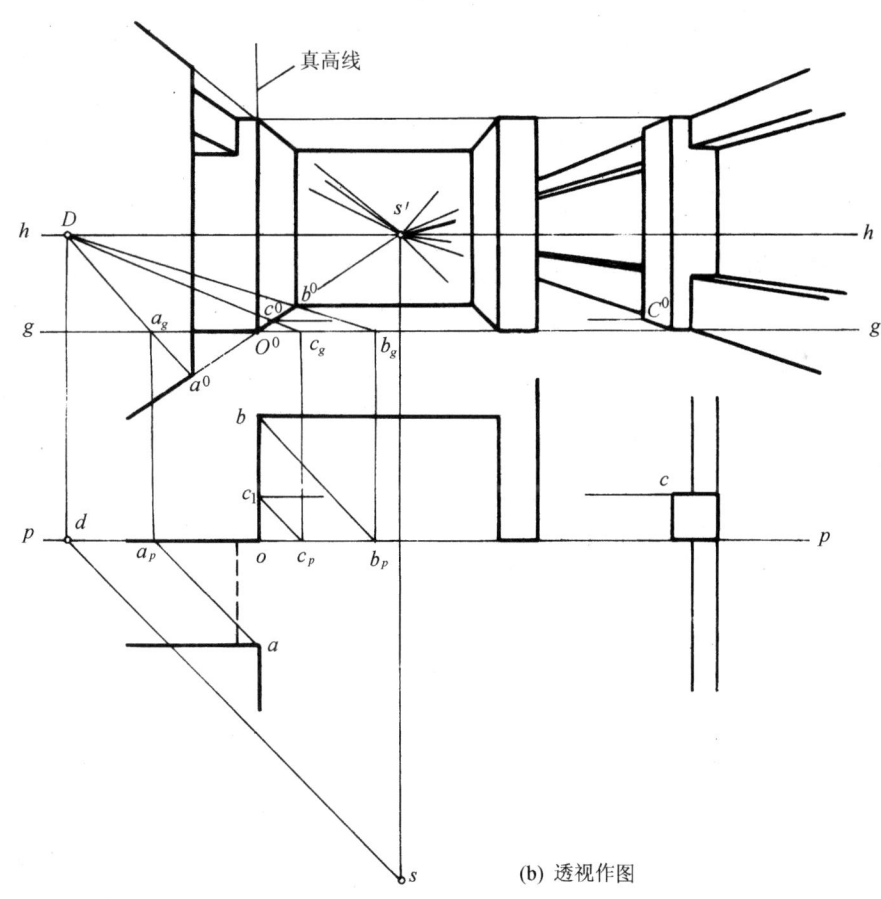

(b) 透视作图

图 9-23 用距点法作一点透视

9.5 室内两点透视

9.5.1 任意角度的两点透视

这里所说的任意角度，是指形成两点透视时，室内相邻两主墙面与画面之间的夹角，不是特殊角度45°或30°、60°时的一般情况。

例9-8 已知某起居室长5 m、宽4 m，在地面上摆放有三人沙发、单人沙发、酒柜、方桌和茶几等，它们的位置和大小可参照地面上边长为1 m 的方格网来确定，高度则参照前面的图9-22所示的常用家具。该起居室的右边用博古架与书房分开。图中设基线 p—p 通过起居室平面图中的顶点 a，与相邻两主墙面的夹角分别为 α、β（图9-24a）。试画出该起居室的两点透视。

分析 在实际工作中，为了容易得出大小合适的两点透视，采用量点法是比较适宜的。又因本例明确地知道该室内各件家具系以方格网定位，故实际画图时还可在量点法的基础上结合网格法来进行。当按前面9.1.3节"视点的选择"所说的基本原则设定站点 s 的位置和视高 $h = 4$ m 之后，即可用如图9-24a所示的方法求出 p—p 上的五个点。

作图

(1) 在图纸的适当位置画入基线 g—g 和视平线 h—h；再按图9-24a的作图结果在 h—h 上定出 F_X、F_Y、s'、M_X、M_Y 五个点，并参照该图中点 a 到垂足 s_1 的（水平）距离在 g—g 上相对地定出顶点 A^0（图9-24b）。

(2) 以点 A^0 为原点，在 g—g 上点 A^0 的两侧每隔1 m 分别定出四五个点，于是再利用灭点和量点，就可进一步画出地面上边长为1 m 的透视网格。

(3) 按照图9-24a的平面布置"对号入座"，于是画得各件家具的基透视。

(4) 再采用前面9.3节"确定透视高度的几种方法"中所说的"比例控制法"求出各件家具的透视高度。例如，设茶几高0.5 m，即茶几高和视高（$h = 4$ m）之比为1:8，故在竖直线 E8 上截取1/8之长，就为茶几在该位置上的透视高度。如此类推，就可完成此室内的两点透视（图9-24c）。

9.5.2 特殊角度的两点透视

当夹角 α、β 的大小为任意时，视平线上五个点 F_X、M_Y、s'、M_X、F_Y 的相对位置，必须通过作图才能求得。这样相对来说麻烦一些。可想而知，若将夹角 α、β 给定为某个特殊角，并将视距 d 限定为某种约定时，则视平线上两个灭点之间的距离以及主点和两个量点的相对位置就可按一定的规律事先确定。这样，对简化两点透视的作图将带来很大的好处。同时，如果将室内地面又画入以某一单位长度为边长的方格网，还可利用网格法及其固有的"截距"，较方便地完成该室内所布置的家具的透视作图。

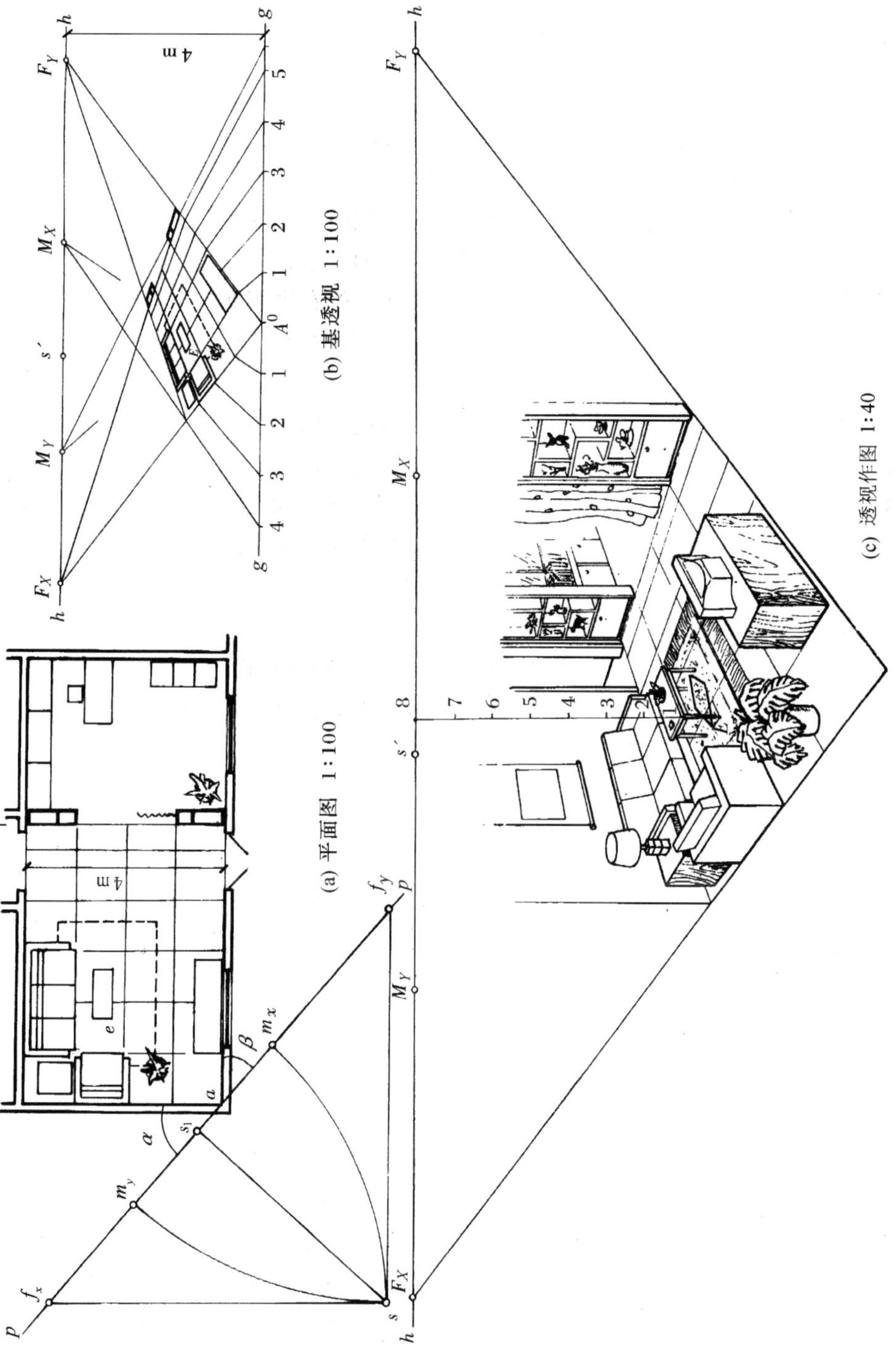

第9章 透视图

图9-24 起居室一角的两点透视

1. 45°透视

当 $\alpha = \beta = 45°$ 时，称之为45°透视。若再设 $d \approx K$，于是有（图9-25）：

$$F_X F_Y = F_X s' + s' F_Y = 2d \approx 2K \quad (9-1)$$

$$F_X M_X = M_Y F_Y = F_X F_Y \cdot \cos 45° = 0.7 F_X F_Y \quad (9-2)$$

$$s' M_X : M_X F_Y = s' M_Y : M_Y F_X = 2 : 3 \quad (9-3)$$

即是说，如果选画的是45°透视，就不必再通过作图去逐一求取视平线上的 F_X、F_Y、M_X、M_Y、s' 五个点，而只要估算出拟画的透视图形的大小即画幅宽度 K 之后，就可事先在视平线上按 $F_X F_Y \approx 2K$ 定出左、右两个灭点，再取其中点和按 2:3 的比例关系，就可依次定出其余三个点 s' 和 M_X、M_Y 了，如图9-25b 所示。

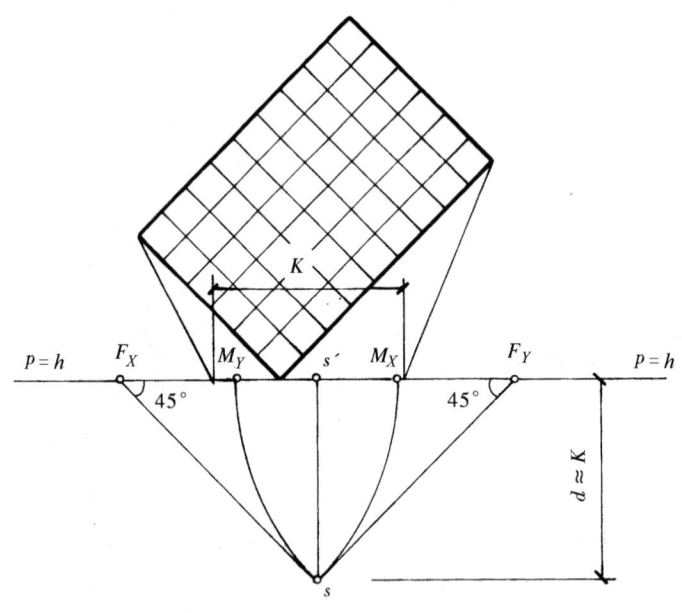

（a）45°透视中的灭点、量点和主点

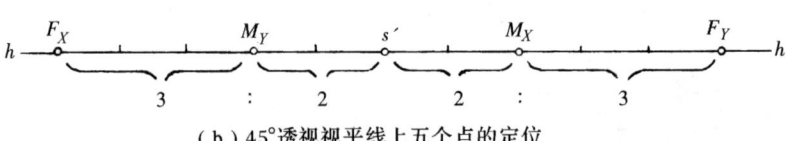

（b）45°透视视平线上五个点的定位

图9-25 45°透视

图9-26是一个边长为5:4的矩形平面的45°透视。其中图9-26a所示为以矩形前方的顶点 A 为原点时的作法（参阅图9-25a）。此时 X 方向上的四个单位长度取在点 A^0 的左侧，将各等分点与 M_X 相连，分割 $A^0 F_X$ 得四个单位的透视长度；同理，在点 A^0 的右侧取 Y 方向上的五个单位长度，将各等分点与 M_Y 相连，也分割 $A^0 F_Y$ 得五个单位的透视长度。于是再通过这些分割点分别作透视线就可得该矩形平面及其网格的透视。

作该矩形平面的透视也可将原点设定在其后方的顶点 A^0 上，但这时因等分点的坐标值变为负值，故在 X 方向上的四个点应取在原点 A^0 的右侧；Y 方向上的五个点则应取在点 A^0 的左侧；单位长度的作图比例也有所不同。具体作图见图9-26b所示。

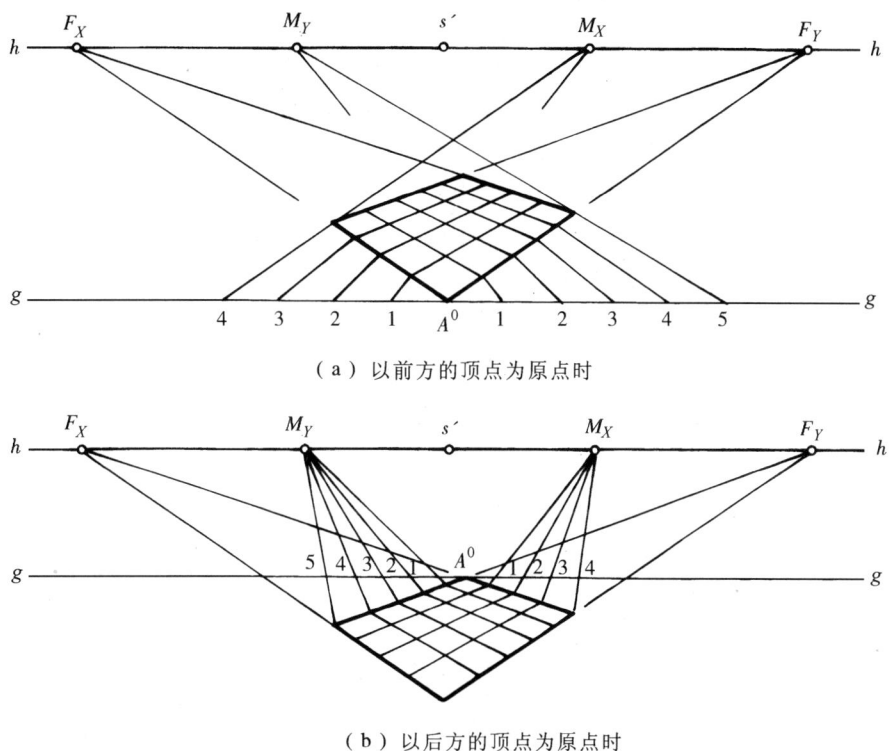

（a）以前方的顶点为原点时

（b）以后方的顶点为原点时

图 9-26　矩形平面的45°透视

以上两种作法都是可以的。

例 9-9　已知由天井采光的厨房的平面布置图（图9-27a），设餐桌高 800 mm、橱柜高 750 mm。视高 $h = 5000$ mm，试绘制它的45°透视。

分析　该厨房的平面形状接近正方形，适宜采用45°透视去表现。根据坐标尺寸用量点法画透视图时，可选用某个恰当的比例绘画，以期获得大小合适的图形。本例作图时仍以厨房平面前方的顶点 A 为原点，并采用 1∶50 的比例绘制（因书本版面限制，图9-27b为缩小后的透视图）。

作图

（1）在图纸上画出视平线 $h—h$；根据估算出的画幅宽度 K（因 K 的大小要求不必很严格，故此处按图中所示的方法估算也是可以的），按比例1∶50 取略大于 $2K$ 的距离在 $h—h$ 的两端定出灭点 F_X、F_Y，再按图 9-25b 所示的办法依次定出主点 s' 和量点 M_X、M_Y（图9-27b）。

（2）按设定的视高 $h = 5000$ mm 画入基线 $g—g$，并在 $g—g$ 上紧靠主点 s' 的下方定出顶点 A^0，于是可逐步画得该厨房平面布置图的基透视。然后按照各件家具、设备的造型和固有的尺寸，例如餐桌高 800 mm、橱柜高 750 mm，运用前面9.3节所介绍的集中真高线法，求取它们的透视高度，于是可再进一步画得图 9-27c。

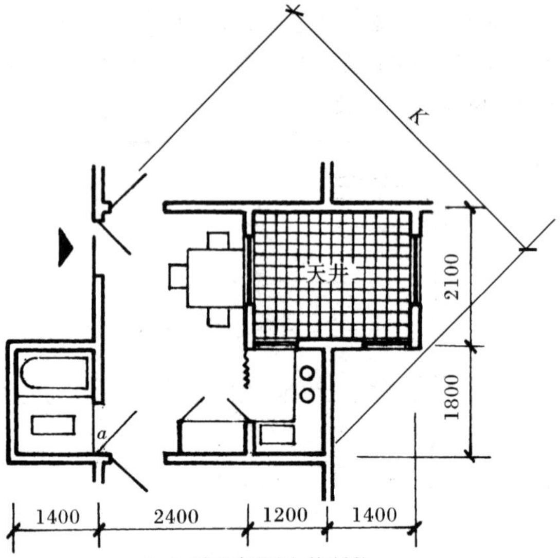

(a) 平面布置图 (1:100)

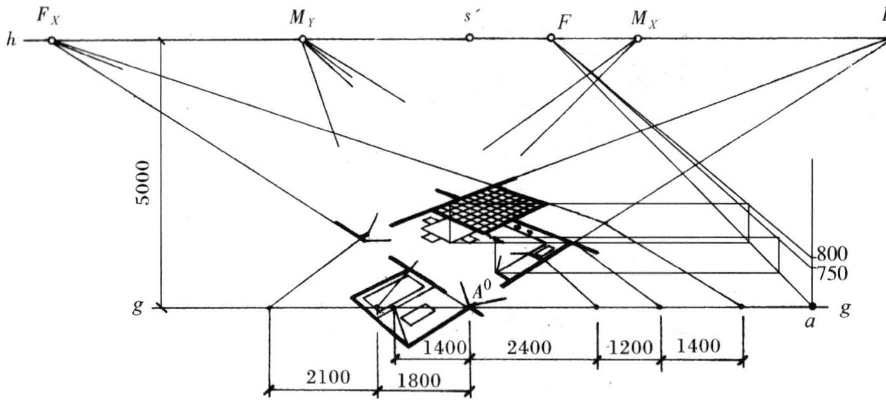

(b) 画厨房平面及家具的基透视及求透视高度

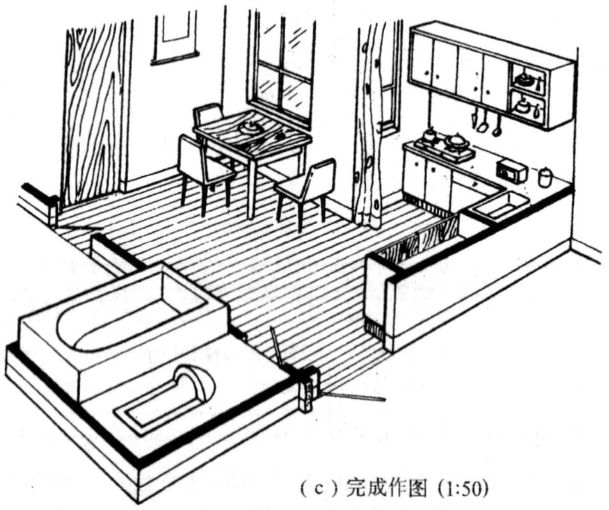

(c) 完成作图 (1:50)

图 9-27 某厨房的 45°透视

例9-10 已知某起居室长、宽均为4 m，净高2.8 m。在地面上摆放有沙发(靠背高1.0 m)、酒柜(高0.8 m)、方桌(高0.4 m)等家具，它们的位置和尺寸大小可参照地面上的边长为1 m的方格网来确定(图9-28a)。设视高 $h = 1.8$ m，试绘制它的45°透视。

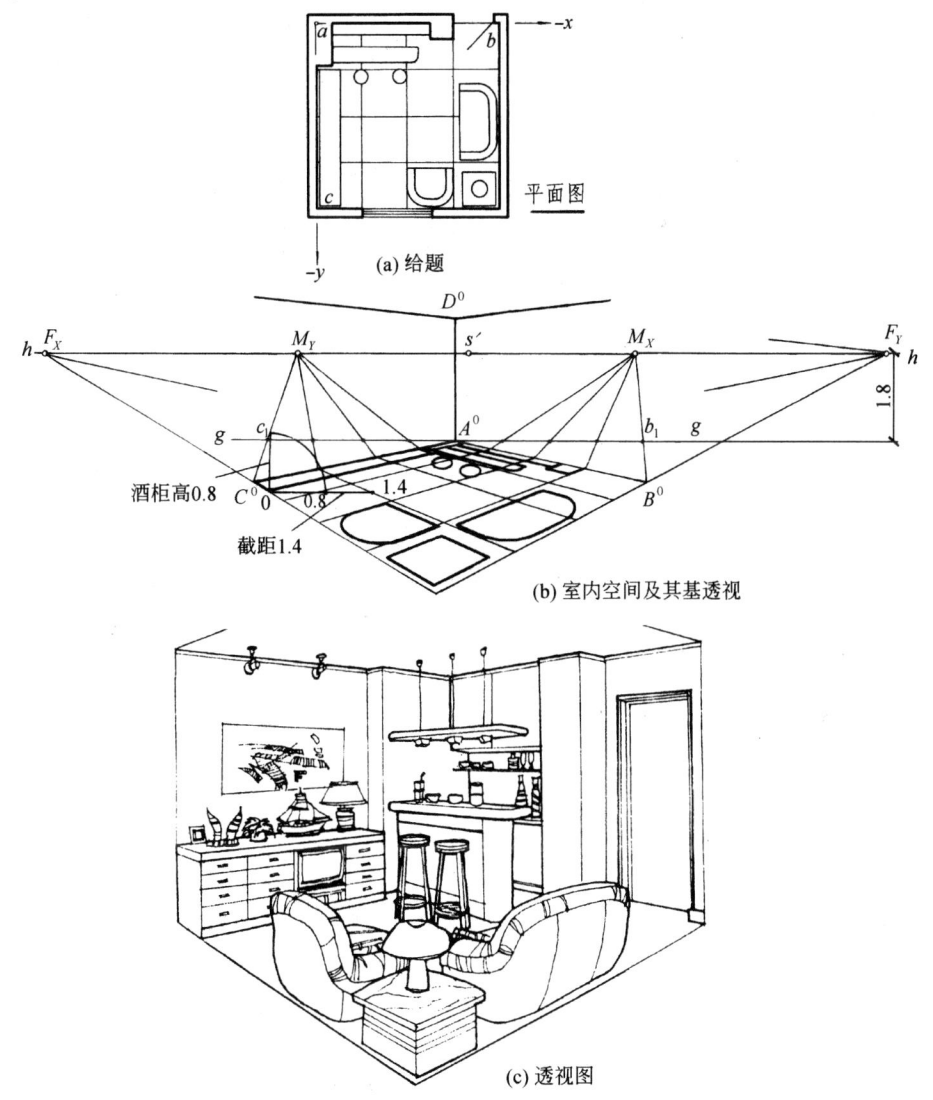

图9-28 某起居室的45°透视

分析

该起居室平面呈正方形，故仍用45°透视去表现。画透视网格时，令基线 $p—p$ 通过平面图的室内后方顶点 a，作图可相对简捷些。

作图

(1)画出视平线 $h—h$，选定画图比例和估算出画幅宽度后，在 $h—h$ 上定出45°透视的 F_X、F_Y、s'、M_X、M_Y 五个点。再按视高 $h = 1.8$ m 画入基线 $g—g$ 和在其上定出顶

点 A^0,并在点 A^0 的两侧每隔 1 m 各取 4 个点,于是画得边长为 1 m 的 45°透视网格及各件家具的基透视(图 9-28b);再据净高 2.8 m 画入 A^0D^0,并过 D^0 分别作 F_XD^0、F_YD^0 的延长线。

(2)采用截距法求出各件家具的透视高度。例如左边的酒柜,因它高 0.8 m,故按目测取略大于该处截距值 1.4 m 的一半,即得其透视高度。其余类推。

(3)最后按各件家具的造型画入细部,并添加一些装饰、陈设件等,就可完成作图(图 9-28c)。

2. 30°—60°透视

当 $\alpha=30°$、$\beta=60°$ 时称之为 30°—60°透视,再设 $d \approx K$,于是又可有(图 9-29):

$$F_XF_Y = F_Xs' + s'F_Y = d\cot 30° + d\cot 60°$$
$$= 1.73d + 0.58d = 2.31d \approx 2.31K \qquad (9-4)$$
$$F_XM_X = F_Xs = F_XF_Y\cos 30° = 0.87F_XF_Y \qquad (9-5)$$
$$F_YM_Y = F_Ys = F_XF_Y\cos 60° = 0.5F_XF_Y \qquad (9-6)$$
$$F_Ys' = F_Ys\cos 60° = 0.5F_YM_Y \qquad (9-7)$$

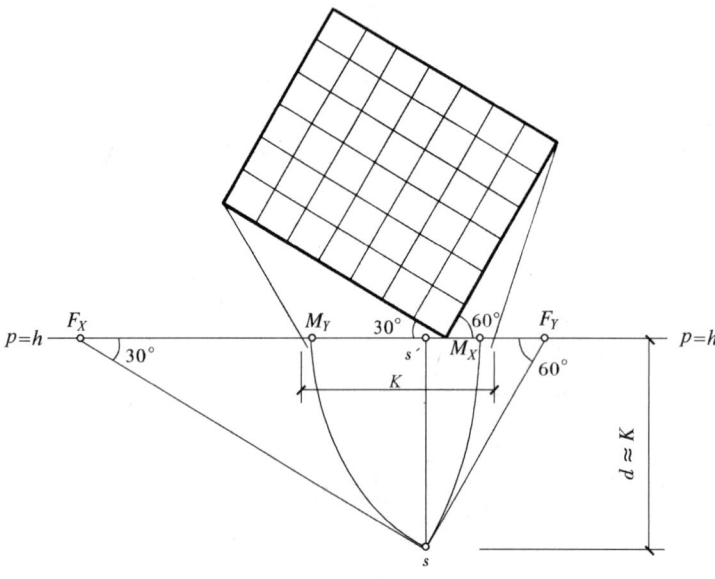

图 9-29 30°—60°透视中的灭点、量点、主点之间的相对位置

为了便于记忆,作 30°—60°透视时,视平线上五个点可按图 9-30 所示的方法定位,即按约等于 2.31K 定出 F_X、F_Y 两个灭点之后,相继取 F_XF_Y、M_YF_Y 和 $s'F_Y$ 的中点,便可依次得出 M_Y、s' 和 M_X 三个点。按这个方法定位,点 M_Y 和 s' 的位置是符合上述式(9-6)和式(9-7)的要求的,但 M_X 存在着一定的位置误差,误差值约为 $0.01F_XF_Y$,对画透视图的准确度影响甚微。

设已知某居室长 5 m、宽 4 m、高 3 m 和视高 h,按上述方法将视平线上的五个点定位后,便很容易画出其室内一角的、以宽度方向对画面的倾角为 30°的 30°—60°透视空间(图 9-31)。

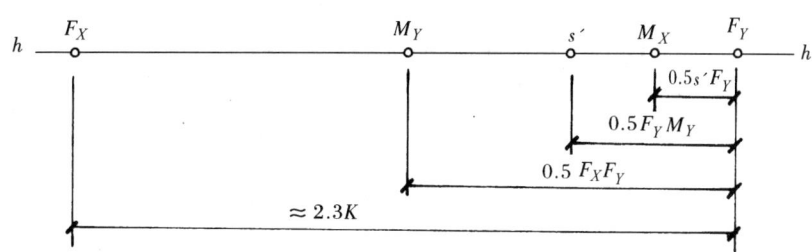

图 9-30　30°—60°透视视平线上五个点的定位

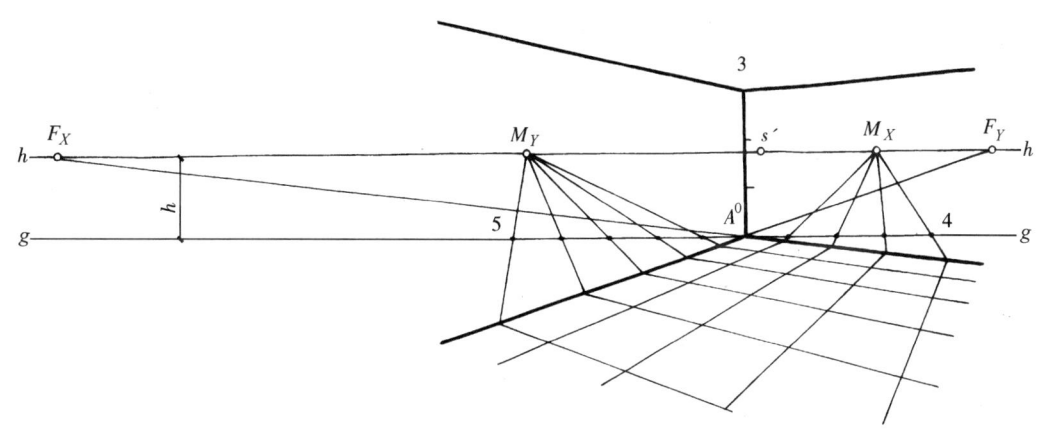

图 9-31　室内一角的 30°—60°透视空间（以后方顶点为原点时的画法）

例 9-11　已知某住宅单元饭厅的净面积为 2 m×3 m，净高 2.7 m，饭厅上方用带储物柜的玻璃隔断与厨房分开（图 9-32a）。设餐桌高 0.8 m，沙发（坐面）高 0.4 m，储物柜宽 0.5 m，高 0.54 m，视高 $h=1.5$ m，试画出它的 30°—60°透视。

分析　按题意，选择并采用以玻璃隔断为主立面的 30°—60°透视为宜。此时，该主立面与画面之间的夹角为 30°，即该立面上水平轮廓线的灭点为距离主点 s' 较远的那个灭点。

作图

（1）先在饭厅平面图中画入以 0.5 m 为边长的方格网，再按题意和上述规律定出 30°—60°透视的视平线 $h—h$ 上的五个点（其中 F_X 落在图纸之外并远在主点 s' 的左边，也要准确定位）。然后选取合适的比例，按视高 $h=1.5$ m 画入基线 $g—g$ 并恰当地在其上定出顶点 A^0。于是参照图 9-31 便可画出 30°—60°透视网格及进一步画出各件家具的基透视（图 9-32b）。

（2）再用截距法定出各件家具的透视高度，如图 9-32b 所示，过餐桌的某一顶点作水平线与 60°方向上的相邻两网格线相交得截距值：1.2×0.5 m＝0.6 m，取该 0.6 m 的 $1\frac{1}{3}$ 便得餐桌的透视高度。同理，取过沙发某一顶点所求得的截距值 0.6 m 的 $\frac{2}{3}$，便为沙发（坐面）的透视高度。

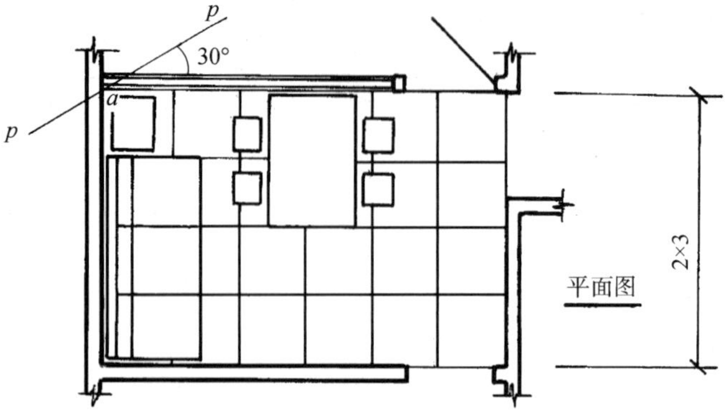

(a) 给题

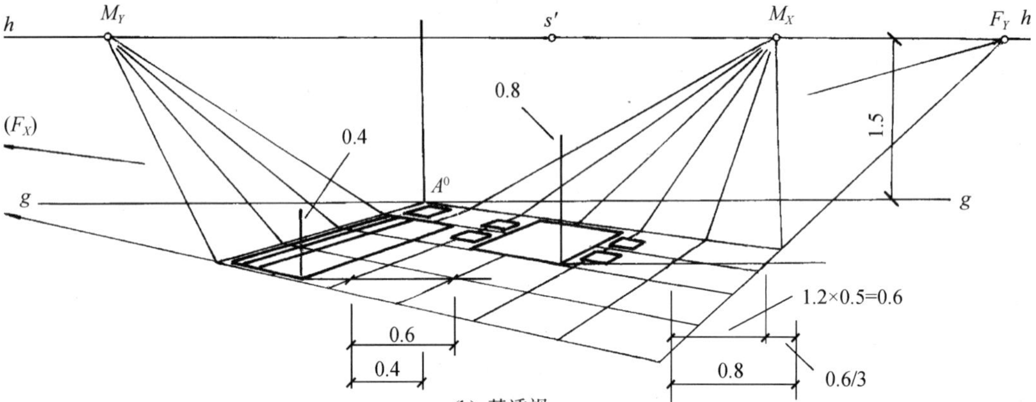

(b) 基透视

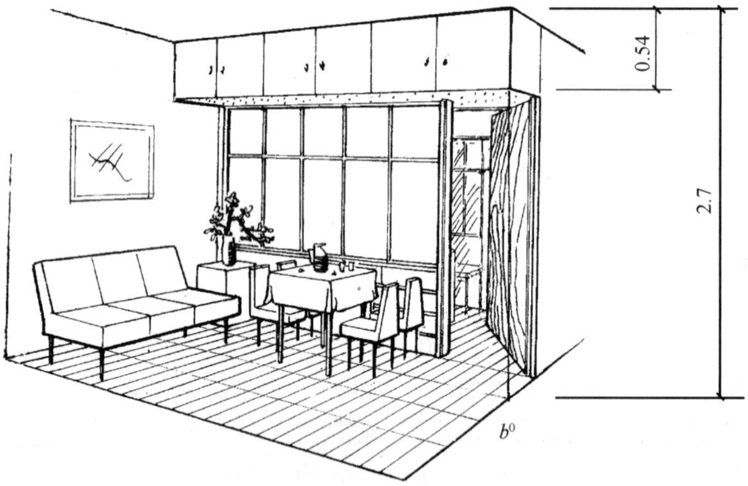

(c) 透视图

图 9-32 住宅饭厅的 30°—60° 透视（单位：m）

（3）过顶点 A^0 竖真高线并按同一比例截取真高 2.7 m，于是画得该饭厅的透视空间。再根据储物柜的宽度 0.5 m（图中表现为过点 b^0 向上引竖直线与顶棚相交），定出它在顶棚上的基透视。截取它的透视高度时，图中采用了"比例控制法"。因为该室内任一位置上的真高都为 2.7 m，故取其 $\frac{1}{5}$ 即为储物柜的透视高度，如图 9-32c 所示。

9.6 超视角透视

在前面 9.1.3 节"视点的选择"中说过，对室内透视来说，视距 d 的大小以大致等于画幅宽度 K 为宜。这是因为与这个视距对应的水平视角 α 大约为 54°，比较符合人眼的生理功能；也就是说，按照这个视角范围所画得的透视图比较符合人眼日常观察的视觉效果。

然而，在绘画室内设计效果图时，设计师为了取得某种特殊效果，例如有意使所表现的室内空间显得比实际更深邃、广阔和富有吸引力，往往采用缩小视距即增大视角的手法，使成图的透视感比人眼日常习惯的观感强烈许多，从而使人获得一种新奇、欣喜的感受。

这种超出人眼生理极限的视角，本书称之为超视角。运用这种视角绘画所得的透视图则被称为超视角透视。

9.6.1 超视角一点透视

图 9-33a 所示为由平面图和 1—1 剖面图给定的一处室内空间。它的后墙上有一个窗洞，左边为带一矩形立柱的回廊，右边通过门洞可进入另一个房间；室内的平面形状为矩形，进深 600 + 900 + 2000 = 3500（mm），比开间宽度 4000 mm 略小一些。

图 9-33b 为按常规视距 $d = K = 4000$ mm，即 $\alpha \approx 54°$ 时绘画所得的一点透视。从该图可见，其透视感比较平缓，该图所反映的室内空间，其进深与宽度之比看上去比较符合实际。

图 9-33c 为缩小视距，即增大视角令 α 约为 90° 时绘画所得的同一室内的超视角一点透视。从该图可见，其"进深"看起来觉得比实际的要"深邃"许多。

9.6.2 超视角两点透视

在按常规视距绘画所得的室内两点透视中，通常表现的仅为室内的一角，即只能显示出室内的四个界面，如前面的图 9-3、图 9-28 等所示。

为了获得像一点透视那样纵深感强，能显示出室内五个界面的透视图，可采用超视角两点透视的画法。

图 9-34 所示是一个范例。设某居室净高 3 m，窗台高 0.9 m，窗头和门头高 2.6 m；已知其平面形状和尺寸如图 9-34a 所示。画它的超视角两点透视时，令 $p—p$ 通过内墙角 a，并与相邻两墙面分别成任意角 α、β；再令站点 s 位于室内离 $p—p$ 不很远的位置上，视高为 1.7 m，于是运用量点法（也可用其他方法）即可画得该居室的超视角两点透视如图 9-34b 所示。从图 9-34a 中过站点 s 由两条虚线所表示的夹角可见，此时的水平视角超过了 90°。

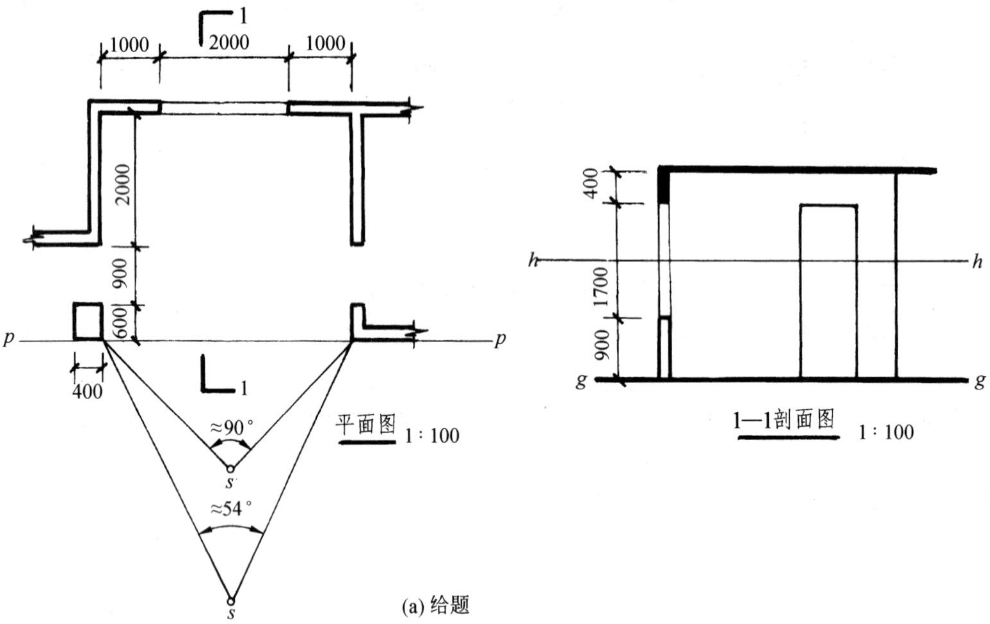

(a) 给题

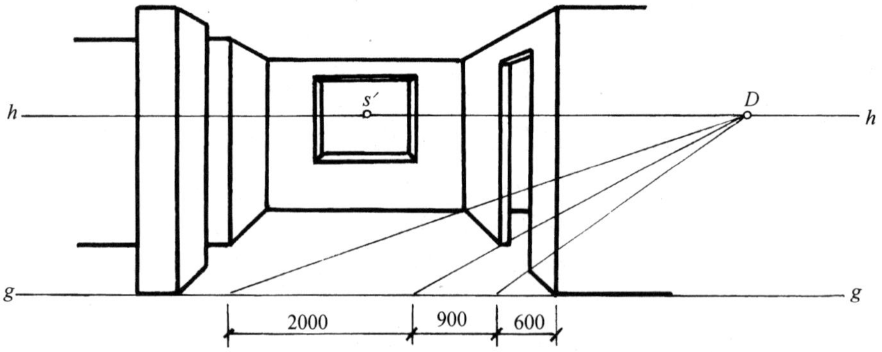

(b) 一般视角透视 （α≈54°时） 1:60

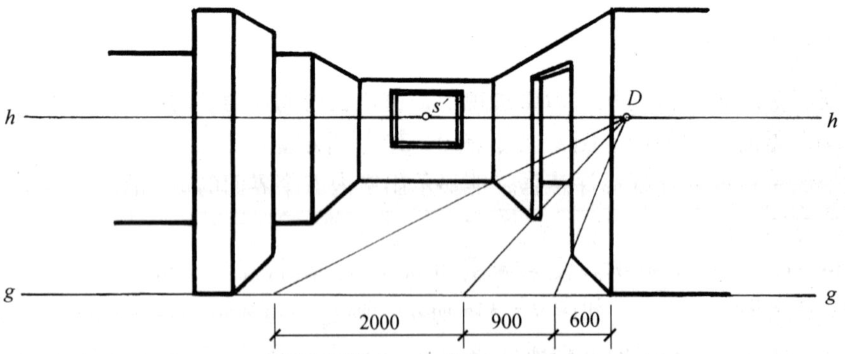

(c) 超视角透视 （α≈90°时） 1:60

图 9-33 超视角与一般视角一点透视的比较

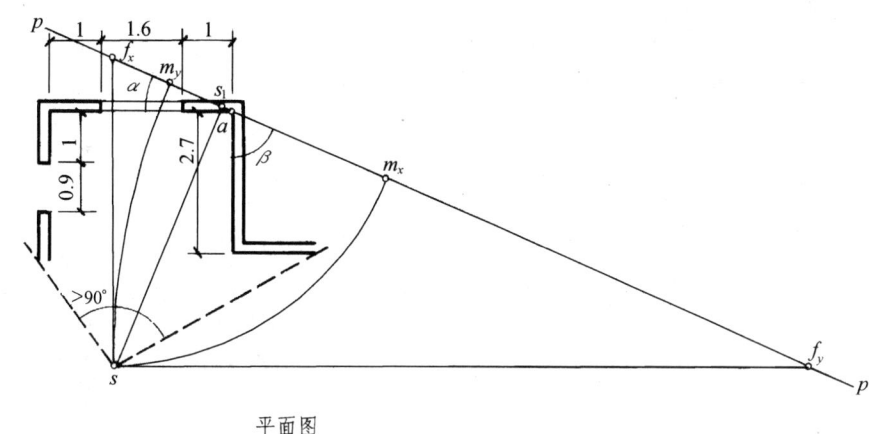

平面图

(a) 给题

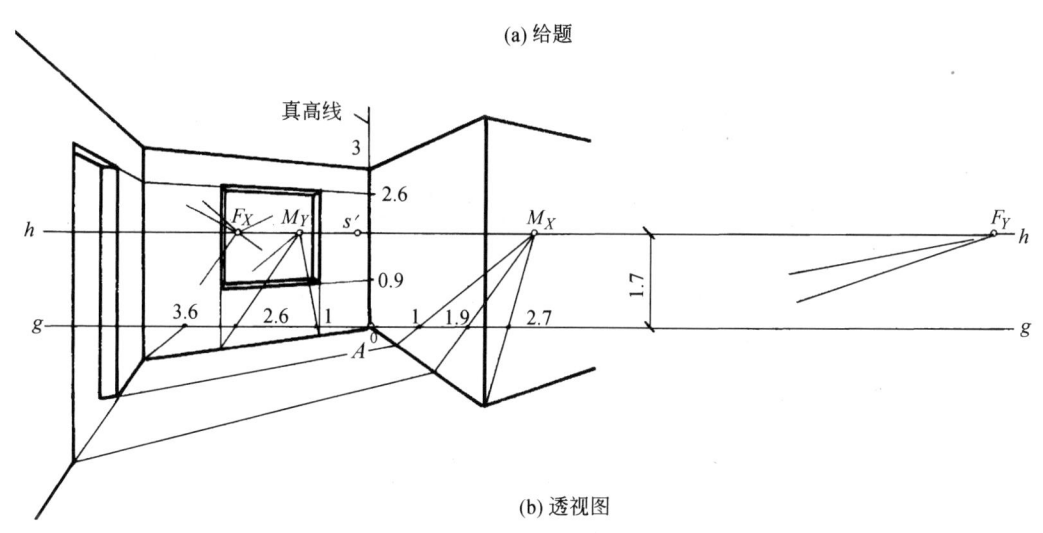

(b) 透视图

图 9-34 超视角两点透视

9.6.3 超视角 30°—60°透视

从图 9-34 中可以看出，本来面积不大的居室，由于采用了超视角来表现，结果看起来它所表现的室内空间要比实际的广阔许多。因此，这种画法很受一些室内设计师的欢迎。但从该图可见，当角度 α、β 为任意角时作图似乎比较麻烦。下面介绍一种具有相同效果的建立在 30°—60°透视基础上的简易画法。

例 9-12 设已知某居室高 3 m、宽 6 m、进深(长)5 m、视高 1.7 m。试画出它的 30°—60°超视角透视。

分析 作室内 30°—60°超视角透视时，一般应以反映居室宽度的立面为主立面，即将主立面与画面之间的夹角设定为 30°，主立面上水平直线的灭点为远离主点 s′ 的那个灭点。此时，在透视图中位于图纸之内的那个灭点应处于主立面的图形范围之内。

作图

(1) 在大小合适的图纸上画出视平线 $h—h$，并在 $h—h$ 上以宽度为 6 m 的一方为主立面，按 30°—60° 透视的规律（相继取其中点）定出 F_X、F_Y、M_X、s'、M_Y 五个点如图 9-35a 所示。注意，F_X 之外要留有余地；F_Y 落在图纸之外，也要准确定位。

(2) 过主点 s' 或在其附近竖真高线，并选取合适的比例，按已知条件室高 3 m 和视高 1.7 m 在真高线上定出点 A^0、3，再过点 A^0 画出基线 $g—g$。然后按同一比例在 $g—g$ 上点 A^0 的左侧取宽 6 m 得六个点（表示宽 6 m 的一方应为包含 F_X 的一方），在右侧取进深 5 m 得五个点。在这里务必使左侧点 6 的位置落在点 F_X 界限之外一小段距离，以便获得超视角效果，否则要重新选取合适的比例或调整真高线的位置（图 9-35b）。

(3) 连接 $F_Y A^0$、$F_X A^0$、$F_X 3$、$F_Y 3$ 并延长之，再利用 $M_Y 6$ 的延长线在 $F_Y A^0$ 的延长线上定出点 6^0，于是便可逐步画出能显示该居室五个界面的透视空间。最后，若再利用 F_X、F_Y，分别通过 $A^0 6^0$、$A^0 5^0$ 线上一系列的点，就可画出该居室平面上的 30°—60° 透视网格如图 9-35c 所示，在该透视网格中，其截距仍分别为 1.2 和 2.0。

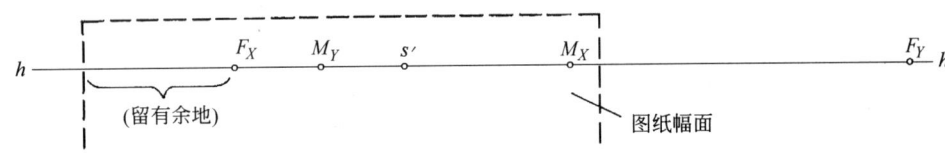

(a) 定出视平线上的五个点

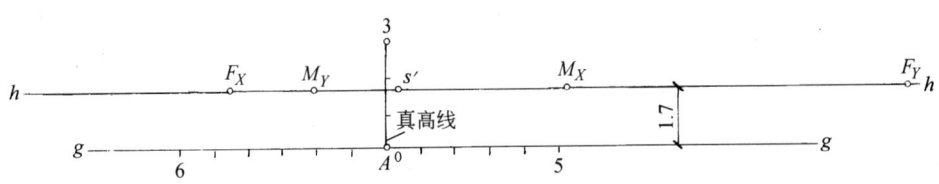

(b) 选取合适比例，确定 A、3、6、5 等点

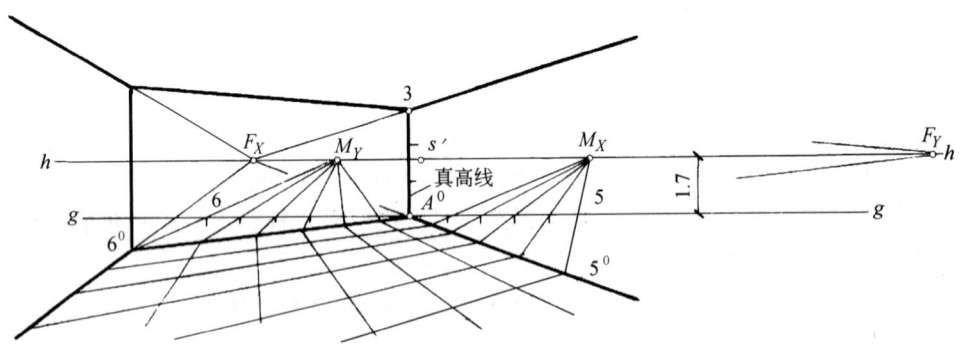

(c) 显示五个界面的透视空间

图 9-35 30°—60° 超视角透视

图 9-36 是一个 30°—60° 超视角两点透视实例。

图9-36 超视角两点透视实例——某游泳池方案设计效果图

参 考 文 献

［1］李国生，黄水生．建筑透视与阴影［M］.3 版．广州：华南理工大学出版社，2012.
［2］李国生，黄水生．室内设计图学［M］．广州：华南理工大学出版社，2008.
［3］李国生．室内设设计制图与透视［M］.2 版．广州：华南理工大学出版社，2016.
［4］李国生，黄水生．土建工程制图［M］．广州：华南理工大学出版社，2005.
［5］中华人民共和国国家标准．GB 50010—2010 混凝土结构设计规范［S］．北京：国家质量技术监督局，2010.
［6］中华人民共和国国家标准．GB/T 50001—2010 房屋建筑制图统一标准［S］．北京：国家质量技术监督局，2010.
［7］建筑设计资料集［G］.2 版．北京：中国建筑工业出版社，1994.
［8］中南地区建筑标准设计协作组．中南建筑配件图集（合订本）．2006.
［9］钟训正．建筑画环境表现与技法［M］．北京：中国建筑工业出版社，1995.